Água no Século XXI: Enfrentando a Escassez

Terceira Edição

José Galizia Tundisi

RiMa

2009

Revisão, diagramação e fotolitos
RiMa Artes e Textos

Fotos da capa: Jim Stamartes/AllStock; Alex Huber E. R. P.
Fotos internas da capa: Universidade das Nações Unidas
International Network on Water and Human Health (INWEH)

T546a

Tundisi, José Galizia.
Água no Século XXI: Enfrentando a Escassez. – São Carlos : RiMa, IIE, 2003, 2005, 2009.

271p.

ISBN – 978–85–86552–51–9

1. Água. 2. Século XXI. 3. Hidrologia. 4. Limnologia. 5. Quantidade. 6. Qualidade. 7. Distribuição. 8. Usos múltiplos. I. Autor. II. Título.

RiMa
Editora

DIRLENE RIBEIRO MARTINS
PAULO DE TARSO MARTINS
Rua Virgílio Pozzi, 213 – Jd Santa Paula
13564-040 – São Carlos, SP
Fone/Fax: (16) 3372-3238

Água no Século XXI: Enfrentando a Escassez

Para Takako, José Eduardo, Elis Mara e Victor Hugo Tundisi.
Com a certeza de um futuro melhor para a humanidade.

Sobre o Autor

José Galizia Tundisi é limnólogo e desenvolve pesquisas sobre mecanismos de funcionamento de lagos, rios, reservatórios e estuários no Brasil, especialmente em regiões tropicais e subtropicais. Seus principais interesses de pesquisa são a produtividade primária do fitoplâncton, ciclos biogeoquímicos e interações bacias hidrográficas/represas. Atuou como consultor em 38 países nas áreas de limnologia, gerenciamento de recursos hídricos, recuperação de lagos e reservatórios e planejamento e otimização de usos múltiplos de represas. Publicou 300 trabalhos científicos e 15 livros nas áreas de limnologia, gerenciamento de recursos hídricos e ecologia de ecossistemas aquáticos neotropicais. É professor titular aposentado da Escola de Engenharia de São Carlos, USP, e professor convidado do Instituto de Estudos Avançados, USP, São Carlos. Foi professor titular da UFSCar, tendo implantado a área de Biologia e a Pós-graduação em Ecologia e Recursos Naturais nessa Universidade. O professor Tundisi é vice-presidente do Comitê Científico do ILEC (International Lake Environment Committee) e conselheiro do SCOPE, UNEP (Nações Unidas) e Organização dos Estados Americanos (OEA). É membro do Comitê Científico da Rede Internacional de Águas e Saúde Humana da Universidade das Nações Unidas. Implantou cursos internacionais de gerenciamento de recursos hídricos para a OEA e para a Sociedade Internacional de Limnologia e organiza atividades de treinamento para cientistas e administradores na área de recursos hídricos, limnologia e gerenciamento integrado de bacias hidrográficas. É presidente do Instituto Internacional de Ecologia (IIE) de São Carlos, SP, instituto de pesquisa e empresa consultora que desenvolve pesquisas em limnologia e consultoria em projetos estratégicos de avaliação, estudos, recuperação e gerenciamento de recursos hídricos e bacias hidrográficas. Recebeu o prêmio Moinho Santista em Ecologia (1992), a Ordem Nacional do Mérito Científico (1994), o prêmio Boutros-Ghali das Nações Unidas (1995) e o título de Doutor Honoris Causa em Ciência da Universidade de Southampton, Inglaterra. Foi presidente do CNPq por quatro anos (1995-1999). É membro titular da Academia Brasileira de Ciências desde 1981 e da World Academy of Arts and Sciences desde 2002. É também membro da Academia de Ciências do Estado de São Paulo e do "staff" do Ecology Institute – Excellence in Ecology da Alemanha.

Lista de Abreviaturas e Siglas

ANA	Agência Nacional das Águas
DNPWM/DPNGVS	Departamento de Parques Nacionais e Gerenciamento de Vida Selvagem
DSS/SSD	Sistema de Suporte à Decisão
EC/CE	Comunidade Européia
ECLAC/CEPAL	Comissão Econômica para a América Latina e Caribe
EE & C/EA & C	Educação Ambiental e Comunicação
EIA/AIA	Estudo de Impacto Ambiental/Avaliação de Impacto Ambiental
EU/UE	União Européia
FAPESP	Fundação de Amparo à Pesquisa do Estado de São Paulo
FWPCA/ACPA	Ato de Controle de Poluição Aquática
GDP/PIB	Produto Interno Bruto
GLWQA/AQAGL	Acordo para a Qualidade da Água dos Grandes Lagos
HELCOM	Comissão Helsinki (Comissão de Proteção de Ambiente Marinho do Báltico)
IIE	Instituto Internacional de Ecologia
IIEGA	Associação Instituto Internacional de Ecologia e Gerenciamento Ambiental
ILEC/CIAL	Comissão Internacional do Ambiente Lacustre
IPCC/PIMC	Painel Intergovernamental sobre Mudanças Climáticas
ITC	International Training Center (Centro Internacional de Treinamento)
IUCN/CICN	Comissão Internacional de Conservação da Natureza
LAC/CLA	Comissão Latino-americana
OAS/OEA	Organização dos Estados Americanos
OECD/OCED	Organização para Cooperação Econômica e Desenvolvimento
SABESP	Companhia de Saneamento Básico do Estado de São Paulo
SADS/CSAD	Conselho Sul-Africano para o Desenvolvimento
SCOPE/CCPA	Comitê Científico para Problemas Ambientais
SIL	Sociedade Internacional de Limnologia
SRH	Secretaria de Recursos Hídricos
UN/NU	Nações Unidas
UNCED/CNUAD	Conferência das Nações Unidas sobre Ambiente e Desenvolvimento
UNEP/PNUMA	Programa das Nações Unidas para o Meio Ambiente
UNESCO	Organização das Nações Unidas para a Educação, Ciência e Cultura
U.S. EPA/U.S. APA	Agência de Proteção Ambiental dos Estados Unidos
WHO/OMS	Organização Mundial da Saúde
WMO/OMM	Organização Meteorológica Mundial
WRI/IMR	Instituto Mundial de Recursos
ZACPLAN/PAR	Plano de Ação do Rio Zambeze
ZESA/CEZ	Comissão de Eletricidade da Zâmbia
ZRA/ARZ	Autoridade do Rio Zambeze

Unidades de Volume

1 litro	1.000 ml (L)
1 metro cúbico	1.000 litros (m^3)
1 quilômetro cúbico	1 bilhão de metros cúbicos (km^3)
1 quilômetro cúbico	246 bilhões de galões
1 galão	3,755 litros (gal)
1 acre-pé*	1.233 m^3
1 acre-pé	325,851 galões
1 pé cúbico	28,3 litros
1 acre-pé	1 acre coberto por um pé (0,33 cm de água)
1 quilômetro cúbico	810.190 acres-pé

* Acre-pé: medida freqüentemente utilizada em alguns países.

Agradecimentos

Agradeço às inúmeras instituições e pessoas o apoio para a publicação desta obra. Em primeiro lugar, às agências de financiamento à pesquisa do Brasil, CNPq, FAPESP, FINEP e CAPES, pelo apoio continuado por muitos anos aos projetos de pesquisa e orientação de doutores e mestres, o que permitiu coletar informações e desenvolver metodologias de trabalho e novas abordagens. Agradeço à Academia Brasileira de Ciências pelo apoio a simpósios, seminários e publicações. Também às agências do exterior, ILEC (International Lake Environment Committee), World Resources Institute, Universidade das Nações Unidas, UNEP (United Nations Environment Programme) e SCOPE (ICSU), as quais financiaram inúmeras viagens de estudo, avaliação e consultoria e possibilitaram enorme oportunidade de troca de idéias e trabalho em equipe, abrindo sempre novas perspectivas de atuação. Agradeço também a Conrado Bauer, Yatsuka Saijo, Bernard Patten, Sven E. Jørgensen, Milan Straškraba, Colin S. Reynolds, Henri Dumont, A. Biswas, Aldo Rebouças, Benedito Braga, Ramon Margalef, Joan Armengol, Vicente Santiago, Alberto Calcagno, Odete Rocha, Ralph Daley, Carlos Tucci, Vera Lucia Reis, João Carlos Rela e Tatuo Kira, pelas inúmeras oportunidades de discussão, troca de idéias e integração de abordagens e perspectivas em pesquisa e gerenciamento. Um grande número de ex-colaboradores e ex-orientados contribuíram com idéias e sugestões ao longo do tempo.

Aos amigos, colegas e consultores do Instituto Internacional de Ecologia (IIE), que em várias ocasiões contribuíram com informações e resultados, os meus agradecimentos.

A diversos engenheiros e técnicos da SABESP, agradeço a oportunidade de trocar idéias e informações.

Agradeço também a Mirian Ap. Meira e a Nestor Freitas Manzini, pelo apoio na elaboração deste volume, e à RiMa Editora, pelo apoio na produção. Por fim, mas não por último, agradeço à Profa. Dra. Takako Matsumura Tundisi o contínuo apoio, incentivo, compartilhamento profissional do problema e a inspiração, sem os quais seria difícil escrever este livro.

José Galizia Tundisi

São Carlos, 14 de março de 2003

Agradecimentos Especiais

Agradecimentos são devidos às agências nacionais e internacionais de financiamento de pesquisa, as quais, com o apoio a projetos, deram origem a muitas informações utilizadas neste volume:

Ao Conselho Nacional de Desenvolvimento Científico e Tecnológico: Processos 680277/01-3 "Gerenciamento e utilização dos usos múltiplos do reservatório da UHE Luis Eduardo Magalhães (Tocantins)". À FINEP (CTHIDRO): "Estudo comparado da Represa Luis Eduardo Magalhães (TO) e Barra Bonita (SP), com a finalidade de desenvolver modelos de gestão de recursos hídricos". Ao ILEC (International Lake Environment Committee): "Avaliação e acompanhamento da eutrofização das represas de Barra Bonita (SP) e Carlos Botelho (Lobo-Broa)-SP". À FAPESP (Programa PIPE): "Desenvolvimento de sistemas de suporte à decisão no gerenciamento de reservatórios de abastecimento público e hidroelétricas". Processo 00/007379-5 – FAPESP. À Agência Nacional das Águas (ANA) pelo apoio para a organização e publicação do volume: "Planejamento e Gerenciamento de Lagos e Represas: uma abordagem integrada ao problema da eutrofização" (PNUMA, 2001), que foi fonte de referências e dados para esta obra.

Ao Programa Biota FAPESP – Proc. 98/05091-20, agradeço o apoio e as oportunidades de pesquisa e viagens de estudo no Brasil e no exterior. Agradecimentos são também devidos à INVESTCO, pela autorização para reprodução de dados do projeto de gerenciamento da UHE Luis Eduardo Magalhães (Lajeado) – Tocantins, e ao Instituto de Desenvolvimento Sustentável de Mamirauá.

Sumário

Prefácio

O desenvolvimento dos recursos hídricos não pode se desassociar da conservação ambiental, já que na essência envolve a sustentabilidade do homem no meio natural. O ensino e a ciência têm sido por demais disciplinares e, ao longo do século passado, formaram profissionais com delimitações geradas pela compartimentalização do conhecimento em profissões voltadas para ações dentro de um sistema muito limitado, como, por exemplo, o projeto de uma estação de tratamento de água e a drenagem de um loteamento. O século XXI tem por paradigma a ação de um sistema mais complexo em que todos os componentes que o afetam sejam tratados na busca da sustentabilidade como a visão integrada dos recursos hídricos e o meio ambiente.

Para desenvolver esses princípios é necessário abrir a mente de engenheiros, geólogos, biólogos, agrônomos, economistas, advogados, geralmente influenciados pela tradicional delimitação do conhecimento em razão de sua formação. Este livro apresenta os aspectos de recursos hídricos mesclando o tradicional enfoque da descrição do conhecimento básico com os problemas reais práticos em que a interdisciplinaridade dos diferentes enfoques é essencial.

O autor apresenta problemas críticos que envolvem a ação do homem sobre o ciclo hidrológico terrestre, como os impactos sobre a quantidade e a qualidade das águas decorrentes dos usos múltiplos, e a necessidade de uma gestão integrada e adaptativa de bacias hidrográficas.

A riqueza de informações disponibilizada pelo autor em nível nacional e internacional permite avaliar os diferentes cenários para os diferentes sistemas hídricos, visando a seu adequado uso e conservação. Neste livro discutem-se os aspectos econômicos dos usos múltiplos e do ciclo das águas, as relações entre saúde humana e a qualidade das águas e a necessária organização institucional e gerencial para fazer frente às demandas, às crises de abastecimento e aos conflitos nacionais e internacionais.

O texto permite uma visão conjunta e atualizada dos recursos hídricos, constituindo, sem dúvida, excelente contribuição para o conhecimento atual sobre o assunto num país tão carente de literatura especializada.

Carlos E. M. Tucci
Professor Titular do Instituto de Pesquisas Hidráulicas
Universidade Federal do Rio Grande do Sul

Introdução

O planeta Terra visto do espaço, como nos mostram as inúmeras fotos de satélite, revela uma beleza impressionante. O "planeta é azul", disse Yuri Gagarin, o primeiro astronauta a ter essa visão. Qual a causa dessa beleza? Seguramente é a água. Um padrão de oceanos, calotas polares, grandes rios e lagos, nuvens, tudo isso nos remete à presença da água no planeta. Abaixo da superfície, também há grandes reservatórios de águas subterrâneas. Sem dúvida, a Terra é o planeta da água. Este é o único planeta do sistema solar em que a água se encontra nos diferentes estados, sólido, líquido e gasoso.

A água é essencial à vida, portanto, todos os organismos vivos, incluindo o homem, dependem da água para sua sobrevivência. As mudanças de estado físico da água, sólido, líquido e gasoso, no ciclo hidrológico, são essenciais e influenciam os processos que operam na superfície da Terra, incluindo o desenvolvimento e a manutenção da vida.

Através dos séculos, a complexidade dos usos múltiplos da água pelo homem aumentou e produziu enorme conjunto de degradação e poluição. Por outro lado, os usos múltiplos excessivos e as retiradas permanentes para diversas finalidades têm diminuído consideravelmente a disponibilidade de água e produzido inúmeros problemas de escassez em muitas regiões e países.

No limiar do século XXI, entre outras crises sérias, a crise da água é uma ameaça permanente à humanidade e à sobrevivência da biosfera como um todo. Esta crise tem grande importância e interesse geral: além de colocar em perigo a sobrevivência do componente biológico, incluindo o *Homo sapiens*, ela impõe dificuldades ao desenvolvimento, aumenta a tendência a doenças de veiculação hídrica, produz estresses econômicos e sociais e aumenta as desigualdades entre regiões e países. A água sempre foi recurso estratégico à sociedade. O crescimento populacional e as demandas sobre os recursos hídricos superficiais e subterrâneos são algumas das causas fundamentais da crise.

A água é um recurso estratégico e um bem comum que deve ser compartilhado por todos. "A água é muito mais do que um recurso natural. Ela é uma parte integral do nosso planeta. Está presente há bilhões de anos, e é parte da dinâmica funcional da natureza" (E. C. Pielou, 1998).

É falsa a aparente concepção de que a água doce é abundante. Somente 3% da água do planeta é disponível como água doce. Destes 3%, cerca de 75% estão congelados nas calotas polares e cerca de 10% estão reservados nos aqüíferos. Portanto, somente 15% dos 3% de água doce do planeta estão disponíveis. E o suprimento global de água tem-se reduzido com o aumento da população e dos usos múltiplos e com a perda dos mecanismos de retenção de água (remoção de áreas alagadas, desmatamento, perda de volume por sedimentação de lagos e represas).

Esta obra foi escrita com a perspectiva de oferecer uma descrição e uma visão global, integrada e sintética dos problemas e da crise da água neste início do século XXI e suas possíveis soluções estratégicas. Ela decorre da experiência de trabalho de pesquisa e consultoria em Ecologia, Limnologia e Gerenciamento de Recursos Hídricos em 38 países, sempre com o tema água e seus problemas: ecológicos e limnológicos, poluição e contaminação, eutrofização, usos múltiplos, remediação e recuperação de lagos, represas e rios.

Os primeiros capítulos tratam do problema da distribuição, de disponibilidade, do ciclo hidrológico e das reservas de águas superficiais e subterrâneas no planeta e no Brasil. A seguir, discorre-se sobre os usos múltiplos da água pelo homem, seus impactos e as causas da crise.

Delineam-se os principais avanços tecnológicos, a questão do gerenciamento integrado dos recursos hídricos e as técnicas de recuperação. Os avanços na legislação e a descentralização de ações também são apresentados. Discutem-se a importância econômica da água, seu papel estratégico no desenvolvimento sustentável e a Agenda 21, especialmente o capítulo que trata dos problemas da água e sua futura conservação e gerenciamento.

No Capítulo 10 é levantada uma questão relevante: a formação de recursos humanos qualificados em amplo contexto: pesquisadores, gerentes e administradores cuja visão integrada e sistêmica do problema é essencial para adequada gestão das águas e, principalmente, das bacias hidrográficas. O capítulo também trata do acesso do grande público às questões relevantes sobre a água e o futuro do planeta.

Um capítulo final, com *perspectivas e desafios,* procura projetar no futuro as questões relevantes e sugere rumos, possibilidades e possíveis inovações na resolução do problema. Espera-se que este volume seja útil a todos aqueles que, sob vários ângulos, se interessem por água, sua crise, problemas e possíveis soluções.

Escrevi os capítulos finais e fiz a revisão final deste livro em minha casa, às margens da represa Carlos Botelho (Lobo-Broa), a qual pesquiso desde 1971 e para a qual apresentei recentemente um plano de gerenciamento integrado e de recuperação. De minha janela posso ver, à tarde, as águas aparentemente plácidas fervilhando de vida ao sol.

Um bando de garças passa voando e retorna aos ninhos ao entardecer. Ou seja, a vida continua em seu eterno ciclo, e para se perpetuar o homem deve incluir-se nele e dele participar, mantendo-o. Este é o segredo da sobrevivência de todas as espécies e o *Homo sapiens* deve aprender com elas a se integrar no ciclo e sobreviver.

José Galizia Tundisi
Instituto Internacional de Ecologia
São Carlos, março de 2003

Capítulo 1

A Água e os Sistemas de Sustentação à Vida

Desde os primórdios da vida no planeta Terra e da história da espécie humana, o *Homo sapiens*, a água sempre foi essencial. Qualquer forma de vida depende da água para sua sobrevivência e/ou para seu desenvolvimento. Mesmo organismos que vivem em deserto, formas de vida muito primitivas que põem seus sacos ovígeros em cistos para resistir à dessecação, dependem da água para a continuidade da espécie, pois os ovos só eclodem quando há água. A água é o que nutre as colheitas e florestas, mantém a biodiversidade e os ciclos no planeta e produz paisagens de grande e variada beleza. Muitas religiões batizam seus fiéis na água. Para os índios Kogi da Colômbia, os três elementos principais no começo da vida são a mãe, a noite e a água. Onde não há água não há vida. As grandes civilizações do passado e do presente sempre dependeram de água doce para sua sobrevivência e desenvolvimento cultural e econômico. A água doce é, portanto, essencial à sustentação da vida, e suporta também as atividades econômicas e o desenvolvimento.

Embora dependam da água para a sobrevivência e para o desenvolvimento econômico, as sociedades humanas poluem e degradam este recurso, tanto as águas superficiais quanto as subterrâneas. A diversificação dos usos múltiplos, o despejo de resíduos líquidos e sólidos em rios, lagos e represas e a destruição das áreas alagadas e das matas galeria têm produzido contínua e sistemática deterioração e perdas extremamente elevadas em quantidade e qualidade da água. Como a água escoa, se não houver mecanismos de retenção na superfície – naturais e artificiais, tais como lagos, represas, florestas –, perdem-se quantidades enormes e diminuem-se as reservas. Isso também ocorre nos aqüíferos subterrâneos cujas reservas são recarregadas pela cobertura vegetal natural.

A história da água sobre o planeta Terra é complexa e está diretamente relacionada ao crescimento da população humana, ao grau de urbanização e aos usos múltiplos que afetam a quantidade e a qualidade. A história da água, seus usos e contaminações também estão relacionados à saúde, pois muitas doenças que afetam a espécie humana têm veiculação hídrica, organismos que se desenvolvem na água ou que têm parte de seu ciclo de vida em vetores que crescem em sistemas aquáticos. Os usos da água geram conflitos em razão de sua multiplicidade e finalidades diversas, as quais demandam quantidades e qualidades diferentes. Águas para abastecimento público, hidroeletricidade, agricultura, transporte, recreação e turismo, disposição de resíduos, indústria, todos esses usos são conflitantes e têm gerado tensões, em muitos casos resolvidas nos tribunais, e também têm produzido muitos problemas legais.

Entretanto, amplia-se a percepção de que a água é um recurso finito, de que há limites em seu uso e os custos do tratamento estão cada vez mais elevados, além disso os custos da recuperação de lagos, rios e represas são também muito altos.

Nos últimos relatórios do Instituto Mundial de Recursos (WRI – World Resources Institute), do Programa das Nações Unidas para o Meio Ambiente (PNUMA-UNEP), os resultados de análises de especialistas sobre as bases biogeofísicas da sustentabilidade, os volumes disponíveis de água e os efeitos dos usos múltiplos apontam para uma crise sem precedentes na história da humanidade. Essa crise põe em risco a sobrevivência das espécies, inclusive da humana.

Os relatórios apontam seis grandes alterações nos mecanismos e legislação sobre os usos da água, a avaliação dos impactos, a disponibilidade de água *per capita* e as necessidades de gerenciamento integrado – controle do desperdício e dos desastres que podem ocorrer (enchentes e secas):

1. água potável e de qualidade para todos;
2. aumento do suprimento e alternativas;
3. crescimento populacional e usos da água na agricultura;
4. controle das enchentes e secas;
5. mudanças climáticas e seus efeitos; e
6. impactos sociais e econômicos nos usos da água.

Técnicos e administradores que se baseiam somente no ciclo hidrológico, quantidades e qualidades para o gerenciamento da água, também devem fazer esforços para conhecer melhor as bases sociais e econômicas que definem e dão condições de sustentabilidade.

As avaliações sobre a água, sua disponibilidade e seu papel no desenvolvimento, estão mostrando a necessidade de mudanças substanciais na direção do planejamento e gerenciamento dos recursos hídricos – águas superficiais e subterrâneas.

Este livro descreve o ciclo da água no planeta, as quantidades de águas superficiais e subterrâneas, seus usos múltiplos e os efeitos na quantidade e qualidade da água, bem como as possíveis soluções científicas, tecnológicas, técnicas e institucionais que estão sendo implementadas em vários níveis em diversos países a fim de manter a sustentabilidade dos recursos hídricos e o desenvolvimento sustentável. Descrevem-se também as causas e as origens da crise da água, desenvolvendo-se idéias e soluções para enfrentá-la. Neste volume, procurou-se dar tratamento sintético e comparativo ao assunto, utilizando-se diversas fontes de informação do Brasil e do exterior, além de referências e trabalhos científicos do autor e de colaboradores. A seguir, algumas características essenciais da água e as necessidades humanas de água.

Quadro 1.1 Água, características essenciais.

Fórmula química: H_2O
Peso molecular: 18
Características físicas – em atmosfera-padrão e a temperatura ambiente:

- Congela a 0ºC
- Ferve a 100ºC
- Sofre expansão ao congelar
- Sem cor, sem odor
- Densidade máxima a 4ºC

Calor específico: 1 cal (gºC) = 75,25 J/mol.ºC
Calor de vaporização a 100ºC: 538 cal/g = 40,6 KJ/mol.
Solubilidade de substâncias na água:

- Cloreto de sódio (NaCl) = 360 g/L
- 1 butanol (C_4H_9OH) = 80 g/L
- Etanol (C_2H_5OH) = todas as proporções
- Lipídios = muito pouca solubilidade na água
- Viscosidade a 20ºC = 1 centipoise; diminui pouco com o aumento da temperatura
- Condutividade elétrica a 20ºC: 4 x 10^{-8} mho/cm = 4 x 10^{-6} siemens (s)/m
- Constante dielétrica a 25ºC = 78,5

Várias fontes.

Quadro 1.2 Comparação entre as propriedades da água pura e da água do mar.

Propriedade	Água do mar 35‰ sal	Água pura
Densidade, g/cm^3, 25ºC	1,02412	1,0029
Condutividade equivalente, 25ºC, cm^{2}ohm^{-1}equiv^{-1}	–	–
Condutividade específica, 25ºC ohm^{-1}cm^{-1}	0,0532	–
Viscosidade, 25ºC, millipoise	9,02	–
Pressão de vapor, mmHg a 20ºC	17,4	17,34
Compressibilidade isotérmica 0º, unid vol/atm	46,4 x 10^{-6}	50,3 x 10^{-6}
Temperatura da densidade máxima, ºC	–3,52	+3,98
Ponto de congelamento, ºC	–1,91	0.00
Tensão superficial, 25ºC, dyne/cm	72,74	71,97
Velocidade do som, 0ºC, m/s	1.450	1.407
Calor específico, 17,5ºC, J g^{-1}ºC^{-1}	3,898	4,182

Várias fontes.

Quadro 1.3 Água em 30 idiomas.

Algonquin "Cree"	nibi	**Húngaro**	viz
Árabe	mayah	**Indonésio**	air
Chinês	shui	**Italiano**	acqua
Dinamarquês	vand	**Japonês**	mizu'k
Holandês	water	**Latim**	aqua
Inglês	water	**Norueguês**	vann
Esperanto	akvo	**Polonês**	woda
Finlandês	vettä	**Português**	água
Francês	eau	**Russo**	woda
Alemão "Frisian"	wetter	**Sânscrito**	udan
Alemão	wasser	**Espanhol**	agua
Grego	hydor	**Africano-"Swahili"**	maji
Havaiano	wai	**Sueco**	vatten
Hebraico	mayim	**Tcheco**	woda
Hindu	pani	**Turco**	su

Fonte: Speidel *et al.* (1988).

Quadro 1.4

As necessidades humanas de água

As necessidades humanas de água são complexas e representam em primeiro lugar uma demanda fisiológica. Cerca de 60% a 70% do peso de um ser humano, em média, é constituído por moléculas de água. Uma pessoa com 100 kg tem, portanto, entre 60 e 70 kg de água em seu corpo, considerando-se 1 litro de água = 1 kg de peso. Em níveis bioquímico e celular, há necessidade de água para atuar como solvente e para o funcionamento do organismo. O consumo médio diário de uma pessoa com 90 kg é de cerca de 3 litros, obtidos sob a forma de água, outras bebidas ou alimentação. Em uma pessoa sadia, há um estado de equilíbrio entre a água ingerida sob diversas formas e a água eliminada sob a forma de urina (53%), evaporação da pele e pulmões (42%) e nas fezes (5%). A água também é utilizada na preparação de alimentos e cozimento, no banho, toalete e lavagem em geral, e muitos usos dependem da cultura local, regional ou nacional. O suprimento de água para as casas pode ser considerado uma "produção reprodutiva" (Merrett & Gray, 1982) porque permite a reprodução da espécie humana e, portanto, a sobrevivência da espécie. Em muitos países, a água também é utilizada em atividades religiosas, portanto, parte do volume das águas de rios, lagos ou represas é utilizada em atividades sagradas que são produto de culturas milenares; por exemplo, casamentos coletivos às margens do rio Ganges, na Índia, podem agregar uma multidão composta de 1 milhão de pessoas.

Capítulo 2

O Ciclo Hidrológico e a Distribuição de Águas Doces no Planeta

O ciclo hidrológico e as principais reservas de água doce do planeta

O ciclo hidrológico é o princípio unificador fundamental de tudo o que se refere à água no planeta. O ciclo é o modelo pelo qual se representam a interdependência e o movimento contínuo da água nas fases sólidas, líquida e gasosa. Toda a água do planeta está em contínuo movimento cíclico entre as reservas sólida, líquida e gasosa. Evidentemente, a fase de maior interesse é a líquida, o que é fundamental para o uso e para satisfazer as necessidades do homem e de todos os outros organismos, animais e vegetais. Os componentes do ciclo hidrológico são (Speidel *et al.*, 1988):

- *Precipitação*: Água adicionada à superfície da Terra a partir da atmosfera. Pode ser líquida (chuva) ou sólida (neve ou gelo).
- *Evaporação*: Processo de transformação da água líquida para a fase gasosa (vapor d'água). A maior parte da evaporação se dá a partir dos oceanos; nos lagos, rios e represas também ocorre evaporação.
- *Transpiração*: Processo de perda de vapor d'água pelas plantas, o qual entra na atmosfera.
- *Infiltração*: Processo pelo qual a água é absorvida pelo solo.
- *Percolação*: Processo pelo qual a água entra no solo e nas formações rochosas até o lençol freático.
- *Drenagem*: Movimento de deslocamento da água nas superfícies, durante a precipitação.

A água que atinge a superfície de uma bacia hidrográfica pode, então, ser drenada, ser reservada em lagos e represas e daí evaporar para a atmosfera ou infiltrar-se e percolar-se no solo. A Figura 2.1 mostra as peculiaridades do ciclo hidrológico e seus principais processos.

Até o final da década de 1980, acreditava-se que o ciclo hidrológico no planeta era fechado, ou seja, que a quantidade total de água permanecera sempre a mesma desde o início da Terra. Nenhuma água entraria no planeta Terra a partir do espaço exterior, nenhuma água o deixaria. Descobertas recentes, entretanto, sugerem que "bolas de neve" de 20 a 40 toneladas, denominadas pelos cientistas de "pequenos cometas", provenientes de outras regiões do sistema solar podem atingir a atmosfera da Terra. As chuvas de "bolas de neve" vaporizam-se quando se aproximam da atmosfera terrestre e podem ter acrescentado 3 trilhões de toneladas de água a cada 10.000 anos (Frank, 1990; Pielou, 1998).

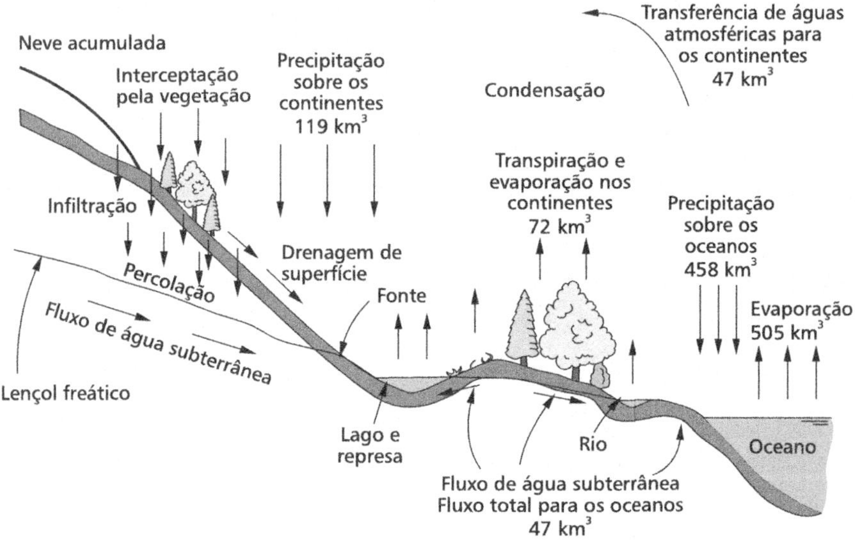

Figura 2.1 O ciclo hidrológico. Os números em km³ (x 10^3) indicam os fluxos de evaporação, precipitação e drenagem para os oceanos. (Modificado de várias fontes.)

A velocidade do ciclo hidrológico varia de uma era geológica para outra, assim como as proporções da soma total de águas doces e de águas marinhas. Em períodos de glaciação, por exemplo, era menor a proporção de água doce líquida, enquanto em períodos mais quentes a forma líquida era mais comum.

De acordo com Pielou (1998), o ciclo hidrológico pode ser considerado um "ciclo de vida", e a história natural da água no planeta está relacionada aos ciclos de vida e à história da vida. A Tabela 2.1 mostra a distribuição da água e dos principais reservatórios de água da Terra e a Figura 2.2 apresenta a distribuição das águas no planeta e a porcentagem de águas salgada e doce.

A distribuição da água no planeta não é homogênea e a Tabela 2.2 mostra a distribuição do suprimento renovável de água por continente e a porcentagem da população global.

Tabela 2.1 Áreas e volumes totais e relativos de água dos principais reservatórios da Terra.

Reservatório	Área (10^3 km^2)	Volume (10^3 km^3)	% do volume total	% do volume de água doce
Oceanos	361.300	1.338.000	96,5	–
Água subterrânea	134.800	23.400	1,7	–
Água doce		10.530	0,76	30,1
Umidade do solo		16.5	0,001	0,05
Calotas polares	16.227	24.064	1,74	68,7
Antártica	13.980	21.600	1,56	61,7
Groelândia	1.802	2.340	0,17	6,68
Ártico	226	83,5	0,006	0,24
Geleiras	224	40,6	0,003	0,12
Solos gelados	21.000	300	0,022	0,86
Lagos	2.058,7	176,4	0,013	–
Água doce	1.236,4	91	0,007	0,26
Água salgada	822,3	85,4	0,006	–
Pântanos	2.682,6	11,47	0,0008	0,03
Fluxo dos rios	148.800	2,12	0,0002	0,006
Água na biomassa	510.000	1,12	0,0001	0,003
Água na atmosfera	510.000	12,9	0,001	0,04
Totais	510.000	1.385.984	100	–
Total de reservas de água doce	148.800	35.029	2,53	100

Fonte: Shiklomanov (1998).

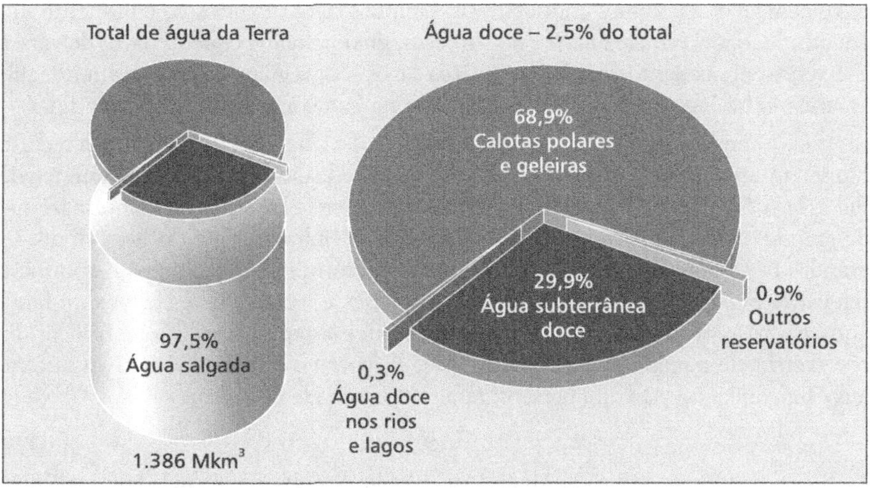

Figura 2.2 Distribuição das águas na Terra em um dado instante. *Fonte*: Shiklomanov (1998).

Tabela 2.2 Distribuição do suprimento renovável de água por continente.

Região	Média anual: drenagem (km^3)[a]	Porcentagem da drenagem global	Porcentagem da população global (%)	Porcentagem estável
África	4.225	11	11	45
Ásia	9.865	26	58	30
Europa	2.129	5	10	43
América do Norte [a]	5.960	15	8	40
América do Sul	10.380	27	6	38
Oceania	1.965	5	1	25
União Soviética	4.350	11	6	30
Mundo	**38.874**	**100**	**100**	**36** [b]

Fonte: Adaptado de L'Vovich (1979).

Os principais rios e lagos da Terra constituem importantes reservatórios de água doce. Situados no interior dos continentes e drenando extensas áreas, esses vastos reservatórios são fundamentais para a sobrevivência de organismos, plantas e animais e a própria sobrevivência do *Homo sapiens*. As Tabelas 2.3 e 2.4 mostram, respectivamente, os principais rios do planeta e os grandes lagos e a Figura 2.3 apresenta as principais bacias hidrográficas. As represas artificiais construídas pelo homem constituem outra importante reserva de água doce, com aproximadamente 9.000 km^3.[1] (Straškraba *et al.*, 1993).

A Tabela 2.4 mostra grande número de lagos situados no Hemisfério Norte em regiões temperadas. O continente africano também possui elevado número de lagos com áreas e volumes consideráveis. Grandes lagos são raros no continente sul-americano, onde, principalmente nos trópicos, predominam pequenos lagos de várzea e extensas áreas pantanosas com muitos lagos. Na região sul do continente sul-americano há lagos de maior área e volume na Patagônia e nas regiões andinas.

Os Grandes Lagos são importantes reservas de águas doces e constituem recurso hídrico internacional compartilhado por Canadá e Estados Unidos. Na América do Sul, o lago Titicaca é compartilhado por Bolívia e Peru e há um projeto internacional de grande dimensão para a recuperação da bacia hidrográfica e do lago. Todos os grandes lagos apresentados na tabela têm importantes usos múltiplos e enorme e relevante impacto na economia de muitos países e regiões. Esses lagos têm biota aquática bastante significativa e são importantes sistemas para a manutenção da biodiversidade aquática. Lagos muito antigos, como o lago Baikal na Rússia ou o lago Tanganika na África, apresentam alta diversidade biológica.

1. Represas artificiais foram construídas pelo homem para diversas finalidades há milênios. Somente na segunda metade do século XX é que as dimensões aumentaram com novas tecnologias.

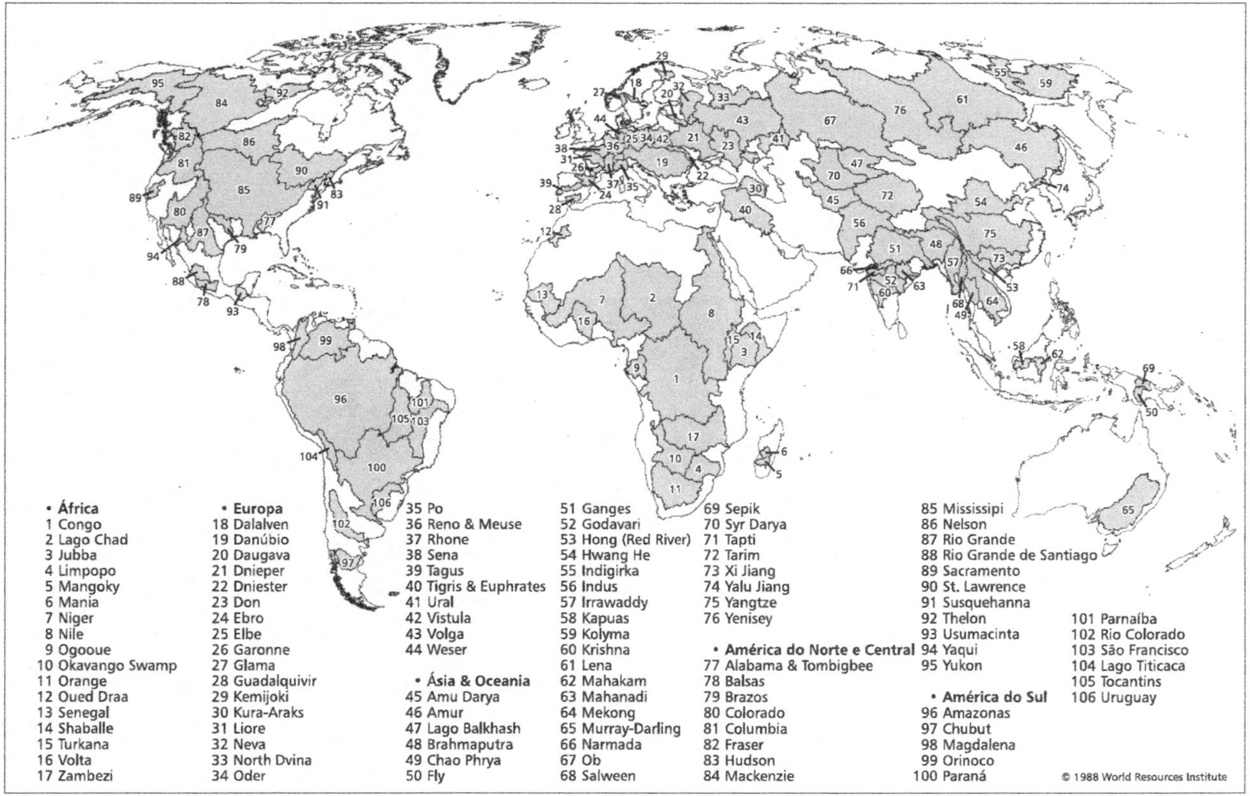

Figura 2.3 As principais bacias hidrográficas do planeta ilustradas por continente. Os nomes originais foram mantidos. *Fonte*: Revenga *et al.* (1998).

Tabela 2.3 Principais características dos rios mais importantes do planeta.*

Rio	Comprimento (km)	Área da bacia (km^2)	Descarga (km^3/ano)	Intensidade mm/ano (D/C)	Transporte de substâncias dissolvidas Td t/km^2/ano	Transporte de sólidos em suspensão Ta t/km^2/ano	Ta/Td	Quantidade total transportada (t x 10^6/ano)
A	B	C	D	E	F	G	H	I
1. Amazonas	7,047	7.049.980	3.767,8	534	46,4	79,0	1,7	290,0
2. Congo	4,8888	3.690.750	1,255,9	340	11,7	13,2	1,1	47,0
3. Yangtze	6,1812	1.959.375	690,8	353	NA	490,0	NA	NA
4. Mississipi Missouri	6,948	3.221.183	556,2	173	40,0	94,0	2,3	131,0
5. Ienissei	5,58	2.597.700	550,8	212	28,0	5,1	0,2	73,0
6. Mekong	4,68	810.670	538,3	664	75,0	435,0	5,8	59,0
7. Orinoco	2,3094	906.500	538,2	594	52,0	91,0	1,7	50,0
8. Paraná	4,3308	3.102.820	493,3	159	20,0	40,0	2	56,0
9. Lena	6,5448	2.424.017	475,5	196	36,0	6,3	0,15	85,0
10. Brahmaputra	1,8	934.990	475,5	509	130,0	1,370,0	10,5	75,0
11. Irrawaddy		431.000	443,3	1,029	NA	700,0	NA	NA
12. Ganges	1,8	488.992	439,6	899	78,0	537,0	6,9	76,0
13. Mackenzie	3,663	1.766.380	403,7	229	39,0	65,0	1,7	
14. Obi	6,1578	3.706.290	395,5	107	20,0	6,3	0,3	50,0
15. Amur	4,86	1.843.044	349,9	190	10,9	13,6	1,1	20,0
16. St, Lawrence	2,808	1.010.100	322,9	320	51,0	5,0	0,1	54,0
17. Indus	3,24	963.480	269,1	279	65,0	500,0	8,0	68,0
18. Zambezi	3,06	1.329.965	269,1	202	11,5	75,0	6,5	15,4
19. Volga	4,1238	1.379.952	256,6	186	57,0	19,0	0,3	77,0
20. Niger	4,68	1.502.200	224,3	149	9,0	60,0	6,7	10,0
21. Columbia	2,1852	668.220	210,8	316	52,0	43,0	0,8	34,0
22. Danúbio	3,1986	816.990	197,4	242	75,0	84,0	1,1	60,0
23. Yukon	3,5622	865.060	193,8	224	44,0	103,0	2,3	34,8
24. Fraser	1,530	219.632	112,4	512	NA	NA	NA	NA
25. São Francisco	3,5766	652.680	107,7	165	NA	NA	NA	NA
26. Hwang-Ho (Yellow)	5,2218	1.258.740	104,1	83	NA	2.150,0	NA	NA
27. Nilo	7,4826	2.849.000	80,7	28	5,8	37,0	6,4	10,0
28. Nelson	2,88	1.072.260	76,2	71	27,0	NA	NA	31,0
29. Murray-Darling	6,0678	1.072.808	12,6	12	8,2	30,0	13,6	2,3

Modificada a partir das seguintes fontes: Office of Technology Assessment, USA (1988), Gleick (1993), Rebouças *et al.* (2002).

* Para a maioria dos rios manteve-se o nome original.

Tabela 2.4 Algumas características dos lagos mais importantes do planeta.

Lago	Área (km^2)	Volume (km^3)	Profundidade máxima (m)	Continente
Superior	82.680	11.600	406	América do Norte
Vitória	69.000	2.700	92	África
Huron	59.800	3.580	299	América do Norte
Michigan	58.100	4.680	281	América do Norte
Tanganica	32.900	18.900	1.435	África
Baikal	31.500	23.000	1.741	Ásia
Niassa	30.900	7.725	706	África
Grande Lago do Urso	30.200	1.010	137	América do Norte
Grande Lago do Escravo	27.200	1.070	156	América do Norte
Erie	25.700	545	64	América do Norte
Winnipeg	24.600	127	19	América do Norte
Ontário	19.000	1.710	236	América do Norte
Ladoga	17.700	908	230	Europa
Chade	16.600	44,4	12	África
Maracaibo	13.300	–	35	América do Sul
Tonle Sap	10.000	40	12	Ásia
Onega	9.630	295	127	Europa
Rudolf	8.660	–	73	África
Nicarágua	8.430	108	70	América Central
Titicaca	8.110	710	230	América do Sul
Athabasca	7.900	110	60	América do Norte
Reindeer	6.300	–	–	América do Norte
Tung Ting	6.000	–	10	Ásia
Vänerm	5.550	180	100	Europa
Zaysan	5.510	53	8,5	Ásia
Winnipegosis	5.470	16	12	América do Norte
Albert	5.300	64	57	África
Mweru	5.100	32	15	África

Fonte: Adaptado de Shiklomanov, in Gleik (1998).

O volume de material em suspensão transportado depende dos usos das bacias hidrográficas, do grau de desmatamento ou da cobertura vegetal. O material em suspensão é depositado nos deltas e estuários ou é transportado pelas correntes marítimas, acumulando-se em golfos ou baías. Represas construídas para diversos fins alteram os fluxos e o transporte de sedimentos dos rios, causando impactos principalmente nas regiões costeiras e nos deltas. Informações científicas recentes mostram que represas do Médio Tietê, no Estado de São Paulo, podem reter até 80% do material em suspensão (Tundisi, 1999). A drenagem dos rios, que representa a renovação dos recursos hídricos, é o componente mais importante do ciclo hidrológico. O rio mais importante do planeta, o Amazonas, produz 16% da drenagem mundial, sendo 27% de toda a drenagem dos rios representada pelo Amazonas, Ganges com o Brahmaputra, Congo, Lantz e Orinoco. Nem todas as bacias hidrográficas têm descargas para os oceanos. As que não drenam para os oceanos são chamadas de regiões *endorréicas* (sem drenagem), com área de 30 milhões de km^2 (20% da área total de terras). Em contraste, as regiões que drenam para os oceanos são as *exorréicas*.

As águas subterrâneas

A água que se encontra no subsolo da superfície terrestre é chamada de água subterrânea. Ela ocorre em duas zonas. A zona superior se estende da superfície até profundidades que vão de menos de um metro a algumas centenas de metros em regiões semi-áridas. Essa região é denominada de zona insaturada, uma vez que contém água e ar. A zona saturada que ocorre logo abaixo contém somente água. A Figura 2.4 apresenta características fundamentais das águas subterrâneas e a terminologia geral utilizada. Parte da precipitação que atinge a superfície terrestre percola através da zona insaturada para a zona saturada. Essas áreas são denominadas áreas de recarga, uma vez que é nela que ocorre a recarga dos aqüíferos subterrâneos. O movimento das águas subterrâneas inclui deslocamentos laterais onde ocorrem gradientes hidráulicos em direção à áreas de descargas dos aqüíferos (Figura 2.5).

A água que percola através da superfície do solo forma aqüíferos não confinados, em contraste com aqüíferos confinados, onde há água retida por solos menos permeáveis. Todos os tipos de rochas, ígneas, sedimentares ou metamórficas, confinam águas nas diferentes regiões. Importantes fontes de depósitos de águas subterrâneas incluem rochas calcáreas e dolomita, basalto e arenito. É importante destacar que a água existente no solo suporta a biomassa de várias origens, natural ou cultivada. As águas subterrâneas estão disponíveis em todas as regiões da Terra, constituindo importante recurso natural. Essas águas são utilizadas freqüentemente para abastecimento doméstico, para irrigação em áreas rurais e para fins industriais. Os usos generalizados das águas subterrâneas devem-se também a sua disponibilidade próximo ao local de utilização e também a sua qualidade, uma vez que podem estar livre de patógenos e contaminantes. A disponibilidade permanente das águas subterrâneas é outra razão para seu uso intensivo. A contribuição dos fluxos de águas subterrâneas à descarga dos rios por continente é mostrada na Tabela 2.5.

Tabela 2.5 Contribuição dos fluxos subterrâneos à descarga dos rios (km^3/ano).

Continentes/ recursos	Europa	Ásia	África	A. Norte	A. Sul	Austrália/ Oceania	Ex-URSS	Total mundial
Escoamento superficial	1.476	7.606	2.720	4.723	6.641	1.528	3.330	27.984
Contribuição subterrânea	845	2.879	1.464	2.222	3.736	483	1.020	12.689
Descarga total média dos rios	2.321	10.485	3.808	6.945	10.377	2.011	4.350	40.673

Fonte: World Resources Institute (1991).

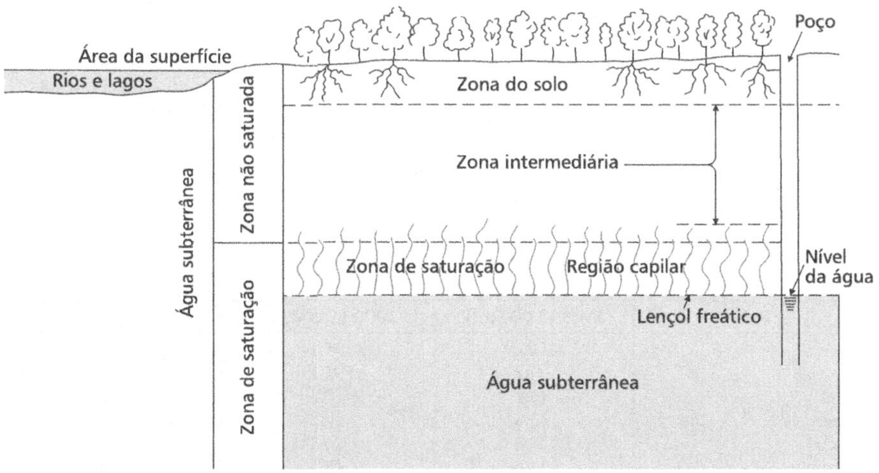

Figura 2.4 Águas subterrâneas. A porção superior da zona saturada é ocupada pela água situada na região capilar mantida pela tensão superficial (Heath, 1988; Speidel *et al.*, 1988).

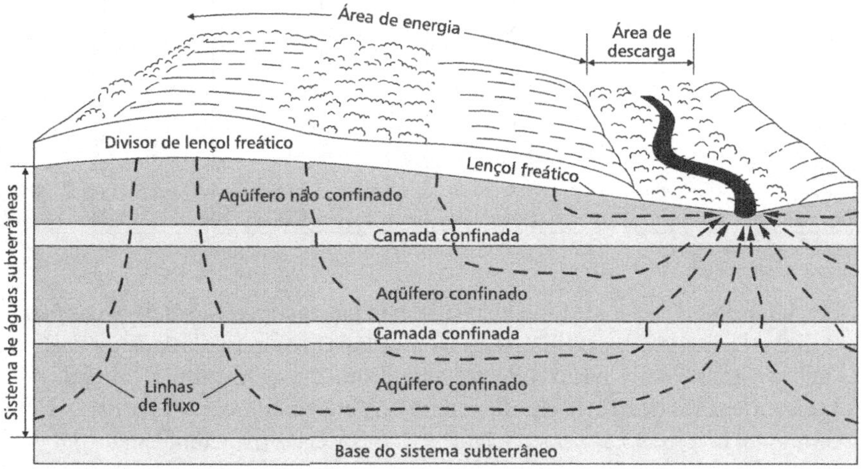

Figura 2.5 Movimento da água através dos sistemas de águas subterrâneas. A água entra no sistema em recargas e se move através dos aqüíferos e das camadas confinadas (Heath, 1988; Speidel *et al.*, 1988).

A distribuição mundial da água e as interferências humanas no ciclo da água

Em razão das peculiaridades climáticas causadas por diferenças latitudinais e altitudinais, as águas doces não estão distribuídas igualmente pelo planeta. A Figura 2.6 mostra as características da disponibilidade de água por continente e a Tabela 2.6, a drenagem anual *per capita* para 21 países em 1983 e 2000.

Tabela 2.6 Drenagem anual *per capita* de 21 países em 1983, com projeções para 2000.

País	1983 (1.000 m³)	2000 (1.000 m³)	Alterações (%)
Canadá	110,0	95,1	–14
Noruega	91,7	91,7	0
Brasil	43,2	30,2	–30
Venezuela	42,3	26,8	–37
Suécia	23,4	24,3	+4
Austrália	21,8	18,5	–15
União Soviética	16,0	14,1	–12
Estados Unidos	10,0	8,8	–12
Indonésia	9,7	7,6	–22
México	4,4	2,9	–34
França	4,3	4,1	–5
Japão	3,3	3,1	–6
Nigéria	3,1	1,8	–42
China	2,8	2,3	–18
Índia	2,1	1,6	–24
Quênia	2,0	1,0	–50
África do Sul e Suazilândia	1,9	1,2	–37
Polônia	1,5	1,4	–7
Oeste da Alemanha	1,4	1,4	0
Bangladesh	1,3	0,9	–31
Egito	0,09	0,06	–33
Terra	8,3	6,3	–24

Fonte: Postel (1997).

A Tabela 2.7 mostra a disponibilidade para países com escassez de água (menos de 1.000 m³ por ano por pessoa). Além da distribuição mundial da água ser desigual, há ainda variabilidade natural de séries hidrométricas históricas (medidas dos volumes e vazões dos rios) em determinadas bacias hidrográficas. Essas séries determinam os principais usos da água e as estratégias de gerenciamento.

Em razão da variabilidade, associada aos fluxos de água, à vazão e ao volume, programas de gerenciamento de água baseados em estatísticas de longo prazo não são realistas se considerados para curtos períodos de tempo (um ano ou meses). As interferências das atividades humanas no ciclo hidrológico ocorrem em todos os continentes e em muitos países. Os impactos dessa intervenção no ciclo variam para cada região ou continente. De modo geral esses impactos são:

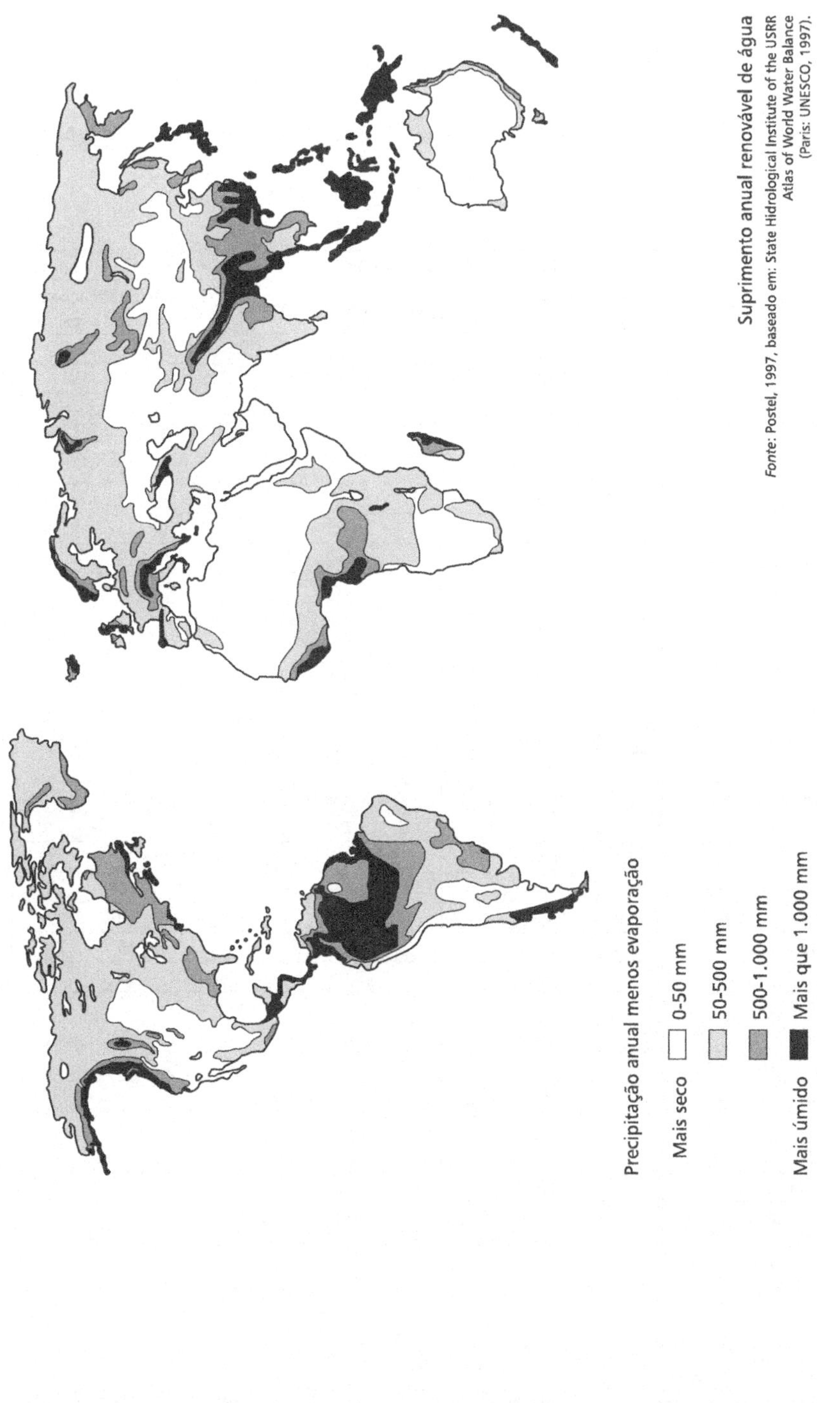

Fonte: Postel, 1997, baseado em: State Hidrological Institute of the USRR Atlas of World Water Balance (Paris: UNESCO, 1997).

Figura 2.6 Disponibilidade atual do suprimento de água por continente.

a) construção de reservatórios para aumentar as reservas de água e impedir o escoamento;
b) uso excessivo de águas subterrâneas;
c) importação de água e transposição de águas entre bacias hidrográficas.

As atividades humanas alteram, portanto, o padrão espacial de vazão natural, em alguns casos, em mais de 70%.

Tabela 2.7a Países com escassez de água.

Países com escassez de água			
Região/país	**Suprimentos de águas renováveis (m^3/pessoa)**	**População (milhões)**	**Tempo de duplicação da população (anos)**
África			
Argélia	730	26.0	27
Botsuana	710	1.4	23
Burundi	620	5.8	21
Cabo Verde	500	0.4	21
Djibuti	750	0.4	24
Egito	30	55.7	28
Quênia	560	26.2	19
Líbia	160	4.5	23
Mauritânia	190	2.1	25
Ruanda	820	7.7	20
Tunísia	450	8.4	33
Oriente Médio			
Bahrein	0	0.5	29
Israel	330	5.2	45
Jordânia	190	3.6	20
Kuait	0	1.4	23
Qatar	40	0.5	28
Arábia Saudita	140	16.1	20
Síria	550	13.7	18
Emirados Árabes	120	2.5	25
Iêmen	240	10.4	20
Outros			
Barbados	170	0.3	102
Bélgica	840	10.0	347
Hungria	580	10.3	–
Malta	80	0.4	92
Holanda	660	15.2	147
Singapura	210	2.8	51
População total		**231.5**	

Países com suprimentos de água renováveis de menos de 1.000 metros cúbicos por ano. Não inclui água que flui de países vizinhos. *Fonte*: Postel (1997).

Tabela 2.7b Países com mais água e países com menos água.

Países com mais água (em m³/habitantes)	
1°. Guiana Francesa	812.121
2°. Islândia	609.319
3°. Suriname	292.566
4°. Congo	275.679
25°. Brasil	48.314
Países com menos água (em m³/habitantes)	
Kuwait	10
Faixa de Gaza (Território Palestino)	52
Emirados Árabes Unidos	58
Ilhas Bahamas	66

Fonte: UNESCO (2003).

A disponibilidade de águas doces no Brasil: a distribuição de águas doces e a dinâmica das águas continentais no Brasil

O Brasil possui grande disponibilidade hídrica, distribuída de forma desigual em relação à densidade populacional. A Tabela 2.8 mostra o balanço hídrico das principais bacias hidrográficas do Brasil. A produção total de águas doces no Brasil representa 53% do continente sul-americano (334.000 m^3/s) e 12% do total mundial (1.488.000 m^3/s) (Rebouças, 1999).

Tabela 2.8 Balanço hídrico das principais bacias hidrográficas do Brasil.

Bacia hidrográfica	Área (km^2)	Média da precipitação (m^3/s)	Média de descarga (m^3/s)	Evapotransp. (m^3/s)	Descarga/ precipitação (%)
Amazônica	6.112.000	493.191	202.000	291.491	41
Tocantins	757.000	42.387	11.300	31.087	27
Atlântico Norte	242.000	16.388	6.000	10.388	37
Atlântico Nordeste	787.000	27.981	3.130	24.851	11
São Francisco	634.000	19.829	3.040	16.789	15
Atlântico Leste-Norte	242.000	7.784	670	7.114	9
Atlântico Leste-Sul	303.000	11.791	3.710	8.081	31
Paraná	877.000	39.935	11.200	28.735	28
Paraguai	368.000	16.326	1.340	14.986	8
Uruguai	178.000	9.589	4.040	5.549	42
Atlântico Sul	224.000	10.515	4.570	5.949	43
Brasil incluindo Bacia Amazônica	**10.724.000**	**696.020**	**251.000**	**445.020**	**36**

Fonte: Braga *et al.* (1998).

A Tabela 2.9 apresenta a produção hídrica das grandes regiões hidrográficas do Brasil e a disponibilidade hídrica social, incluindo-se os dados de densidade populacional e a utilização anual em metros cúbicos por ano. Como acentua Rebouças *et al.* (1999), 80% da produção hídrica brasileira se concentra em três grandes unidades hidrográficas: Amazonas, São Francisco e Paraná. A Figura 2.7 mostra as principais bacias hidrográficas da América do Sul e a Figura 2.8, as províncias hidrogeológicas do Brasil. A Figura 2.9, retirada de Rebouças *et al.* (1999), apresenta os potenciais de águas subterrâneas do Brasil e a Figura 2.10, as características da precipitação, média anual.

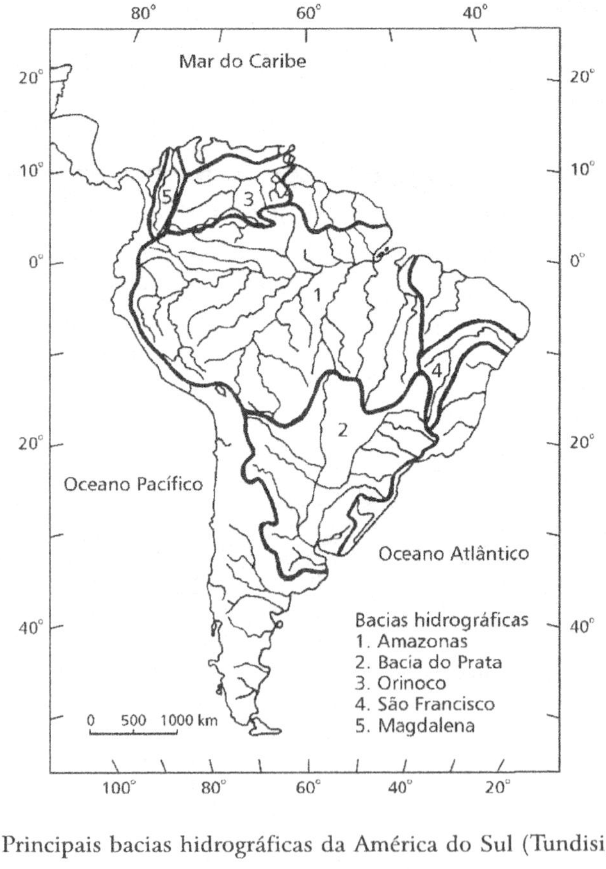

Figura 2.7 Principais bacias hidrográficas da América do Sul (Tundisi, 1994).

Tabela 2.9 Disponibilidade hídrica social e demandas por Estado no Brasil.

Estados	Potencial hídrico* (km^3/ano)	População habitantes**	Disponibilidade hídrica social (m^3/hab/ano)	Densidade população (hab/km^2)	Utilização*** total (m^3/hab/ano)	Nível de utilização 1991
Rondônia	150,2	1.229.306	115.538	5,81	44	0,03
Acre	154,0	483.593	351.123	3,02	95	0,02
Amazonas	1.848,3	2.389.279	773.000	1,50	80	0,00
Roraima	372,31	247.131	1.506.488	1,21	92	0,00
Pará	1.124,7	5.510.849	204.491	4,43	46	0,02
Amapá	196,0	379.459	516.525	2,33	69	0,01
Tocantins[1]	122,8	1.048.642	116.952	3,66		
Maranhão	84,7	5.22.183	16.226	15,89	61	0,35
Piauí	24,8	2.673.085	9.185	10,92	101	1,05
Ceará	15,5	6.809.290	2.279	46,42	259	10,63
R. G. do Norte	4,3	2.558.660	1.654	49,15	207	11,62
Paraíba	4,6	3.305.616	1.394	59,58	172	12,00
Pernambuco	9,4	7.399.071	1.270	75,98	268	20,30
Alagoas	4,4	2.633.251	1.692	97,53	159	9,10
Sergipe	2,6	1.624.020	1.625	73,97	161	5,70
Bahia	35,9	12.541.675	2.872	22,60	173	5,71
M. Gerais	193,9	16.672.613	11.611	28,34	262	2,12
E. Santo	18,8	2.802.707	6.714	61,25	223	3,10
R. Janeiro	29,6	13.406.308	2.189	305,35	224	9,68
São Paulo	91,9	34.119.110	2.209	137,38	373	12,00
Paraná	113,4	9.003.804	12.600	43,92	189	1,41
Sta. Catarina	62,0	4.875.244	12.653	51,38	366	2,68
R. G. do Sul	190,0	9.634.688	19.792	34,31	1.015	4,90
M. G. do Sul	69,7	1.927.834	36.684	5,42	174	0,44
M. Grosso	522,3	2.235.832	237.409	2,62	89	0,03
Goiás	283,9	4.514.967	63.089	12,81	177	0,25
D. Federal	2,8	1.821.946	1.555	303,85	150	8,56
Brasil	***5.610,0***	***157.070.163***	***35.732***	***18,37***	***273***	***0,71***

Fontes: 1. SRHIMMA. *DNAEE (1985); **Censo IBGE (1996); ***Reboucas (1994).

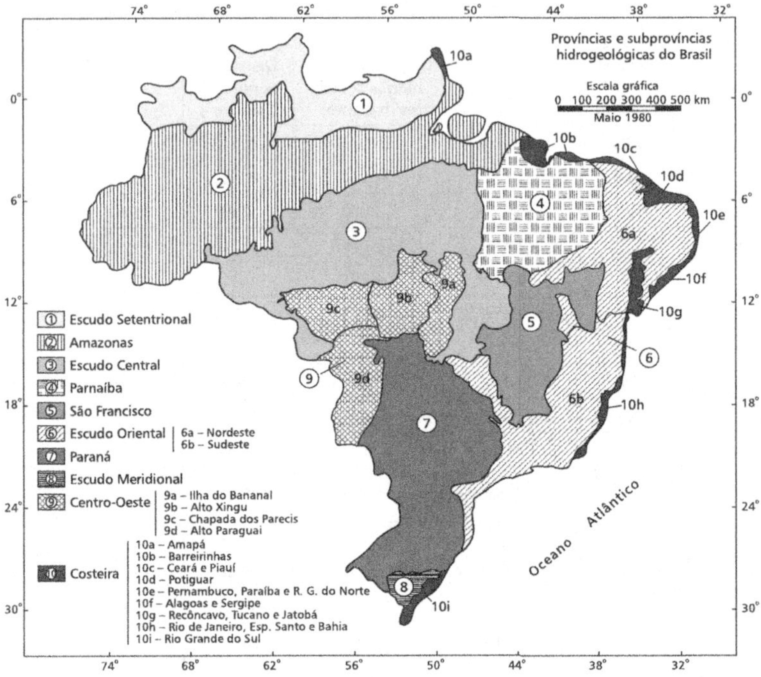

Figura 2.8 Principais províncias e subprovíncias hidrogeológicas do Brasil (Rebouças, 2002).

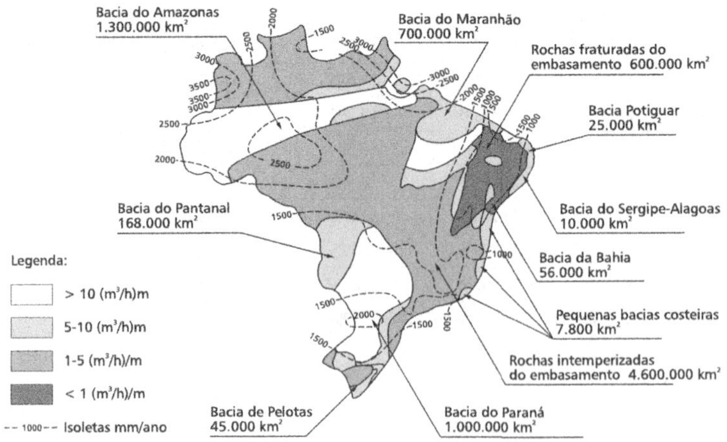

Figura 2.9 Potenciais de águas subterrâneas do Brasil (Rebouças, 1988).

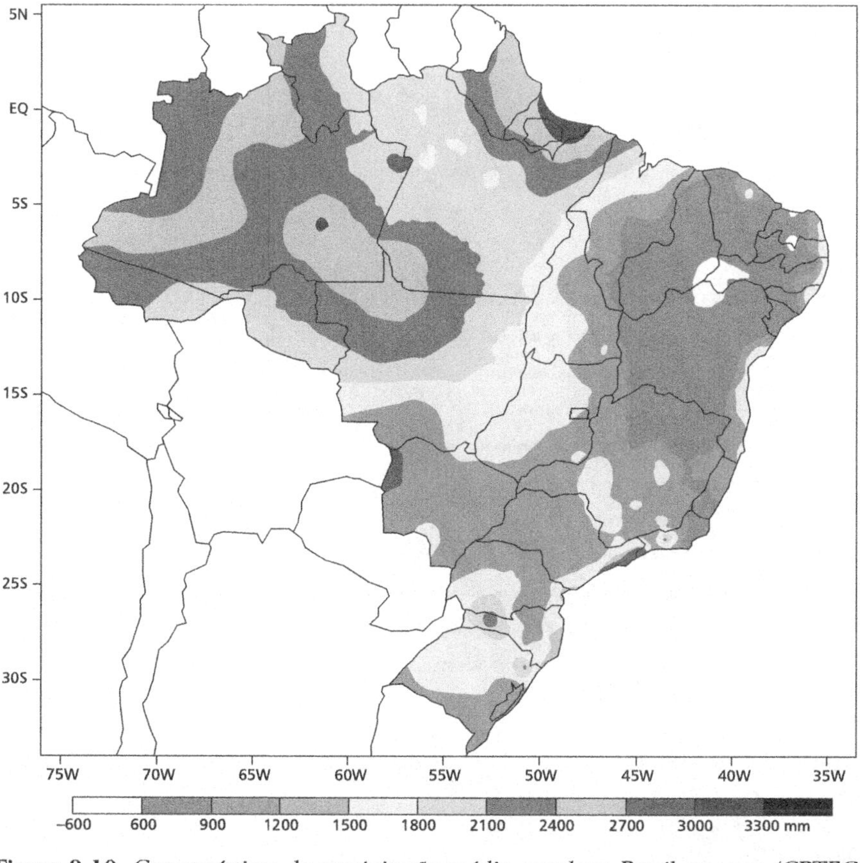

Figura 2.10 Características da precipitação média anual no Brasil em mm (CPTEC/INPE). *Fonte*: Rebouças *et al.* (2002).

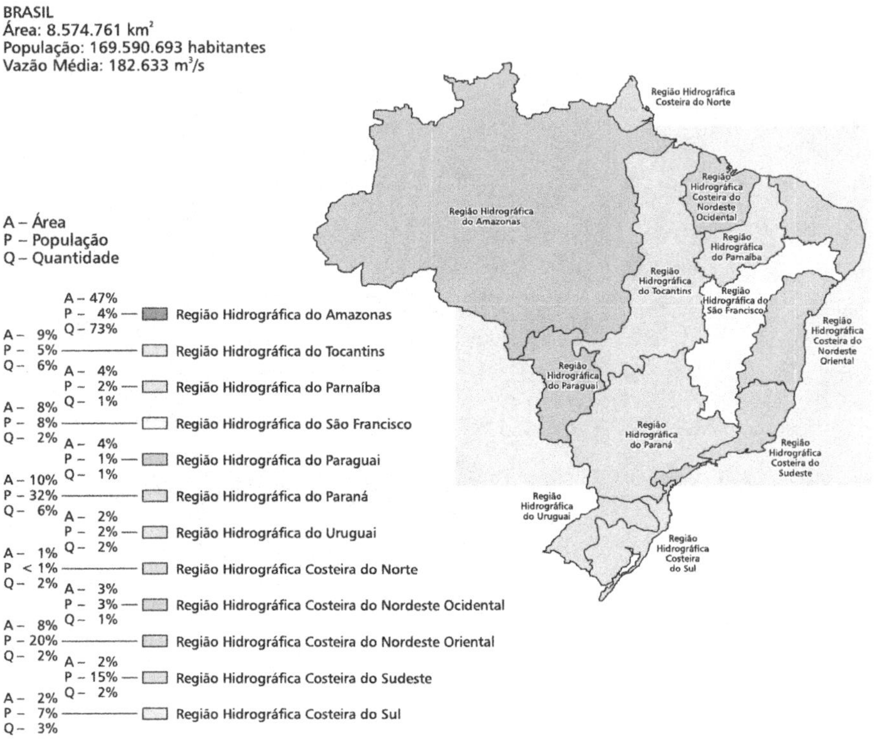

Figura 2.11 Regiões hidrográficas do Brasil e distribuição da população ANA (2002).

Quadro 2.1

Estimativas dos recursos hídricos e dos volumes renováveis

As estimativas dos volumes renováveis de recursos hídricos podem ser feitas utilizando-se informações meteorológicas ou determinando-se o volume de drenagem dos rios.

O volume dos recursos hídricos renováveis é estimado, em longos períodos de tempo, pela diferença entre precipitação e evaporação a partir dos continentes. As informações meteorológicas aplicam-se quando há insuficiência de dados e medições hidrológicas e onde o número de estações meteorológicas permite ampla cobertura de território. Esse método, entretanto, dificilmente pode ser aplicado em regiões áridas ou semi-áridas, onde valores de precipitação e evaporação podem apresentar muitos erros. A abordagem comum e mais acurada utilizada é a medida de drenagem dos rios, em continentes, regiões e países;

as redes hidrológicas constituem excelente base de dados quantitativos e as informações meteorológicas servem de subsídio. A disponibilidade de dados em longas séries é fundamental para os cálculos dos volumes renováveis de recursos hídricos. A Organização Meteorológica Mundial (OMM) tem atualmente 64.000 estações com medidas de drenagem de rios. Essas estações não estão distribuídas uniformemente pelo planeta e a duração das observações varia de alguns meses a 180 anos!

Apesar dessa grande rede de estações hidrológicas, cerca de 15%-20% da superfície dos continentes não é coberta por estimativas regulares.

Portanto, os dados sobre os volumes de água nos diferentes reservatórios (rios, lagos e represas artificiais), atmosfera e águas subterrâneas variam. Neste volume, as informações quantitativas apresentadas foram baseadas em fontes de organismos internacionais compiladas em UNESCO (1978), Gleik (1993), Postel (1992), Shiklomanov (1998) e Speidel *et al.* (1988). As informações para os volumes de recursos hídricos e drenagem no Brasil foram extraídas de Rebouças, Braga e Tundisi (2002) e várias estatísticas, do DNAEE (1985) e do IBGE (1996, 1997).

As estimativas sobre os impactos das atividades humanas no ciclo hidrológico são mais difíceis de ser obtidas e envolvem uma série de cálculos e medições sobre atividades como irrigação, uso doméstico e industrial e uso municipal. Essas estimativas baseiam-se em dados fornecidos por países, regiões e municípios e nos sistemas de abastecimento de água, mas evidentemente necessitam de mais acuracidade e eficiência na cobertura das informações.

Para realizar um balanço hídrico efetivo de regiões, deve-se considerar as seguintes condições:

- Disponibilidade de informações confiáveis em longas séries históricas, com a maior freqüência.
- Localização das estações de coleta e informação com distribuição regular nas regiões onde está sendo efetuado o balanço hídrico.
- As observações devem refletir o sistema de drenagem natural.
- Disponibilidade de informações quantitativas sobre os usos múltiplos e seus impactos nas várias regiões.

Quadro 2.2

Aqüífero Guarani

O termo Aqüífero Guarani (Rocha, 1997) é a denominação dada ao sistema hidroestratigráfico Mesozóico, constituído por depósitos de origem fluviolacustre/eólicos do Triássico (Formações Pirambóia e Rosário do Sul no Brasil e Buena Vista no Uruguai) e por depósitos de origem eólica do Jurássico (Formação Botucatu no Brasil, Missiones no Paraguai e Tacuarenbó no Uruguai e Argentina). Sua área de ocorrência, de 1.195.200 km^2, extrapola a porção brasileira da bacia do Paraná em mais de 839.800 km^2 (MS = 213.200 km^2, RS = 157.600 km^2, SP = 155.800 km^2, PR = 131.300 km^2, GO = 55.000 km^2, MG = 51.300 km^2, SC = 49.200 km^2 e MT = 26.400 km^2) e estende-se na direção do Paraguai (71.700 km^2), Argentina (225.300 km^2) e Uruguai (58.400 km^2). O aqüífero é confinado pelos basaltos da Formação Serra Geral (Cretáceo) e por sedimentos permotriássicos de baixa permeabilidade. As reservas brasileiras de água subterrânea desse aqüífero são estimadas em 48.000 km^3, sendo as recargas naturais nos 118.000 km^2 de afloramento da ordem de 26 km^3/ano, enquanto as recargas indiretas reduzidas pelos potenciais hidráulicos superiores das águas acumuladas nos basaltos e sedimentos do Grupo Bauru/Caiuá, da ordem de 140 km^3/ano. O tempo de renovação de suas águas é de 300 anos, contra 20.000 anos na Grande Bacia Artesiana da Austrália, por exemplo. As águas são de excelente qualidade para consumo doméstico, industrial e irrigação e, em função das temperaturas superiores a 30°C em todo o domínio confinado, vêm sendo muito utilizadas para desenvolvimento de balneários. Em cerca de 70% da área de ocorrência, onde as cotas topográficas são inferiores aos 500 m, há possibilidade de os poços serem jorrantes. O extrativismo é dominante e o desperdício é flagrante, exigindo medidas urgentes nos planos nacional e internacional (Rebouças, 1976, 1994). O Aqüífero Guarani é uma importante reserva de água de excelente qualidade e que necessita de proteção e conservação.

Fonte: Rebouças *et al.* (2002).

Conclusões

O ciclo hidrológico é impulsionado pela energia da radiação solar, pela ação dos ventos, pela interação dos oceanos com a atmosfera e pela evaporação a partir das massas de águas continentais e oceânicas. As reservas de águas superficiais estão distribuídas de forma desigual pela Terra, e as águas subterrâneas são um potencial importante de suprimento explorado em determinadas regiões. Como as águas doces constituem uma porção ínfima (3%) do total de água no planeta, o suprimento de água líquida é fundamental para os usos e para a economia de municípios, países e regiões. Rios e lagos constituem importantes reservas de água, às quais se devem adicionar as represas construídas pelo homem, com diversas finalidades e localizadas em todos os continentes.

O ciclo global da água, por um lado, depende das fontes naturais de energia e, por outro, tem considerável influência no balanço de energia da atmosfera e na superfície dos continentes.

A circulação na atmosfera e na hidrosfera tem efeito relevante no ciclo global da água, e as correntes marinhas alteram substancialmente a temperatura da superfície do oceano, produzindo alterações em evaporação e precipitação.

No Brasil, há desproporção entre os suprimentos de água doce, a distribuição da população e as demandas *per capita*. O balanço hídrico global do Brasil (relação descarga/precipitação) é de 36%. As demandas para agricultura (irrigação) e para uso doméstico em função da urbanização tendem a aumentar no País.

Capítulo 3

Usos Múltiplos das Águas Superficiais e Subterrâneas

O consumo de água nas atividades humanas varia muito entre diversas regiões e países. Os vários usos múltiplos da água e as permanentes necessidades de água para fazer frente ao crescimento populacional e às demandas industriais e agrícolas têm gerado permanente pressão sobre os recursos hídricos superficiais e subterrâneos.

Quando determinada área é desenvolvida para uso humano, muitos sistemas que retêm a água do ciclo hidrológico são removidos. Há aumento rápido do escoamento urbano devido à pavimentação e também pela remoção da vegetação que é fundamental na recarga dos aqüíferos.

As tendências no uso mundial da água são descritas de modo geral na Figura 3.1.

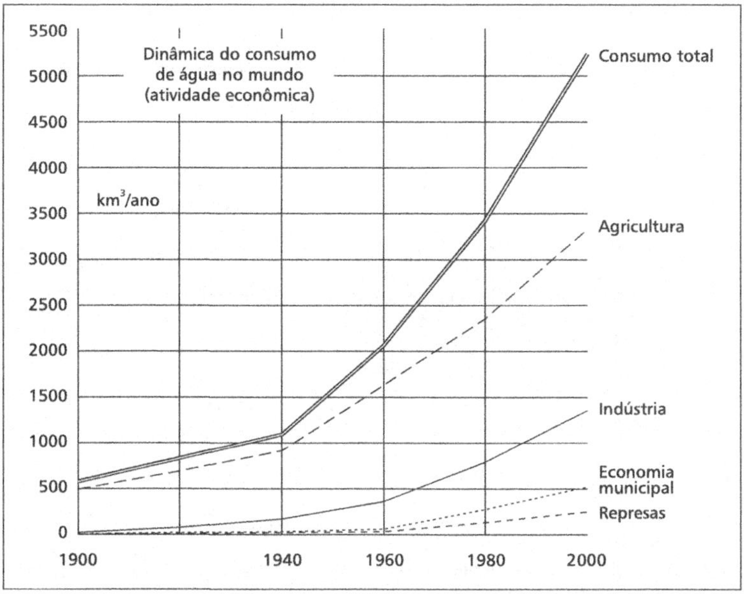

Figura 3.1 Tendências no consumo global de água, 1900-2000. Biswas (1991).

No início da década de 1960 houve considerável acréscimo no uso da água na agricultura, principalmente para a irrigação, e também em outras atividades, como na produção de suínos e aves, dessedentação de animais e disponibilização de águas superficiais e subterrâneas para várias atividades agrícolas (Biswas, 1983, 1990, 1991). Outra importante utilização da água, na manutenção das funções vitais dos seres vivos e do *Homo sapiens*, é descrita na Figura 3.2, que relaciona também o consumo diário de água por pessoa.[1]

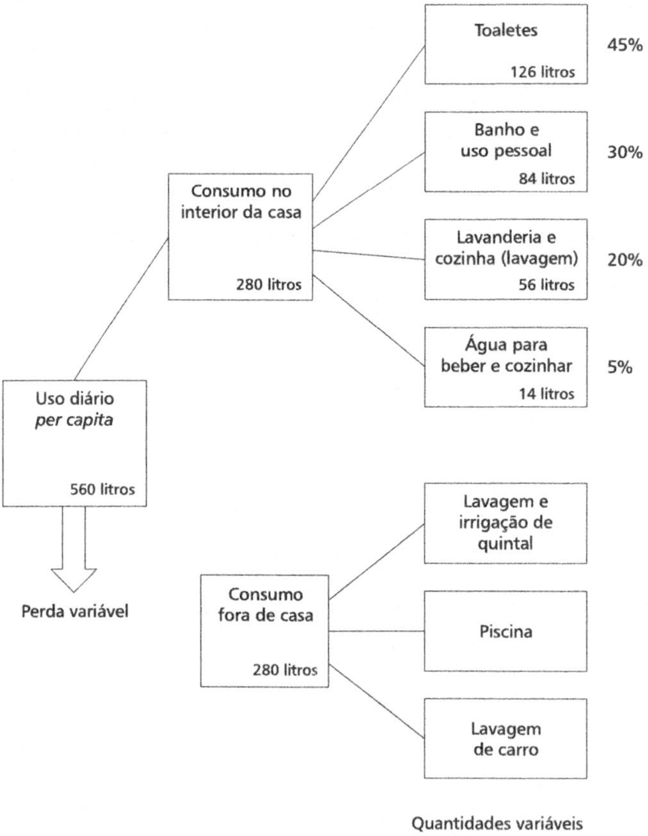

Figura 3.2 O uso da água em residências (*Fonte*: Gibbons, 1987; Postel, 1997).

1. O volume utilizado "per capita" varia nos diferentes continentes, países e regiões. As figuras aqui apresentadas são para uma família de classe média em país desenvolvido. Esses volumes são menores para famílias de classe média e populações de baixa renda em países pobres ou emergentes.

Os usos múltiplos da água incluem, além da irrigação e da utilização doméstica, a navegação, a recreação e o turismo. As duas últimas atividades são extremamente importantes em regiões do interior dos continentes, em que o acesso à recreação em água doce é mais fácil e barato, conseqüentemente, com pressão considerável sobre rios, lagos e represas.

Outro uso intensivo de água é na mineração, principalmente na lavagem e purificação de minérios, além de diversificada e múltipla série de processos na indústria, como resfriamento e plantas de lavagem, limpeza e descarga de materiais. Nos Estados Unidos, por exemplo, em 1990 a indústria consumia 120 bilhões de litros por dia para suprir a produção.

Outro importante uso da água é na produção de hidroeletricidade, que, no caso do Brasil, supre cerca de 85% da energia necessária ao País. A produção de energia hidroelétrica, com a construção de represas, causa impactos tanto negativos quanto positivos (ver Capítulo 4). A produção de 1 kW de eletricidade requer 16.000 litros de água, o que dá uma idéia quantitativa dos volumes de água necessários para produzir energia. A Tabela 3.1 apresenta os principais usos múltiplos da água, e a Tabela 3.2, os diferentes usos da água em km^3 por continente e a Tabela 3.3, a área irrigada em 20 países.

Tabela 3.1 Usos múltiplos da água.

Agricultura	Irrigação e outras atividades relacionadas
Abastecimento público	Usos domésticos
Hidroeletricidade	
Usos industriais diversificados	
Recreação	
Turismo	
Pesca	Produção pesqueira comercial ou esportiva
Aquacultura	Cultivo de peixes, moluscos, crustáceos de água doce. Reserva de água doce para futuros empreendimentos e conseqüente uso múltiplo
Transporte e navegação	
Mineração	
Usos estéticos	Recreação, turismo, paisagem

Tabela 3.2 Usos múltiplos da água por continente (km^3) (1995).

Região	Irrigação	Indústria	Doméstico/municipal
África	127,7	7,3	10,2
Ásia	1.388,8	147,0	98,0
Austrália – Oceania	5,7	0,3	10,7
Europa	141,1	250,4	63,7
Américas do Norte e Central	248,1	235,5	54,8
América do Sul	62,7	24,4	19,1
Total mundial	2.024,1	684,9	256,5
Percentagem do total mundial (%)	68,3	23,1	8,6

Fonte: Raven *et al.* (1998).

Tabela 3.3 Área irrigada em 20 países, 1989.

Área irrigada em 20 países, 1989		
País	**Área irrigada (milhares de hectares)**	**Percentagem de terras agriculturáveis irrigadas (%)**
China	45.349	47
Índia	43.039	25
União Soviética	21.064	9
Estados Unidos	20.162	11
Paquistão	16.220	78
Indonésia	7.550	36
Irã	5.750	39
México	5.150	21
Tailândia	4.230	19
Romênia	3.450	33
Espanha	3.360	17
Itália	3.100	26
Japão	2.868	62
Bangladesh	2.738	29
Brasil	2.700	3
Afeganistão	2.660	33
Egito	2.585	100
Iraque	2.550	47
Turquia	2.220	8
Sudão	1.890	15
Outros	36.664	7
Mundo	235.299	16

Fonte: Postel (1997).

O quadro a seguir (Tabela 3.4) mostra os benefícios obtidos pelo homem com os usos da água e dos ecossistemas aquáticos. Esses benefícios distribuem-se desde o suprimento de alimentos até a produção de energia e também recreação, controle, preservação da biodiversidade e uso estético de lagos, rios e represas.

Tabela 3.4 Benefícios dos ecossistemas aquáticos para o homem.

Benefícios do uso dos ecossistemas aquáticos pelo homem
Preparação de alimentos nas residências e elaboração industrial de alimentos
Suprimento de água para o corpo, higiene pessoal e disposição de resíduos
Irrigação
Água para animais domesticados, produção em massa de vários alimentos
Geração de energia • Hidroeletricidade • Regulação de temperatura • Transferência de energia em processos de aquecimento e resfriamento • Uso em manufatura • Uso para extinguir incêndios
Produtos de colheita em ecossistemas aquáticos saudáveis
Pesca e vida selvagem (esporte, pesca esportiva, caça, natação)
Extração de madeira e fungos (florestas tropicais)
Produtos vegetais de áreas alagadas, brejos, lagos (arroz, bagas silvestres)
Minerais de rios e materiais (areia e cascalho)
Serviços proporcionados pelos ecossistemas aquáticos saudáveis
Recreação
Turismo
Transporte e navegação
Reserva de água doce (em bacias hidrográficas e em geleiras)
Controle de enchentes
Deposição de nutrientes nas várzeas
Purificação natural de detritos
Habitat para diversidade biológica
Moderação e estabilização de microclimas urbanos e rurais
Moderação do clima global
Balanço de nutrientes e efeitos tampão em rios
Saúde mental e estética

A diversificação dos usos múltiplos e os impactos

Ao longo de toda a história da humanidade, o desenvolvimento econômico e a diversificação da sociedade resultaram em usos múltiplos e variados dos recursos hídricos superficiais e subterrâneos. Não só o aumento populacional e a aceleração da economia ampliam os usos múltiplos; o desenvolvimento cultural faz com que outras necessidades sejam incorporadas, resultando em impactos diversificados e de maior amplitude (Figura 3.3). Comum em muitos países é a visão religiosa da água, o que resulta, em alguns casos, na utilização em massa de rios e lagos sagrados para diversas atividades (ver foto do rio Ganges) (Biswas *et al.*, 1993).

O aumento e a diversificação dos usos múltiplos da água resultaram em uma multiplicidade de impactos, de diversas magnitudes, que exigem, evidentemente, diferentes tipos de avaliação quali e quantitativa e monitoramento adequado e de longo prazo. Um mesmo rio, lago ou represa pode ser objeto de variados usos ao longo de seu trajeto ou de suas praias e diferentes regiões. Rios internacionais como o Ganges-Brahmaputra-Meghna tem usos diversificados ao longo de seu trajeto com mais de 3.000 km. Em uma área de 1.087.300 km^2 vivem cerca de 535 milhões de pessoas na Índia, Bangladesh e Nepal (Biswas & Uitto, 2001).

A bacia do Prata, na América do Sul, também apresenta diversificação de usos múltiplos ao longo do seu eixo norte-sul. Por exemplo, na parte norte da bacia, principalmente nas cabeceiras dos rios Paraná, Paranapanema e Tietê, a água é utilizada para a produção de hidroeletricidade e atividades agrícolas, enquanto na região sul predomina o uso em transporte e pesca. A Figura 3.4 mostra as principais propriedades da água que são necessárias para os diversos usos. Observa-se por essa figura que as propriedades variam com os usos da água. A Tabela 3.5 ilustra as quantidades de água necessárias para produção de alimentos, mostrando os grandes volumes utilizados. A duplicação da produção de alimentos, exigência para suprir as deficiências em toda a humanidade, certamente demandará volumes muito significativos de água (Botsford *et al.*, 1997).

Quadro 3.1

Água em números

- Cerca de 70% do corpo humano consiste em água.
- Aproximadamente 34.000 pessoas morrem diariamente em conseqüência de doenças relacionadas com a água.
- 65% das internações hospitalares no Brasil se devem a doenças de veiculação hídrica.
- Uma pessoa necessita de no mínimo cinco litros de água por dia para beber e cozinhar e 25 litros para higiene pessoal.
- Uma família média consome cerca de 350 litros de água por dia no Canadá, 20 litros na África, 165 litros na Europa e 200 litros no Brasil.
- As perdas de água na rede de distribuição no Brasil variam de 30% a 65% do total aduzido.
- Aproximadamente, 1,4 bilhão de litros de água são necessários para produzir um dia de papel para a imprensa mundial.
- Um tomate contém 95% de água.
- 9.400 litros de água são necessários para produzir 4 pneus de carro.
- Abastecimento e saneamento adequados reduzem a mortalidade infantil em 50%.
- Uma pessoa sobrevive apenas uma semana sem água.
- Mulheres e crianças em muitos países em desenvolvimento viajam em média de 10 a 15 km todos os dias para obter água.

Fonte: McGill University, CTHidro (2001).

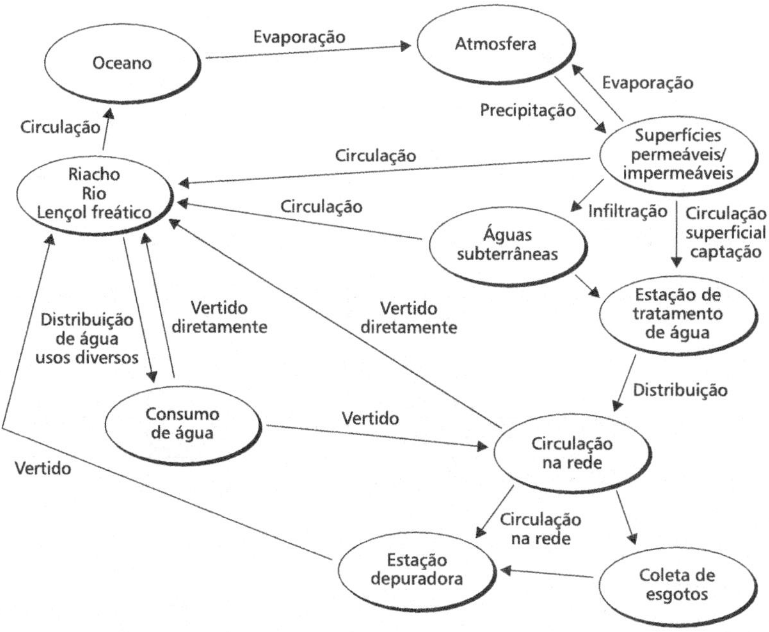

Figura 3.3 Os efeitos das atividades humanas no ciclo da água. Modificado de Desbordes *et al.* (1990).

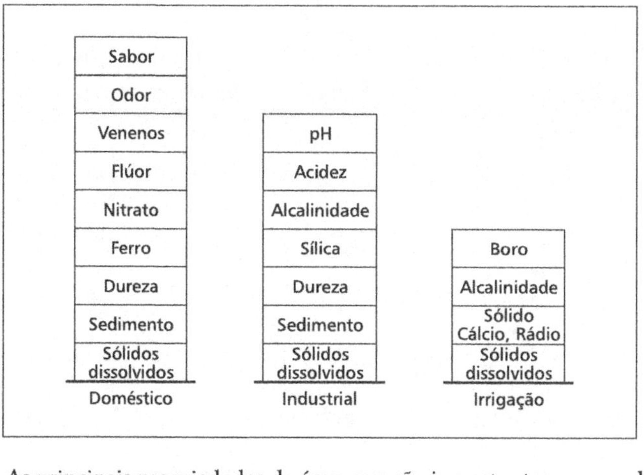

Figura 3.4 As principais propriedades da água que são importantes para os diversos usos (Speidel *et al.*, 1988).

Tabela 3.5 Quantidade de água necessária para produzir os principais alimentos.

Produto	Unidade	Água (em m³)
Bovino	Cabeça	4.000
Ovelhas e cabras	Cabeça	500
Carne fresca de bovino	Quilograma	15
Carne fresca de ovelha	Quilograma	10
Carne fresca de frango	Quilograma	6
Cereais	Quilograma	1,5
Cítricos	Quilograma	1
Azeites	Quilograma	2
Legumes, raízes e tubérculos	Quilograma	1

Fonte: UNESCO (2003).

Conclusões

A diversificação dos usos múltiplos com o desenvolvimento econômico e social produziu inúmeras pressões sobre o ciclo hidrológico e sobre as reservas de águas superficiais e subterrâneas. Os usos da água para agricultura intensificaram-se a partir da segunda metade do século XX, tornando-se uma das principais utilizações. A diversificação dos usos múltiplos tornou os impactos mais severos e complexos. Os benefícios dos usos dos ecossistemas aquáticos ao homem são múltiplos e variados e, além de apresentarem repercussão econômica, têm valores estéticos e culturais.

Capítulo 4

A Deterioração dos Suprimentos de Água e dos Mananciais: A Crise da Água

O conjunto de ações produzidas pelas atividades humanas ao explorar os recursos hídricos para expandir o desenvolvimento econômico e fazer frente às demandas industriais e agrícolas e à expansão e crescimento da população e das áreas urbanas foi se tornando complexo ao longo da história da humanidade. Os diferentes impactos produzidos pelo homem no decorrer da história estão representados na Tabela 4.1. Mesmo incompleta, esta tabela dá uma idéia da evolução dos diferentes usos com o tempo.

Tabela 4.1 Histórico do uso e transformação dos ecossistemas aquáticos continentais.

Alteração e uso	1680	1800	1900	1950	1980	1985	1990
Navegação em canais naturais (km)	< 200	3.125	8.750	N. D.	498.000	N. D.	
Navegação em canais construídos	5.000	8.750	21.250	N. D.	63.125	N. D.	
Grandes represas (> 5 km^3)	N. D.	N. D.	41	539	N. D.	1.777	> 2.000
Volume represado (km^3)	N. D.	N. D.	N. D.	528	N. D.	4.982	> 6.000 m^3
Potencial hidroelétrico (MWh/ano x 10^6)	N. D.	N. D.	N. D.	50	N. D.	550	2.112
Retiradas de águas (km^3/ano)							
Irrigação	95	226	550	1.080	N.D.	2.710	3.000
Consumo	5	8	25	65	195	N. D.	300
Todos os usos	104	243	654	1.415	3.640	N. D.	4.130
Uso per capita (m^3 x ano/pessoa x 10^3)	153	254	396	563	824	N. D.	
Áreas drenadas (km^2)	N. D.	N. D.	N. D.	N. D.	N. D.	160	600

Modificado de Naiman *et al.* (1995).
N. D. = não determinado, sem informações.

A Tabela 4.2 apresenta a variada gama de impactos produzidos pelas mais diversas atividades humanas, também ali descritas. A tabela, além de mostrar que se coloca em risco os recursos hídricos, apresenta os valores/serviços de ecossistemas em risco. Essa percepção dos "serviços" do ecossistema em risco também é importante por representar uma valoração adequada e necessária para cada ecossistema aquático, seja ele rio, lago, represa, área alagada, tanque ou outro sistema natural ou artificial. Essa valoração é fundamental para cálculos econômicos, valores de perda de serviços e também para calcular os custos do tratamento e da recuperação. Trata também da inter-relação entre os vários componentes dos sistemas terrestres e aquáticos e a interdependência de fatores como clima, biodiversidade, cobertura florestal, produção de alimentos, usos e "serviços" dos sistemas aquáticos e respectivos valores de cada "serviço".

Tabela 4.2 As várias atividades humanas e o acúmulo de usos múltiplos produzem diferentes ameaças e problemas para a disponibilidade de água e causam riscos elevados.

Atividade humana	Impacto nos ecossistemas aquáticos	Valores/serviços em risco
Construção de represas	Altera o fluxo dos rios e o transporte de nutrientes e sedimento e interfere na migração e reprodução de peixes.	Altera habitats e a pesca comercial e esportiva. Altera os deltas e suas economias.
Construção de diques e canais	Destrói a conexão do rio com as áreas inundáveis.	Afeta a fertilidade natural das várzeas e os controles das enchentes.
Alteração do canal natural dos rios	Danifica ecologicamente os rios. Modifica os fluxos dos rios.	Afeta os habitats e a pesca comercial e esportiva. Afeta a produção de hidroeletricidade e transporte.
Drenagem de áreas alagadas	Elimina um componente-chave dos ecossistemas aquáticos.	Perda de biodiversidade. Perda de funções naturais de filtragem e reciclagem de nutrientes. Perda de habitats para peixes e aves aquáticas.
Desmatamento/uso do solo	Altera padrões de drenagem, inibe a recarga natural dos aqüíferos, aumenta a sedimentação.	Altera a qualidade e a quantidade da água, pesca comercial, biodiversidade e controle de enchentes.
Poluição não controlada	Diminui a qualidade da água.	Altera o suprimento de água. Aumenta os custos de tratamento. Altera a pesca comercial. Diminui a biodiversidade. Afeta a saúde humana.
Remoção excessiva de biomassa	Diminui os recursos vivos e a biodiversidade.	Altera a pesca comercial e esportiva. Diminui a biodiversidade. Altera os ciclos naturais dos organismos.
Introdução de espécies exóticas	Elimina as espécies nativas. Altera ciclos de nutrientes e ciclos biológicos.	Perda de habitats e alteração da pesca comercial. Perda da biodiversidade natural e estoques genéticos.
Poluentes do ar (chuva ácida) e metais pesados	Altera a composição química de rios e lagos.	Altera a pesca comercial. Afeta a biota aquática. Afeta a recreação. Afeta a saúde humana. Afeta a agricultura.
Mudanças globais no clima	Afeta drasticamente o volume dos recursos hídricos. Altera padrões de distribuição de precipitação e evaporação.	Afeta o suprimento de água, transporte, produção de energia elétrica, produção agrícola e pesca e aumenta enchentes e fluxo de água em rios.
Crescimento da população e padrões gerais do consumo humano	Aumenta a pressão para construção de hidroelétricas e aumenta a poluição da água e a acidificação de lagos e rios. Altera ciclos hidrológicos.	Afeta praticamente todas as atividades econômicas que dependem dos serviços dos ecossistemas aquáticos.

Fontes: Turner *et al.* (1990b); NAS (1999); Tundisi *et al.* (2000); Tundisi (2002).

A Figura 4.1 mostra duas das causas fundamentais dos impactos nos ecossistemas aquáticos continentais da superfície e subterrâneos: o crescimento mundial da população humana e o grau de urbanização.

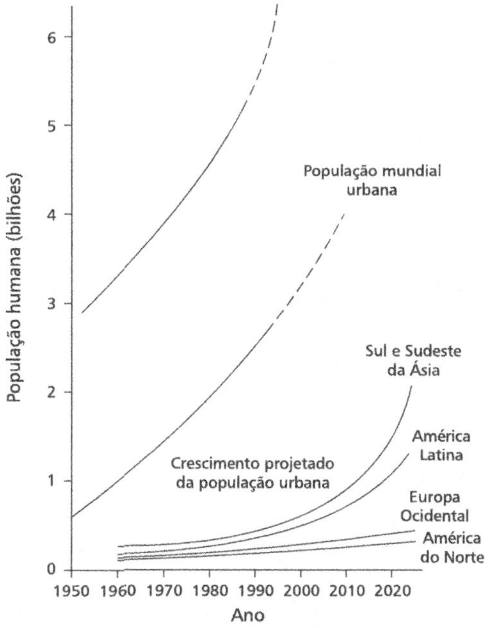

Figura 4.1 Tendências atuais (linha sólida) e projetada (linha pontilhada), número total da população mundial e da população urbana mundial (Barica, 1993).

A contaminação das águas subterrâneas é outra fonte importantíssima de deterioração dos recursos hídricos e das reservas disponíveis. A Figura 4.2 mostra as principais fontes de contaminação das águas subterrâneas com efeitos diversificados na qualidade das águas e repercussão na saúde humana. Contaminação inclui percolação por resíduos de aterros sanitários, percolação a partir de lagoas de estabilização, perdas por derrames, acidentes em tanques de reservas de combustíveis e descargas a partir de fossas negras. O uso de fertilizantes na irrigação (inclusive o restilo de cana-de-açúcar) pode contaminar, por percolação, os aqüíferos. Tanques que reservam resíduos industriais, alguns tóxicos, também podem ser causa de contaminação dos aqüíferos. Outra fonte são tanques para reservas de resíduos de animais (fezes) ou para reservas de ração; além disso, algumas disposições inadequadas de resíduos industriais também podem ser fontes importantes de deterioração das reservas de águas subterrâneas. Águas municipais com esgotos não tratados também podem conter detritos de várias origens. No Brasil, uma fonte muito significativa de contaminação é a mineração, assim como a perda de material de tanques de reserva de álcool ou gasolina em postos de gasolina e a grande concentração de fazendas de criação de gado confinado ou suínos, ou granjas, em que o material sólido permanece no solo. Chuva ácida e contaminações resultantes de algumas contribuições da atmosfera também podem causar essa deterioração.

Em regiões próximas à costa, algumas obras podem resultar no influxo de águas salobras em aqüíferos ou no lençol freático. A gravidade dos efeitos dessa contaminação depende da concentração, da persistência e da toxicidade das substâncias que se infiltram. Os tipos de substâncias químicas e de elementos que contaminam os aqüíferos são: *nitratos, cloro, materiais radioativos, substâncias orgânicas, metais pesados* e *hidrocarbonetos*. A degradação dessas substâncias e elementos por bactérias nos solos também pode mudar a composição química, tornando mais difícil a identificação dos contaminantes (Pye & Kelly, 1988). De grande complexidade é a contaminação composta de várias substâncias ou elementos, o que torna mais cara a recuperação das águas subterrâneas.[1]

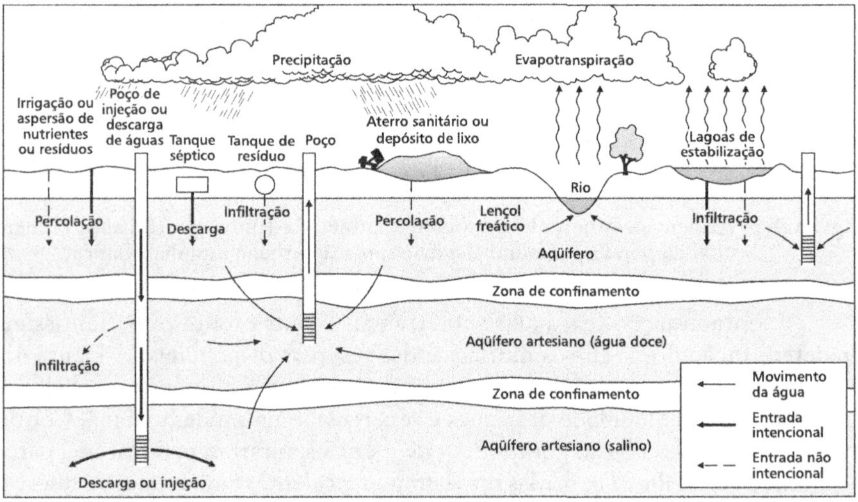

Figura 4.2 Principais fontes de contaminação das águas subterrâneas (Pye & Kelly, in Speidel *et al.*, 1988).

1. A contaminação das águas subterrâneas pelo uso indiscriminado e inadequado de fossas negras é outra fonte de degradação de recursos hídricos, agravada pelo fato de que águas de poços subterrâneos podem ser ou são usadas sem qualquer tratamento.

O conjunto geral dos impactos causados nos ecossistemas aquáticos pode ser detectado no estudo desenvolvido pelo ILEC (International Lake Environment Committee) em 600 lagos e represas em todo o planeta. Os cinco impactos mais comuns estão descritos na Figura 4.3 (Tundisi, 1999).

Com base nesse estudo, a síntese a seguir mostra que os problemas de deterioração estão relacionados com o crescimento e a diversificação das atividades agrícolas, o aumento da urbanização e o aumento e a intensificação das atividades nas bacias hidrográficas.

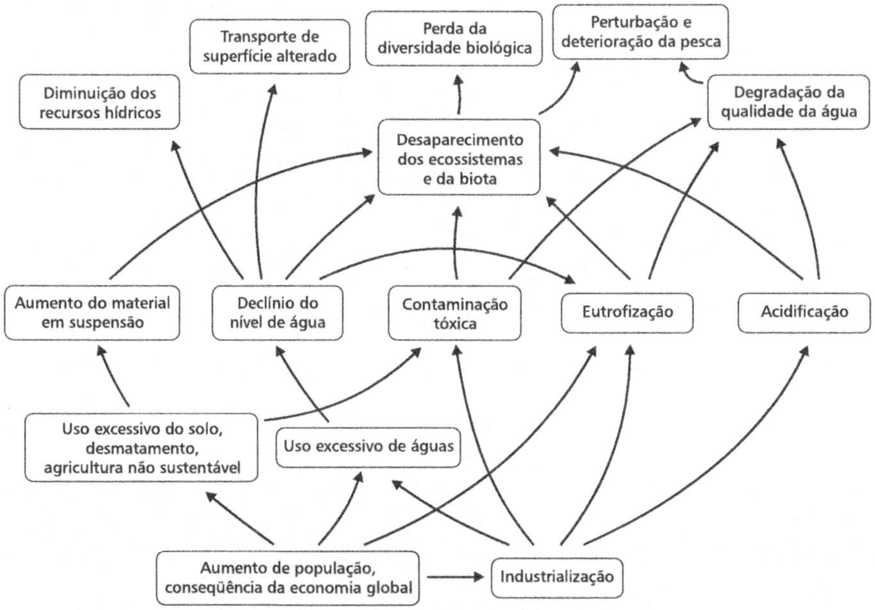

Figura 4.3 Principais problemas e processos relacionados com a contaminação de águas superficiais (lagos, rios, represas). Resultado de estudo realizado em 600 lagos de vários continentes pelo ILEC (Kira, 1993; Tundisi, 1999).

A eutrofização, atualmente um fenômeno global, será tratada no próximo capítulo.

A Figura 4.4 mostra os problemas da poluição ao longo do tempo, de uma escala local e regional para uma escala global. A evolução dos processos de poluição, contaminação e acidificação é mostrada a partir de 1950.

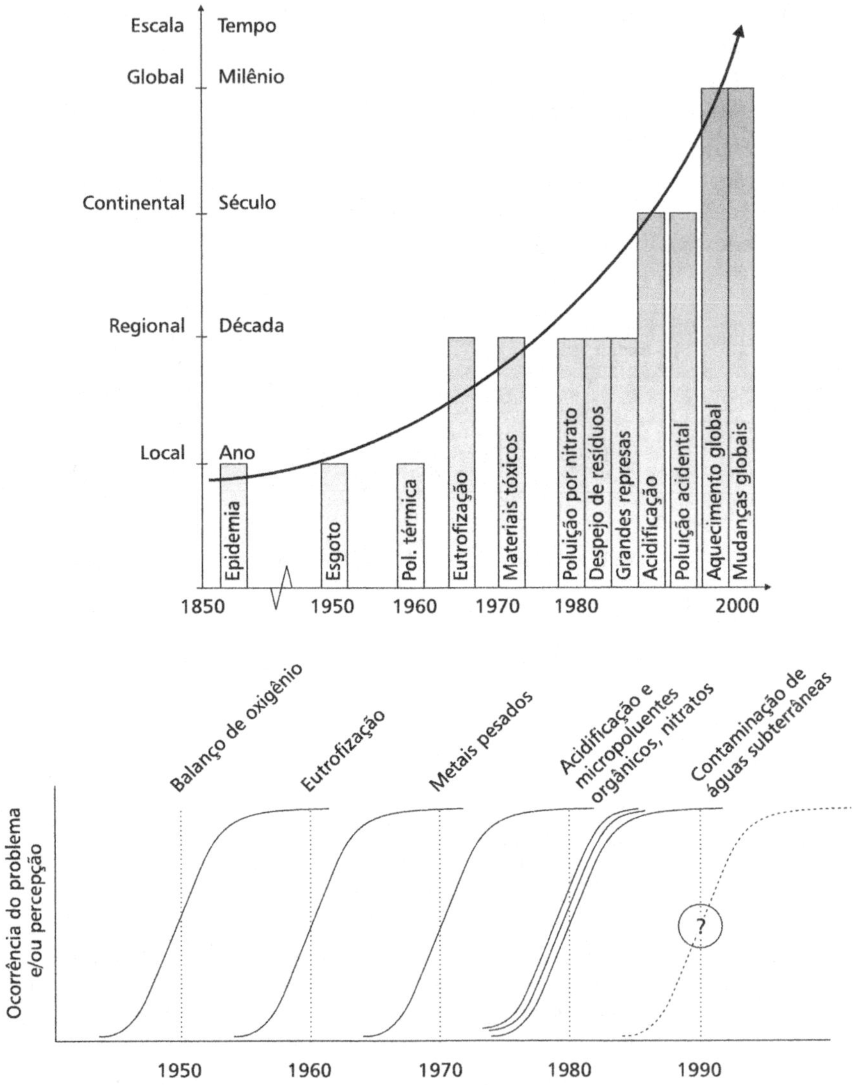

Figura 4.4 Evolução ao longo do tempo dos problemas da poluição e as escalas locais, regionais e globais em que ocorreram (Meybeck *et al.*, 1989; Straškraba, 1995).

A Figura 4.5 mostra outro problema na escala global, que é a falta de tratamento de esgotos e a contaminação nas grandes metrópoles, principalmente em países em desenvolvimento.[2]

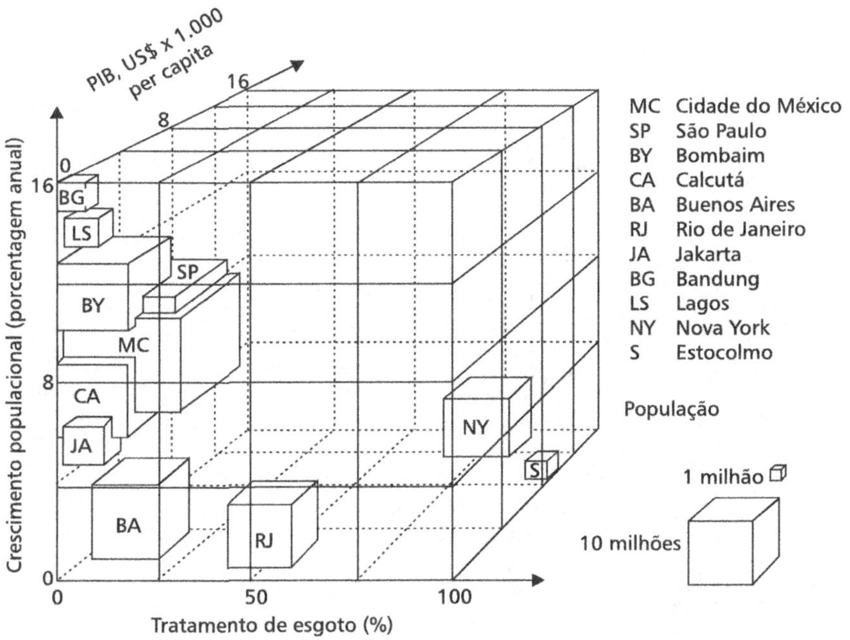

Figura 4.5 Tratamento de esgotos, % PIB *per capita* e população em 11 metrópoles (Barica, 1993).

Urbanização e seus impactos no ciclo hidrológico e na qualidade das águas

Um dos principais impactos produzidos no ciclo hidrológico é a rápida taxa de urbanização, com inúmeros efeitos diretos e indiretos (Figura 4.6). Essa urbanização tem grandes conseqüências, alterando substancialmente a drenagem e produzindo problemas à saúde humana, além de impactos como enchentes, deslizamentos e desastres provocados pelo desequilíbrio no escoamento das águas.

2. O despejo de águas residuárias de uso doméstico, não tratados, é uma das principais causas da deterioração dos recursos hídricos em águas interiores e nas águas costeiras. Cada pessoa excreta, nas fezes, por dia, 4 g de P, 15 g de N e 100 g de C.

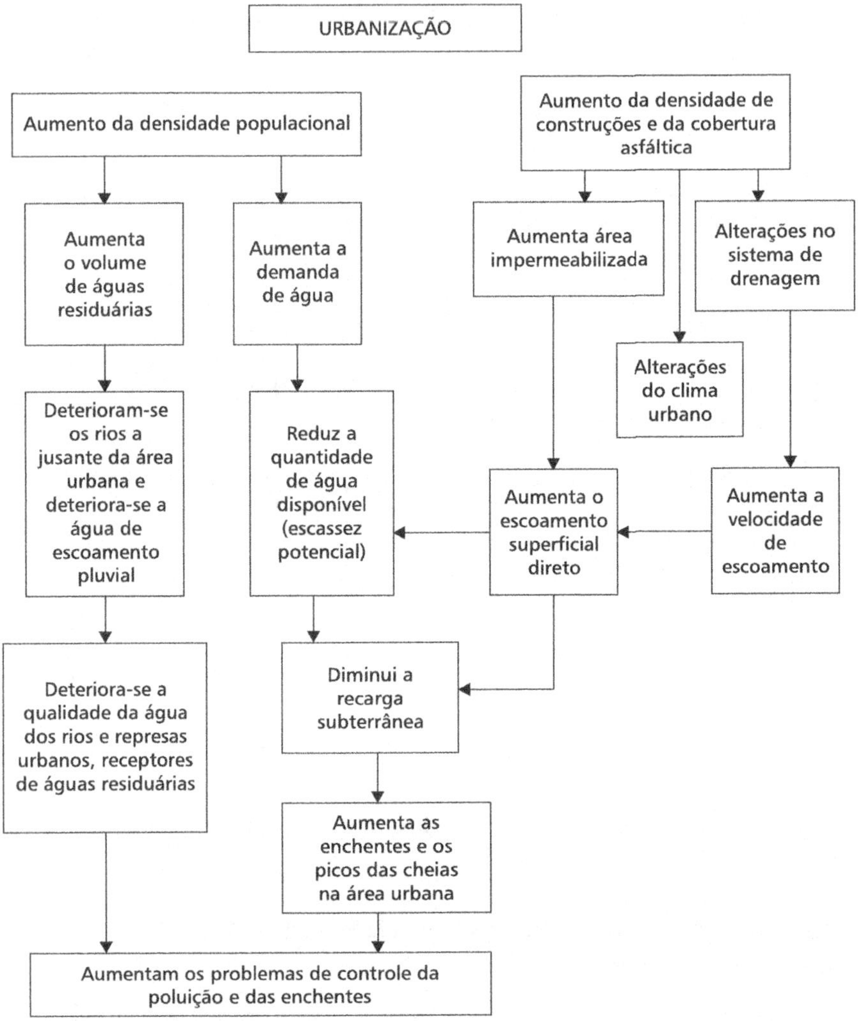

Figura 4.6 Principais problemas decorrentes da urbanização que incidem sobre a quantidade e a qualidade das águas. *Fonte*: Tucci (2000).

Os problemas mundiais de água e a degradação dos recursos hídricos no planeta

- A última avaliação do Programa das Nações Unidas para o Meio Ambiente (PNUMA) identifica 80 países com sérias dificuldades para manter a disponibilidade de água. Esses 80 países representam 40% da população mundial.

- Cerca de 1/3 da população mundial vive em países onde a falta de água vai de moderada a altamente impactante e o consumo representa mais de 10% dos recursos renováveis da água.
- Mais de 1 bilhão de pessoas têm problemas de acesso à água potável; 2,4 bilhões não têm acesso a saneamento básico.
- Falta de acesso à água de boa qualidade e ao saneamento resulta em centenas de milhões de casos de doenças de veiculação hídrica e mais de 5 milhões de mortes a cada ano. Estima-se que entre 10.000 e 20.000 crianças morrem todo dia vítimas de doenças de veiculação hídrica.
- Em algumas regiões da China e da Índia, o lençol freático afunda de 2 a 3 metros anualmente e 80% dos rios são muito tóxicos para suportar peixes.
- Mais de 20% de todas as espécies de água doce estão ameaçadas ou em perigo em razão da construção de barragens, diminuição do volume de água e danos causados por poluição e contaminação.
- Cerca de 37% da população mundial vive próximo à costa, onde o esgoto doméstico é a maior fonte de contaminação.
- Eutrofização marinha e costeira causada pelo impacto do nitrogênio é uma das principais fontes de poluição, contaminação e degradação de recursos costeiros e marinhos.
- Há preocupação adicional com as conseqüências das mudanças globais no ciclo de água no planeta e na conservação dos recifes de coral nas regiões tropicais.
- 30 a 60 milhões de pessoas foram deslocadas diretamente pela construção de represas em todo o planeta.
- 120 mil km^3 de água estão contaminados e para 2050 espera-se uma contaminação de 180 mil km^3 caso persista a poluição.

Fontes: PNUMA, IETC, 2001, UNESCO, 2003.

A contaminação química das águas e a saúde humana

Uma das grandes ameaças à sobrevivência da humanidade nos próximos séculos é a contaminação química das águas. O aumento da fabricação de substâncias químicas, logo após a 2ª Guerra Mundial (a chamada "revolução química"), produziu enorme e diversificada variedade de compostos químicos (Kates *et al.*, 1990) e 87.000 compostos sintéticos (Dumanoski, 1999).

Essas substâncias químicas, desenvolvidas para controlar as doenças, aumentaram a produção de alimentos e a expectativa de vida das pessoas, mas, ironicamente, tornaram-se uma ameaça à saúde publica, à saúde humana e à biodiversidade, colocando em risco os sistemas de suporte à vida, incluindo a biodiversidade do planeta.

A composição química da atmosfera tem sido alterada, bem como a composição química do corpo humano, incorporando-se a este substâncias químicas que se acumulam inclusive nos fetos ainda no útero materno. Substâncias como DDT, PCBs e Dioxina ficam armazenadas na gordura dos seres humanos durante anos. Além da ameaça de câncer representada pelo acúmulo dessas substâncias no corpo humano, há outros possíveis sérios problemas de saúde relacionados às substâncias químicas sintéticas:

- efeitos negativos à reprodução dos seres humanos;
- desenvolvimento sexual prejudicado;
- deformidades no esperma e na contagem do esperma, reduzindo o potencial de reprodução da espécie humana;
- comprometimento do sistema imunológico;
- efeitos negativos no desenvolvimento do cérebro; aberrações de comportamento e problemas de aprendizagem.

O descontrole dos sistemas endócrinos pode ocorrer pela ação de doses muito pequenas dessas substâncias químicas dissolvidas na água – partes por trilhão. Os "sinais hormonais" de cada ser humano podem ser perturbados por essas substâncias (cerca de 70 substâncias químicas), que resistem à degradação, se acumulam nas redes alimentares e vêm dissolvidas na água, passando para os alimentos e, finalmente, para o homem desde os primeiros estágios de desenvolvimento da vida humana.

Algumas dessas substâncias não são retiradas dos sistemas de tratamento da água, permanecendo quase intactas na água potável e provocando "disrupção endócrina" permanente.

Embora as pesquisas ainda estejam só começando, as evidências mostram ameaças muito sérias à biodiversidade e à saúde humana, muito além das constatações já feitas sobre a conexão entre essas substâncias e mutações, câncer e defeitos do crescimento. A "disrupção endócrina" deverá ser um dos principais objetos de pesquisa científica nos próximos 25 anos.

A contaminação por mercúrio e metais pesados é outro problema muito grave de contaminação química (Sakamoto *et al.*, 1991). A Tabela 4.3 mostra a concentração de mercúrio em tecido muscular de peixes, para diferentes sistemas aquáticos na América do Sul e Brasil.

Tabela 4.3 Concentração de mercúrio (*g g^{-1} peso úmido) em tecido muscular de peixes com diferentes hábitos alimentares. Os dados e as áreas de concentrações, como eles se apresentam nos artigos originais, foram coletados de diferentes fontes literárias.

Local	Hábito	Conteúdo de Hg	Autores
Rio Madeira, rio acima/contracorrente de Porto Velho, reserva de minério	C	0,07-2,89	Martinelli *et al.* (1988)
	NC	0,02-0,65	Malm (1991)
Rio Madeira, rio abaixo/correnteza abaixo da reserva de minério	C	0,67-1,47	Malm *et al.* (1990)
	NC	0,05-1,01	Martinelli *et al.* (1988)
Região Poconé e resíduos	C	0,06-0,68	Oliveira *et al.* (1990)
	NC	< 0,04-0,16	CETEM (1989)
Rio Paraíba do Sul, SE do Brasil	C	0,16-0,37	Lima *et al.* (1990)
	NC	0,01-0,22	Pfeiffer *et al.* (1989)
Rio San Juan, Choco, Colômbia	C	0,66-1,26	CODECHOCO (1991)
	NC	0,04-1,87	
Região de minério do rio Teles Pires, sul do Amazonas, Brasil	C	0,05-3,82	Farid (1991)
	NC	0,02-0,19	Akagi *et al.* (1994)
Represa Tucuruí, SE do Amazonas, Brasil	C	0,99-2,90	Aula *et al.* (1994)
	NC	0,05-0,60	
Distrito de minério Carajás, SE do Amazonas, Brasil	C	0,11-2,30	Lacerda *et al.* (1994)
	NC	< 0,01-0,31	
Rio Tapajós, SE do Amazonas, Brasil	C	0,04-2,58	Akagi *et al.* (1994)
	NC	0,01-0,31	Rodrigues *et al.* (1992)
Rio Lerderberg, Vitória, Austrália	C	0,03-0,64	Bycroft *et al.* (1982)
Davao Del Norte, Filipinas	C	0,05-2,60	Torres (1992)
Rio Negro, Amazonas, Brasil	C	?-4,20	Malm *et al.* (1994)
	NC	0,14-0,35	Forsberg *et al.* (1994)
Rio Cuyuní, Guiana, Venezuela	C	0,07-0,86	Nico & Taphorn (1994)
	NC	< 0,03-0,24	
Rios do Amazonas não contaminados	C	< 0,17	Pfeiffer *et al.* (1989)
	NC	< 0,10	

C = carnívoros, NC = não carnívoros de várias áreas de mineração (Lacerda & Solomons, 1998).

Sedimentos de rios, lagos e represas apresentam em inúmeras regiões altas concentrações de metais pesados, tóxicos à saúde de organismos aquáticos, e que atingem a espécie humana por meio da rede alimentar. A Tabela 4.4 mostra os principais compostos orgânicos também encontrados em águas poluídas.

Tabela 4.4 Compostos orgânicos sintéticos encontrados em águas poluídas.

Compostos	Efeitos à saúde humana
Aldicarb (pesticida)	Ataca o sistema nervoso
Benzeno (solvente)	Doenças do sangue, leucemia
Tetracloreto de carbono (solvente)	Câncer, danos ao fígado; pode atacar os rins e a visão
Dioxinas (contaminante químico)	Pode causar câncer; pode danificar os sistemas imunológicos e reprodutivo
Etileno dibromida (fumigante)	Câncer; ataca fígado e rins
Bifenóis policlorados (substâncias químicas industriais)	Ataca fígado e rins, podendo causar câncer
Tricloroetileno (solvente)	Induz câncer de fígado em ratos
Cloreto de vinil (indústria plástica)	Câncer

Fonte: Raven *et al.* (1998).

Quadro 4.1

O mar de Aral: o desastre dos megaprojetos sem planejamento integrado

Em 1960, a profundidade média do mar de Aral, localizado na Ásia Central, na República do Casaquistão, era de 53,4 metros, com área de 66.900 km^2 e volume de 1.050 km^3. Esse grande lago interior suportava uma indústria de pesca florescente, recreação e turismo. Os dois principais rios que alimentam o mar de Aral, Amurdarya e o Syrdarya, mantiveram o nível e o volume do mar por muitos séculos. Entretanto, o projeto de estabelecer e expandir a produção de algodão irrigado aumentou a dependência de várias repúblicas da Ásia Central (Casaquistão, Tagiquistão, Uzbequistão) da irrigação e monocultura.

O aumento das demandas resultou em diversão periódica de água para irrigação, que se tornou extremamente desenvolvida nos últimos 30 anos do século XX, acarretando redução drástica do volume dos tributários ao mar de Aral. A área reduziu-se de 66.900 km^2 em 1960 para 31.938 km^2 em 1994 e 25.217 km^2 em 2000. A drástica redução de volume aumentou a salinidade, a qual passou de 10 g/L em 1960 para 60 g/L em 2000.

Foi criado na Ásia Central um novo deserto, com mais de 5 milhões de hectares, como resultado da redução em volume do mar de Aral. Esse novo deserto expande-se a uma taxa de 150.000 hectares/ano e tem alta concentração de sais. As causas desse desastre foram, sem dúvida, os impactos persistentes dos grandes volumes de água utilizados para irrigação e a conseqüente redução do volume do mar de Aral.

"A catástrofe do mar de Aral pode ser resumida em uma palavra: algodão" (Tsukatani, 1998). A cultura do algodão levou ao uso intensivo de pesticidas, que destruíram o solo e, juntamente com a salinização, produziram um solo tóxico e inutilizado. As conseqüências ecológicas, econômicas e sociais desse megaprojeto de uma política governamental centralizadora e destrutiva foram catastróficas. A morbidez aumentou 29% em razão de doenças resultantes de substâncias tóxicas e salinização. Pesticidas, fertilizantes e outras substâncias carcinogênicas aumentaram em 50% o índice de câncer. A indústria da pesca desapareceu, deixando milhares de desempregados: 35 milhões de pessoas foram afetadas por esse desastre.

O desastre do mar de Aral mostra que a imprudência do controle estatal centralizado no uso dos recursos hídricos e no planejamento regional, sem estudos prévios e sem capacidade de prognóstico, foi muito longe, afetando não só os recursos hídricos de vasta região, mas um conjunto complexo de economias regionais e condições sociais. Portanto, as questões são as seguintes: qual o futuro dos megaprojetos? Como se pode equilibrar e conciliar desenvolvimento econômico com o uso adequado dos recursos hídricos?

O problema de megaprojetos como as transposições não é só o impacto inicial, é também o efeito posterior, que necessita ser dimensionado. Megaprojetos atraem milhares de novos habitantes que devem utilizar os recursos hídricos das formas mais variadas. Esse efeito posterior da disponibilidade de água deve ser considerado e dimensionado. Equipes interdisciplinares devem trabalhar incessantemente para dotar os projetos de situações preditivas e cenários alternativos. Megaprojetos produzem megaimpactos e, como foi muito bem enfatizado por Falkenmark (1999), esses impactos podem vir de regiões muito distantes e não necessariamente das margens dos lagos e das represas (Figuras 4.7 e 4.8).

Várias fontes: SCOPE COMMITTEE (1986); Uitto & Schneider (1997); Glantz (1998); Tundisi (1999).

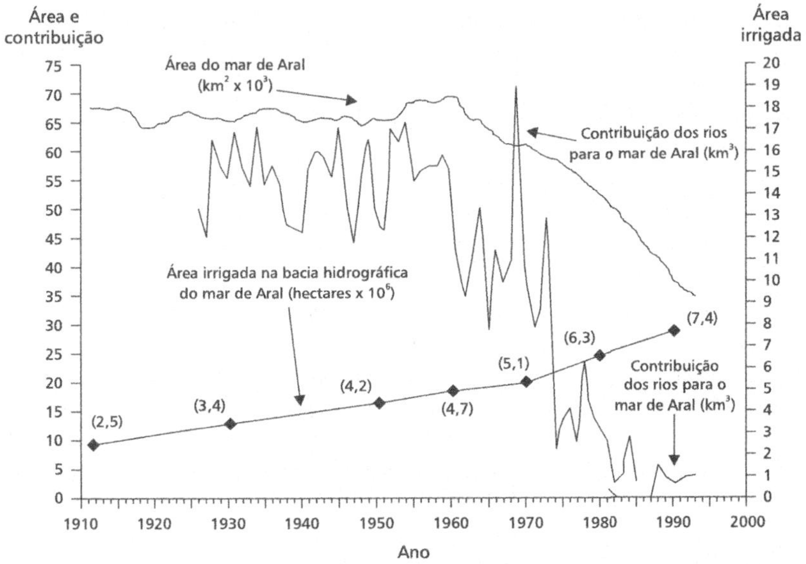

Figura 4.7 As causas da crise no mar de Aral: irrigação excessiva, com conseqüente diminuição da contribuição dos rios e diminuição da área do mar de Aral. *Fonte*: Glantz (1998).

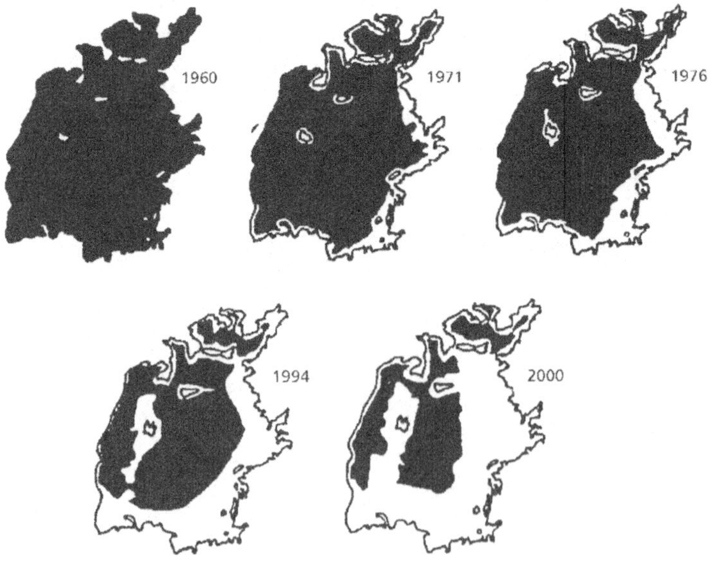

Figura 4.8 A diminuição do volume do mar de Aral. *Fonte*: Micklin & Williams (1996); Glantz (1998).

Diversão de rios e transporte e canalização de água

A diversão de rios (ver exemplos na Tabela 4.5) para vários tipos de utilização produz variados impactos nos sistemas que fornecem a água e, também, naqueles que a recebem. Os custos desses desvios e transposições são elevados e também devem considerar os possíveis impactos posteriores resultantes dos usos múltiplos agregados aos novos canais ou represas produzidos pela transposição.

Tabela 4.5 Principais exemplos de diversão de rios em estudo ou em execução.

Projeto	Distância (km)	Volume anual (km^3)	Custo (bilhões de US$)	Situação
Chan Jiang – planícies do norte da China	1.150	15,0	5.2	Início em 1983. Em construção
Rios do norte da Europa – bacia do mar Cáspio	3.500	20,0	3.1	Início da construção: 1986
Rios da Sibéria para a Ásia Central	2.500	25,0	41.0	Em estudo
Arizona Central, Estados Unidos	536	1,5	3.5	Disponibilidades de água a Phoenix e Tucson 1985 e 1991
Projeto de água do Estado da Califórnia	715	5,2	3.8	Em operação com 60% da capacidade
Rio S. Francisco, Brasil	–	–	–	Em discussão e estudo
Rio Tocantins ao rio S. Francisco, Brasil	–	–	–	Em discussão e estudo

Várias fontes (modificado).

A construção de represas: impactos positivos e negativos[3]

A construção de reservatórios representa uma das grandes causas de modificações do ciclo hidrológico e de impactos ambientais no planeta, com efeitos positivos e negativos. A seguir são descritos os possíveis efeitos ambientais em razão da construção de reservatórios.[4] Nem todos os eventos ocorrem simultaneamente:

---

3. As primeiras represas foram construídas há 8.000 anos, nas regiões da Mesopotamia (Rios Tigres e Eufrátes). As informações registradas da construção de represas datam de 3.000 a.C.

4. *Fonte*: Tundisi (1986a, b); Branski *et al.* (1989); Straškraba *et al.* (1993); Tundisi & Straškraba (1999).

Efeitos positivos

- Produção de energia – hidroeletricidade.
- Criação de purificadores de água com baixa energia.
- Retenção de água no local.
- Fonte de água potável e para sistemas de abastecimento.
- Representativa diversidade biológica.
- Maior prosperidade para setores das populações locais.
- Criação de oportunidades de recreação e turismo.
- Proteção contra cheias das áreas a jusante.
- Aumento das possibilidades de pesca.
- Armazenamento de água para períodos de seca.
- Navegação.
- Aumento do potencial para irrigação.
- Geração de empregos.
- Promoção de novas alternativas econômicas regionais.
- Controle de enchentes.
- Aumento de produção de peixes por aquacultura.

Efeitos negativos

- Deslocamento de populações.
- Emigração humana excessiva.
- Deterioração das condições da população original.
- Problemas de saúde pela propagação de doenças hidricamente transmissíveis.
- Perda de espécies nativas de peixes de rios.
- Perda de terras férteis e de madeira.
- Perda de várzeas e ecótonos terra/água – estruturas naturais úteis. Perda de terrenos alagáveis e alterações em habitats de animais.
- Perda de biodiversidade (espécies únicas); deslocamento de animais selvagens.
- Perda de terras agrícolas cultivadas por gerações, como arrozais.
- Excessiva imigração humana para a região do reservatório, com os conseqüentes problemas sociais, econômicos e de saúde.
- Necessidade de compensação pela perda de terras agrícolas, locais de pesca e habitações, bem como peixes, atividades de lazer e de subsistência.
- Degradação da qualidade hídrica local.
- Redução das vazões a jusante do reservatório e aumento em suas variações.
- Redução da temperatura e do material em suspensão nas vazões liberadas para jusante.

- Redução do oxigênio no fundo e nas vazões liberadas (zero em alguns casos).
- Aumento do H_2S e do CO_2 no fundo e nas vazões liberadas.
- Barreira à migração de peixes.
- Perda de valiosos recursos hídricos e culturais. Por exemplo, a perda no Estado de Oregon (EUA) de inúmeros cemitérios indígenas e outros locais sagrados, comprometendo a identidade cultural de algumas tribos.
- Perda de valores estéticos.
- Perda da biodiversidade terrestre em represas da Amazônia.
- Aumento da emissão de gases do efeito estufa, principalmente em represas em que a floresta nativa não foi desmatada (Rosa *et al.*, 1995, 1996, 1999; Matvienko & Tundisi, 1996).

A Tabela 4.6 mostra os principais empreendimentos hidroelétricos, em escala mundial, e seus impactos, principalmente na relocação de populações.

Tabela 4.6 Empreendimentos hidroelétricos e suas características de área de inundação e relocação.

Projeto	Potência MW	Área inundada ha	Relocados	Área/potência ha/MW	Rel./potência n/MW
Three Gorges	18200	110000	1300000	6,04	71,43
La Grande	14743	1293600	2000	87,74	0,14
Itaipu	12600	135000	59000	10,71	4,68
Hurí	10300	426000	1500	41,36	0,15
Tucuruí	7600	243000	30000	31,97	3,95
Longtan	4200	37000	73000	8,81	17,38
Paulo Afonso	3984	1600	52000	0,40	13,05
Tabela	3478	24280	96000	6,98	27,60
Ertan	3300	10100	30000	3,06	9,09
Jingping	3200	160	1	0,05	0,00
Yacyreta	2700	17200	50000	63,70	18,52
Kalabagh	2400	55000	83000	22,92	34,58
Bakun	2400	70000	10000	29,17	4,17
Cabora Bassa	2250	380000	25000	168,89	11,11
Aswan High	2100	400000	100000	190,48	47,62
Xialangdi	1800	27200	181600	15,11	100,89
Ghazi Barotha	1450	2640	899	1,82	0,62
San Kosi	1357	3100	1	2,28	0,00
Segredo	1260	8200	2700	6,51	2,14
Kurokawa	1212	109	1	0,09	0,00
Indravati	1000	40000	8800	40,00	8,80

Tabela 4.6 Empreendimentos hidroelétricos e suas características de área de inundação e relocação. (*Continuação.*)

Projeto	Potência MW	Área inundada ha	Relocados	Área/potência ha/MW	Rel./potência n/MW
Narmada	1000	90829	80500	90,83	80,50
Kainji	760	125	50000	0,16	65,79
Saguling	700	5340	60000	7,63	85,71
Nam Theum	600	34000	4500	56,67	7,50
Pehuence	500	400	10	0,80	0,02
Lubuge	450	145	5000	0,32	11,11
Zimapan	292	2290	2500	7,84	8,56
Dom Sahong	240	1	1	0,00	0,00
Balbina	250	314700	1000	1.258,80	4,00
NamNgum	150	37000	3000	246,67	20,00
Kaipichira	125	200	50	1,60	0,40
Pak Mun	34	6000	4950	176,47	145,59
Kedung Ombo	29	4600	29000	158,62	1.000,00

Fontes: Fearnside (1988, 1994); Goodland (1997).

A introdução de espécies exóticas nos ecossistemas aquáticos e os impactos totais sobre a biodiversidade aquática

A biota aquática tem importância fundamental no funcionamento dos ecossistemas continentais – rios, lagos, lagoas, riachos, represas, tanques e pequenos reservatórios. Em toda essa variedade de ecossistemas aquáticos, algas, invertebrados, peixes e outros vertebrados como aves e alguns mamíferos têm papel relevante na manutenção dos ciclos biogeoquímicos, na constante reprodução de biomassa viável que interage permanentemente com os vários componentes do sistema. Essa fauna e flora aquáticas têm papel econômico relevante em certas áreas, sendo exploradas intensamente, por exemplo, em algumas regiões do Brasil, mais especificamente na Amazônia, onde a exploração de peixes de rios e lagos mobiliza 70.000 pessoas, mantendo no total 250.000 pessoas, e a pesca artesanal movimenta de U$ 100 milhões a U$ 200 milhões por ano (Petrere, 1992; Barthem & Goulding, 1997).

Atividades humanas como a construção de reservatórios afetam a biodiversidade e alteram as redes alimentares. Entretanto, outro problema tem produzido consideráveis alterações na biodiversidade aquática: as invasões por espécies introduzidas intencional ou acidentalmente.[5] Há muitos casos de introdução

5. A introdução de espécies exóticas em reservatórios no Brazil, se por um lado tem aumentado a produção pesqueira, por outro, tem causado muitos problemas de depleção da biodiversidade e alterações na rede trófica das represas.

de espécies exóticas de peixes para, por exemplo, aumentar a produção de biomassa cujos efeitos foram extremamente significativos para a biodiversidade da fauna e flora local.

Os casos mais conhecidos são os do lago Balaton na Hungria (Biró, 1997), a introdução da tilápia nilótica (*Lates niloticus*) no lago Vitória e em outros lagos da África e a introdução de tilápias (*Oreochromis tilapia*) em muitas represas no Nordeste brasileiro e em muitos lagos africanos. Essas introduções alteram os mecanismos de produtividade dos sistemas aquáticos e podem causar perdas econômicas (Figura 4.9) (Fernando & Holcick, 1991).[6]

Outros exemplos de efeitos negativos de invasão de espécies exóticas estão relacionados com a introdução da *Dreisenia* sp. (molusco) – *Zebra mussell* – nos Grandes Lagos e de moluscos do gênero *Corbiculla* na bacia do Prata. *Dreisenia* sp. alterou profundamente a rede alimentar nos Grandes Lagos norte-americanos, produzindo diminuição de 20% na pesca em 2001. E *Corbiculla fluminea e Limnoperna fortunei* (Olivera, 2000) têm afetado tubulações e canalizações em represas e sistemas de abastecimento na bacia do Prata.

Os impactos das alterações dos ecossistemas aquáticos sobre a biodiversidade aquática podem ser assim sintetizados (Tundisi *et al.*, 1988):

- Introdução de espécies exóticas, especialmente espécies predadoras.
- Remoção de vegetação ciliar de rios tributários, de lagos ou represas.
- Remoção de áreas alagadas.
- Eutrofização excessiva.
- Uso excessivo de equipamentos de recreação.
- Construção de áreas alagadas.
- Aumento da navegação e transporte.
- Aumento da toxicidade aquática.
- Poluição e contaminação.
- Construção de represas.
- Aumento do material em suspensão na água.
- Alteração do nível da água e interferência no regime hidrológico.
- Canalização excessiva.

6. A introdução da *Perca fluviatilis* no lago Vitória causou profundas alterações na rede alimentar do lago e transformações muito grandes no sistema terrestre e na bacia hidrográfica pelos efeitos econômicos (Raven *et al.*, 1998).

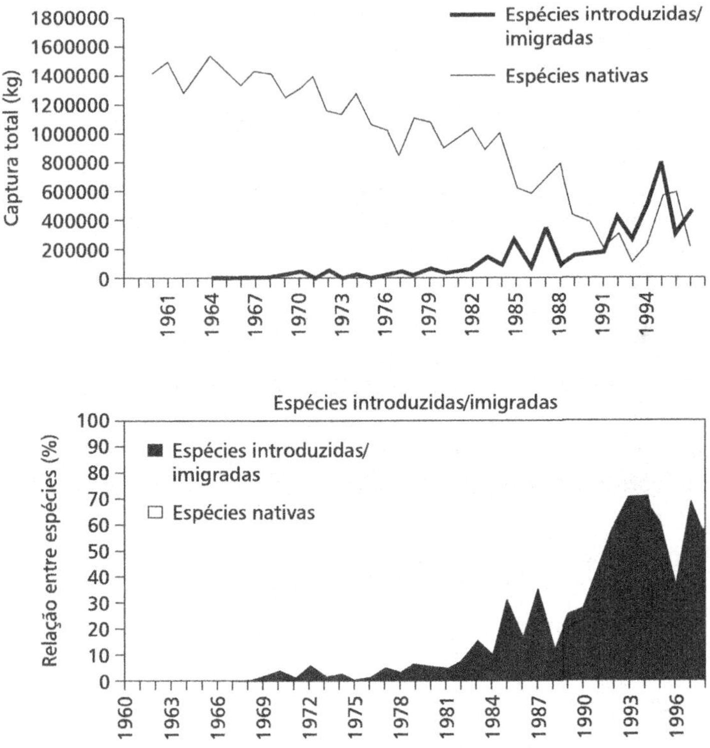

Figura 4.9 Introdução de espécies exóticas no lago Balaton, Hungria (Biro, 1997).

Retirada excessiva de água

O aumento da retirada de água tem significado para muitos países perdas substanciais e desequilíbrios no ciclo hidrológico. Quando as retiradas de água para irrigação, abastecimento público ou uso industrial excedem a quantidade de água reposta pela precipitação e a recarga, há um desequilíbrio que causa escassez. Isso ocorre tanto em águas superficiais quanto em águas subterrâneas.

A Tabela 4.7 descreve vários casos de retiradas excessivas de água e suas conseqüências em diversas regiões dos Estados Unidos, China, Índia e México.

Tabela 4.7 Casos selecionados de retirada excessiva de água.

Rio Colorado, Estados Unidos	Consumo excessivo, produz déficit de 5%. O rio Colorado tem a salinidade aumentada. Lençol freático baixou em regiões próximas a Tucson e Phoenix.
High Plains, Estados Unidos	O aqüífero Ogallala, que supre água de irrigação para essas regiões, está diminuindo e, em algumas áreas, já perdeu 50% do volume de água.
Norte da China	Retiradas de água subterrânea excedem a recarga. Em Pequim, as retiradas de água excedem o suprimento anual em 25%. Em algumas áreas, o lençol freático sofreu reduções de 1 a 4 metros por ano.
Tamil Nadu, Índia	Excesso de água retirada para irrigação causou queda nos volumes dos aqüíferos em regiões costeiras, contaminando suprimentos de água doce com água salobra.
Cidade do México, Pequim, China, Central Valley, Califórnia, Houston, Galveston, Texas	Excesso de retirada de águas superficiais causou compactação de aqüíferos e rebaixamento do nível da superfície do solo, danificando ruas, edifícios, tubulações e poços.
Califórnia, Estados Unidos	Águas do Owens Valley e da bacia hidrográfica do Mono Lake foram derivadas para o suprimento de usuários do sul do Estado. O Owens Lake secou e a superfície do Mono Lake diminuiu 1/3.

Fonte: Speidel *et al.* (1988).

Água e saúde humana

Os recursos hídricos poluídos por descargas de resíduos humanos e de animais transportam grande variedade de patógenos, entre eles bactérias, vírus, protozoários ou organismos multicelulares, que podem causar doenças gastrointestinais. Outros organismos podem infectar os seres humanos por intermédio do contato com a pele ou pela inalação por dispersão no ar, a partir de aerossóis contaminados.

As bactérias patogênicas comumente detectadas em água contaminada são *Shigella, Salmonella, Campylobacter, Escherichia coli tóxica, Vibrio* e *Yersinia*. Outras bactérias patogênicas são *Mycobacterium, Pasteurella, Leptospina* e *Legionella*, sendo as duas últimas e alguns fungos transmitidos pelo aerossol. Agentes virais também são importantes contaminantes, como o vírus da hepatite, do rotavírus e anterovírus (echovírus, adenovírus), do parvovírus e gastroenterite tipo A (Meybeck *et al.*, 1989). À medida que os métodos de detecção melhoram suas características técnicas, aumenta a lista de agentes virais encontrados na água.

Dos protozoários patogênicos, *Giárdia* sp., *Entamoeba* sp. e *Cryptosporidium* são os mais significativos: causam doenças gastrointestinais e afetam os tecidos da mucosa intestinal, produzindo disenteria, desidratação e perda de peso. *Naegleria gruberi* produz infecção quase sempre fatal (Hachich *et al.*, 2001). Muitos vermes parasitas encontrados em águas contaminadas por esgotos ou em águas de irrigação podem afetar trabalhadores em serviços públicos (tratamento de esgotos), inúmeras pessoas em áreas de recreação ou trabalhadores no campo em projetos de irrigação. Esses patógenos incluem *Taenia saginata, Ascaris lumbricoides*, várias espécies de *Schistosoma* e *Ancylostoma moderade.*

Todos esses organismos se desenvolvem na água em função de descargas de água não tratada (esgotos domésticos), por contribuição de pessoas e animais infectados, animais em regiões de intensa atividade pecuária (gado, aves, suínos) ou por animais silvestres. As doenças de veiculação hídrica aumentam de intensidade e distribuição em regiões com alta concentração populacional, por exemplo zonas periurbanas de metrópoles, pela intensificação de atividades humanas, como pecuária ou agricultura, ou atividades industriais com resíduos para processamento de carnes ou lacticínios e, portanto, com alta carga de matéria orgânica. Quando há disposição inadequada de resíduos sólidos, pode haver contaminação por patógenos das águas superficiais e subterrâneas. Inadequada disposição de resíduos em "aterros sanitários" também pode, ocasionar problemas de contaminação de águas superficiais ou subterrâneas. Resíduos sólidos urbanos (restos de alimentos, resíduos de animais domésticos, fraldas descartáveis) contêm patógenos. A reurbanização e a drenagem de rios urbanos podem produzir dispersão de patógenos e veiculá-los.[7]

Ao serem despejados em rios, lagos, represas e tanques, muitos desses patógenos apresentam persistência que depende da concentração de matéria orgânica e da capacidade de autodepuração do ecossistema aquático. A Tabela 4.8 descreve as principais doenças de veiculação hídrica e a Figura 4.10 mostra as rotas de transmissão de organismos patogênicos em esgotos e excretas. A Tabela 4.9 apresenta uma das causas mais graves de contaminação orgânica, a descarga de dejetos de suínos, que têm alto poder poluente da DBO, e sem tratamento representam inúmeras oportunidades de contaminação e de doenças por veiculação hídrica.

7. N. A. Pequenos rios urbanos (vazão 2 m^3/s a 5 m^3/s) contaminados, poluídos ou eutrofizados que atravessam muitos municípios no Brasil, podem ter fontes de dispersão de patógenos, para as populações periurbanas e urbanas. Sua recuperação promove a revitalização de áreas urbanas degradadas, melhora o saneamento público e estimula o aproveitamento de áreas ribeirinhas antes imprestáveis.

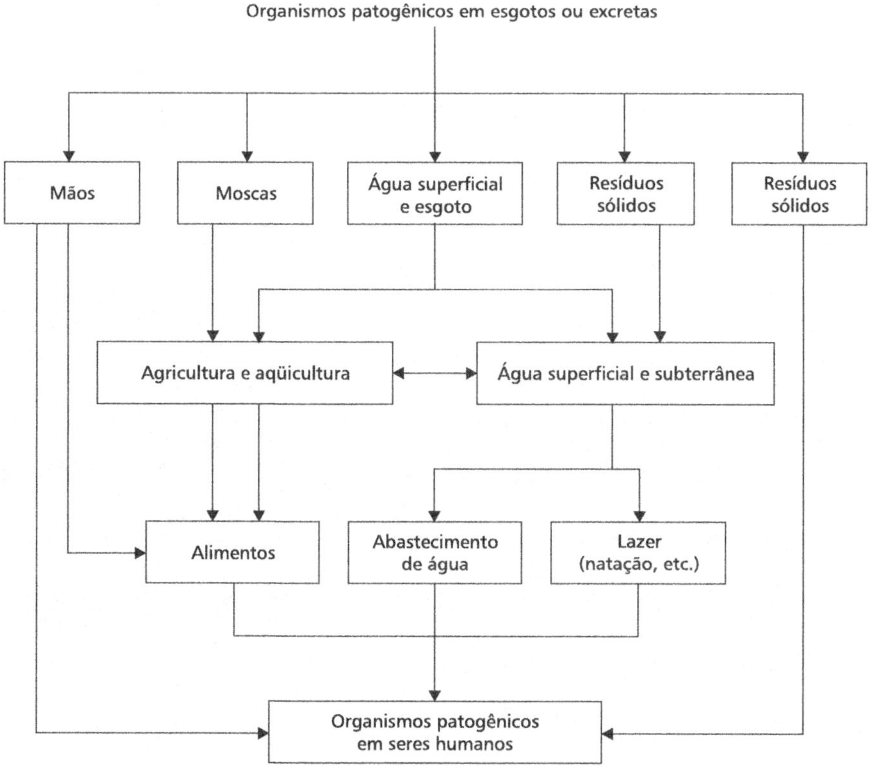

Figura 4.10 Rotas de transmissão de organismos patogênicos encontrados em esgotos e excretas (Franceys *et al.*, 1992).

A eutrofização dos ecossistemas continentais e costeiros também causa outros problemas para a saúde humana, os quais serão descritos no Capítulo 5.

A escala global das doenças relacionadas com a água está descrita na Tabela 4.10, com dados de 1990. As doenças são expressas como centenas de milhares de perdas por inabilidades causadas por doenças (ICD) por ano. O ICD integra os efeitos causados por morte prematura e inabilidade resultante em perda de vida produtiva.

Tabela 4.8 Principais doenças de veiculação hídrica em escala mundial e comparativa.

Doenças humanas transmitidas por veiculação hídrica			
Doença	**Agente infeccioso**	**Tipo de organismo**	**Sintomas**
Cólera	*Vibrio cholerae*	Bactéria	Diarréia severa e grande perda de líquido
Disenteria	*Shigella dysinteriae*	Bactéria	Infecção do cólon e dores abdominais mais intensas
Enterite	*Clostridium perfringes* e outra bactéria	Bactéria	Inflamação do intestino delgado; diarréia; dores abdominais
Febre tifóide	*Salmonella typhi*	Bacteria	Dor de cabeça; perda de energia; hemorragia intestinal; febre
Hepatite infecciosa	*Hepatite, Vírus A*	Vírus	Inflamação do fígado; vômitos e febre; perda de apetite
Poliomielite	*Polivírus*	Vírus	Febre, diarréia, dores musculares; paralisia e atrofia dos músculos
Criptosporidiose	*Cryptosp.oridum*	Protozoário	Diarréia e dores abdominais
Disenteria amebiana	*Entamoeba lytolytica*	Protozoário	Infecção do cólon; diarréia e dores abdominais
Esquistossomose	*Schistosoma* sp.	Verme	Doença tropical do fígado; diarréia; perda de energia; fraqueza; dores abdominais intensas
Ancilostomíase	*Ancylostoma* sp.	Verme	Anemia severa
Malária Febre amarela Dengue	*Anopheles* sp. *Aedes* sp. *Aedes* sp.	Protozoário Vírus Vírus	Febre alta, anemia anemia

Fonte: Raven *et al.* (1998).

Tabela 4.9 Volume de dejetos e poder poluente em DBO de suínos em Santa Catarina.

Especificações	**Volumes em litros de dejetos produzidos por dia**	**Poder poluente de D. B. O.**
1 cabeça de suíno	10 a 12 pessoas	100 pessoas
Município de Concórdia (250.000 suínos)	2,5 milhões de pessoas	25 milhões de pessoas
Oeste catarinense (3.000 suínos)	30 milhões de pessoas	300 milhões de pessoas

Fonte: Estado de Santa Catarina (1994).

Tabela 4.10 Problemas das doenças de veiculação hídrica em escala global e sua importância nos vários continentes.

	África Sub-saariana	Índia	China	Outros países da Ásia e ilhas	América Latina e Caribe	Oriente Médio	Europa Oriental	Países industrializados
Pop. em milhões	510	850	1134	683	444	503	346	798
Doenças com origem na água, incluindo doenças relacionadas com a falta de higiene								
Diarréia	303,5	280,3	42,4	147,3	58,9	154,0	2,2	2,4
Pólio	14,3	18,4	2,3	4,1	2,3	6,7	< 0,1	< 0,1
Hepatite	2,4	3,1	6,7	2,8	1,6	1,8	0,4	0,7
Tracoma	9,0	3,1	4,7	9,4	1,1	5,8	< 0,1	< 0,1
Ascaríase	4,4	11,7	38,6	32,0	13,5	5,0	< 0,1	< 0,1
Triquiurase	3,0	4,9	22,5	23,6	9,0	< 0,1	< 0,1	< 0,1
"Amarelão"	1,0	4,0	1,9	2,4	1,4	0,4	< 1,0	< 1,0
Doenças com base na água								
Esquistossomose	34,9	2,6	4,3	1,0	1,8	0,8	< 1,0	< 1,0
Dracunculose	*	*	*	*	*	*	*	*
Doenças com vetores de insetos								
Malária	315,1	9,5	0,1	25,4	4,4	2,8	< 1,0	< 1,0
Tripanossomíase	17,8	< 1,0	< 1,0	< 1,0	< 1,0	< 1,0	< 1,0	< 1,0
Chagas	< 1,0	< 1,0	< 1,0	< 1,0	27,4	< 1,0	< 1,0	< 1,0
Filariose	1,8	4,4	0,9	1,2	< 1,0	0,2	< 1,0	< 1,0
Oncocercose	6,4	< 1,0	< 1,0	< 1,0	< 1,0	< 1,0	< 1,0	< 1,0
Doenças não relacionadas com a água para comparação								
HIV	183,6	40,7	< 1,0	12,9	44,3	3,2	1,6	15,8
Câncer	44,8	119,3	185,1	78,1	53,1	48,8	85,9	179,0
Doenças cardíacas	12,1	81,4	42,4	62,1	27,3	26,1	79,5	93,6
Acidentes	150,5	231,1	233,0	143,9	110,5	113,2	68,9	73,7
Guerra	79,8	2,9	< 1,0	3,9	6,0	49,6	< 1,0	< 1,0

Fonte 1: World Development Report, 1993, The World Bank, Washington, D. C., p. 329.
Fonte 2: Guerrant *et al.* (1996).

Além disso, as alterações indiretas na vegetação natural e na agricultura podem aumentar a poluição de reservatórios, lagos e rios com o aumento da descarga de nutrientes, e de contaminação.

Recursos hídricos e mudanças globais

As mudanças climáticas globais podem causar impactos extremamente significativos no suprimento de água doce e na qualidade da água. O ciclo hidrológico pode sofrer alterações substanciais do ponto de vista de suas várias etapas, sendo acelerado e desacelerado de acordo com a região do planeta. Em lagos e reservatórios esperam-se algumas alterações na hidrodinâmica e na qualidade da água como conseqüência das mudanças globais.

A qualidade da água das vazões de efluentes dos reservatórios deverá se alterar. O tratamento da água para transformá-la em potável precisa ser reavaliado. Aumentará a necessidade de previsão dos impactos e o uso de modelagem ecológica e quantitativa para avaliação. Os métodos ecotecnológicos e de engenharia ecológica devem ser aplicados com mais freqüência e intensidade, já as abordagens tradicionais para exploração e conservação dos ecossistemas aquáticos e dos recursos hídricos necessitam de reavaliação em razão dos novos processos e da disponibilidade de água que sofrerá alterações no século XXI.

A biodiversidade nos ecossistemas aquáticos será afetada principalmente pelo efeito do aquecimento térmico da água, o que deverá interferir na tolerância dos invertebrados e vertebrados (por mudanças na temperatura e na composição iônica das águas), e pelo aumento da concentração de substâncias tóxicas e poluentes em razão da evaporação. A eutrofização das águas continentais deve ser acelerada.

A Figura 4.11 mostra as mudanças globais em progressão, as quais terão conseqüências acentuadas na distribuição global e regional dos recursos hídricos e no ciclo hidrológico (Figura 4.12) (IPCC, 2001b).

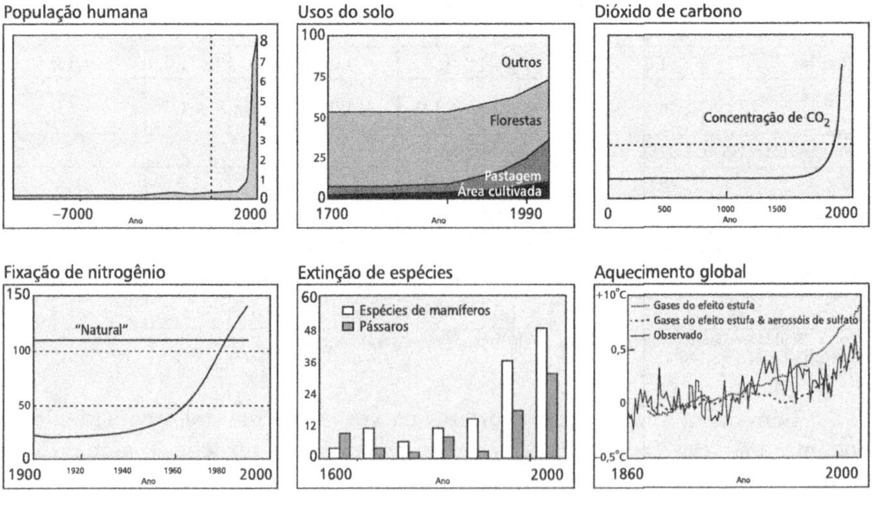

Figura 4.11 Mudanças globais em progressão e as alterações apresentadas em várias escalas de tempo. *Fonte*: IPCC (2001b).

Quadro 4.2

Mudanças globais e recursos hídricos na América Latina

- Perda e retração das geleiras pode impactar drenagem e suprimento de água nos locais onde o degelo é importante fonte de água doce (alto grau de confiança).
- Enchentes e secas serão mais freqüentes. As enchentes aumentarão o transporte de sedimentos e a degradação da qualidade da água em algumas regiões (alto grau de confiança).
- Aumento na intensidade dos ciclones tropicais deve provocar aumento dos riscos de morte, riscos à propriedade e aos ecossistemas, a partir de chuvas pesadas, enchentes, tempestades e ventos fortes (alto grau de confiança).
- Agricultura de subsistema estuarino ameaçada, bem como a produção de certos grãos (alto grau de confiança).
- A distribuição geográfica de doenças de veiculação hídrica deverá aumentar nas altas latitudes e regiões montanhosas, assim como a exposição a doenças como malária, dengue e cólera (grau de confiança médio).
- Diminuição de atividades produtivas nas áreas costeiras, danos à infra-estrutura e as regiões de mangue serão afetadas pelo aumento do nível do mar (grau de confiança médio).

Fonte: IPCC (2001a).

Figura 4.12 Conseqüências das mudanças globais sobre a qualidade da água dos rios, reservatórios e lagos (Straškraba & Tundisi, 2000).

Quadro 4.3

Cidade do México e região metropolitana de São Paulo: um exemplo de gerenciamento complexo de recursos hídricos em regiões metropolitanas

A Cidade do México e a região metropolitana de São Paulo são exemplos muito evidentes dos grandes problemas de proteção de mananciais, de tratamento e de distribuição de águas em regiões metropolitanas. Com aproximadamente 20 milhões de habitantes, a Cidade do México é o centro cultural, econômico e industrial da República mexicana. A situação de abastecimento de água da capital está próxima de uma grande crise.

Cerca de 70% do abastecimento de água da cidade provém do aqüífero localizado na região metropolitana. O crescimento urbano desordenado ocupou inúmeras áreas próximas à capital e aumentou muito a necessidade de investimentos para ampliar a rede de distribuição de água potável. Como conseqüência da exploração intensa do aqüífero, o nível da área metropolitana recuou 7,5 metros, o que aumenta as inundações e causa danos à infra-estrutura.

Com essas inundações, aumenta a possibilidade de contaminação a partir das redes de drenagem e de água potável. Em 1995, publicou-se um relatório-síntese de um "Comitê de Academias para o Estudo de Abastecimento de Água da Cidade do México" com as seguintes ações prioritárias:

- Estudos detalhados sobre o aqüífero da bacia hidrográfica da região metropolitana da Cidade do México (características físicas, químicas, hidrológicas e biológicas).
- Determinação do rendimento ótimo do aqüífero.
- Implementação de programas de reuso de água; cerca de 44 m^3/s é a descarga de esgotos da região metropolitana da Cidade do México (RMCM), o que equivale a 74% do uso total da água.
- Implementação de um programa intensivo de monitoramento e proteção de recursos hídricos, com mapeamento de áreas vulneráveis e áreas de risco.
- Tratamento de esgotos com ampliação dos volumes de águas tratadas e prioridades para estudos epidemiológicos relacionando a qualidade da água com a saúde humana.
- Detalhamento e ampliação do banco de dados sobre os recursos hídricos da RMCM e organização de um sistema de informação.
- Os custos de abastecimento, despejo de águas em zonas metropolitanas, tratamento de águas residuárias e produção de água potável sofreram grandes incrementos, fazendo-se necessário planejamento avançado.
- Introdução de um programa educativo e programas de conservação, regulamentação e atualização de preços e tarifas.

- Modernização dos sistemas de medidores e serviços de cobrança de água.
- Ampliação do abastecimento e atualização do sistema de manutenção e reparos.
- Integração de programas sociais no planejamento e distribuição da água.
- Ampliação dos serviços de abastecimento de água de qualidade para a população carente e para os estratos mais pobres da população.
- Apoio e estímulo à maior participação da população nas decisões sobre os problemas de água da RMCM.

REGIÃO METROPOLITANA DE SÃO PAULO

- A região metropolitana de São Paulo, que necessita do fornecimento de águas e qualidade para aproximadamente 21 milhões de pessoas diariamente, apresenta problemas de mesma magnitude e relevância. Um sumário dos grandes problemas nos remete à seguinte situação:
- Proteção dos mananciais de águas superficiais e controle do crescimento urbano desordenado que afeta os mananciais.
- Necessidade de implementação de programa de reuso da água, principalmente para fins industriais.
- Tratamento de esgotos, com aumento dos volumes das águas tratadas e coleta de esgotos em larga escala.
- Redução dos custos de tratamento a partir da proteção dos mananciais e introdução de programas educativos e de conservação de água.
- Ampliação dos serviços de distribuição para todas as áreas da região metropolitana de São Paulo (RMSP).
- Detalhamento do banco de dados e promoção de sistemas de informação e sistemas de suporte à decisão.
- Implantação de programas efetivos de monitoramento e proteção de áreas vulneráveis.
- Treinamento e atualização permanente de técnicos e gerentes.
- Diminuição do desperdício na distribuição.
- Ampliação da capacidade de gestão preditiva e de antecipação de eventos de alto risco.
- Resolução de conflitos sobre os usos múltiplos.
- Avaliação do impacto em águas subterrâneas.
- Ampliação e aprofundamento da educação sanitária e ambiental da população.

Fontes: Diversos documentos e estudos Cidade do México e Região Metropolitana de São Paulo (1995, 2002, 2003).

Degradação dos recursos hídricos no planeta[8]

Os oito principais problemas ambientais do planeta foram analisados em uma série de reuniões de cientistas, administradores, gerentes e ministros do Meio Ambiente sob os auspícios da UNEP, da NASA e do Banco Mundial (Watson *et al.*, 1988). Dessas reuniões resultaram documentos que, a partir de 1990, foram sintetizados em oito temas centrais para o futuro do planeta: 1. mudanças globais; 2. perda de diversidade biológica; 3. depleção estratosférica de ozônio; 4. degradação de recursos hídricos; 5. desertificação e degradação do solo; 6. desmatamento e uso não sustentável de florestas; 7. degradação de recursos do mar e do ambiente marinho; e 8. poluentes orgânicos persistentes (POPs).

No caso específico dos recursos hídricos continentais, as principais conclusões foram assim sintetizadas:

Degradação de recursos hídricos continentais

Tendências atuais:

- A crise de água atingiu muitas regiões do planeta. Um terço da população mundial habita áreas com estresse de água.
- 1,3 bilhão de pessoas não têm acesso à água potável e 2 bilhões não têm acesso a saneamento adequado.
- 70% das retiradas de água são utilizadas para irrigação.
- Funções hidrológicas e ecológicas das áreas alagadas vêm sendo reduzidas paulatinamente.
- A diversidade global dos ecossistemas aquáticos vem sendo reduzida significativamente.
- A poluição crescente da água aumenta os custos de tratamento.
- Uso inadequado do solo resulta em perdas econômicas para os usos e conservação dos recursos hídricos.

Principais causas:

- Crescimento populacional e rápida urbanização.
- Diversificação dos usos múltiplos.
- Gerenciamento não coordenado dos recursos hídricos disponíveis.
- Não reconhecimento de que saúde humana e qualidade de água são interativos.

8. Traduzido e adaptado por J. G. Tundisi a partir de Watson *et al.* (1998).

- Peso excessivo de políticas governamentais nos "serviços de água" (fornecimento de água e tratamento de esgotos).
- Degradação do solo por pressão da população, aumentando a erosão e a sedimentação de rios, lagos e represas.
- A água é tratada exclusivamente como um bem social e não econômico, resultando em uso ineficiente, em irrigação e em desperdícios após o tratamento (na distribuição).
- Problemas sociais, econômicos e ambientais referentes aos recursos hídricos são tratados separadamente e de forma pouco eficiente (L'vovich & White, 1990).

Projeções para o futuro:

- Em 2025, dois terços da população humana estará vivendo em regiões com estresse de água. Em muitos países em desenvolvimento a pouca disponibilidade de água afetará o crescimento e a economia local e regional.
- A poluição da água continuará afetando os recursos hídricos continentais e as águas costeiras.
- Uso inadequado do solo afetará bacias hidrográficas nos continentes, águas costeiras e estuários.

Conseqüências econômicas e sociais das mudanças nos cenários já projetados:

- Degradação mais rápida de águas superficiais e subterrâneas, afetando as reservas.
- Suprimento inadequado de água para zonas rurais e urbanas.
- Riscos de epidemias e efeitos crescentes na saúde humana, especialmente em regiões urbanas.
- Aumento dos impactos econômicos resultantes da degradação dos recursos hídricos.
- Conflitos locais, regionais e institucionais sobre os usos múltiplos.
- Exacerbação dos usos setoriais e prioridade para determinados usos sem integração.

Tecnologias, políticas públicas e outras medidas mitigadoras e de impactos no gerenciamento:

- Gerenciamento integrado, adaptativo, preditivo e com atenção para usos múltiplos.
- Consideração da qualidade/quantidade de água.

- Reconhecimento da água como fator econômico.
- Melhoria da capacidade de gerenciamento, treinando recursos humanos e estimulando as mulheres à ativa participação no gerenciamento (a partir das famílias).
- Suporte a medidas e tecnologias inovadoras em nível local e nacional.
- Integração do gerenciamento do solo e das atividades agrícolas com o gerenciamento de recursos hídricos.
- Estimulo à adoção de tecnologias de baixo custo, especialmente técnicas de conservação da água na agricultura.

Em nível internacional:

- Promover diálogos em bacias hidrográficas internacionais.
- Estimular programas regionais de treinamento.
- Promover focos adequados para resolução de problemas de conservação, proteção e recuperação de recursos hídricos (McCaffrey, 1983; Dooge *et al.*, 1992).

Conclusões

A deterioração dos mananciais e do suprimento de água é resultado do constante aumento no volume de água utilizado para diversas finalidades e do aumento da poluição e da contaminação hídrica. Esses impactos, do ponto de vista quali e quantitativo, têm custos econômicos elevados na recuperação dos mananciais e fontes de abastecimento, lagos e represas. Esses custos incidem sobre a sociedade nos diferentes continentes e países. Um dos agravantes da deterioração dos recursos hídricos é a repercussão na saúde humana e no aumento da mortalidade infantil e das internações hospitalares. Outra causa das mudanças no ciclo hidrológico são as alterações globais pelas quais passa e passará o planeta e que deverão causar impactos na evaporação, no balanço hídrico e na biodiversidade dos sistemas aquáticos. Invasões de espécies exóticas, pesca excessiva e impactos nas bacias hidrográficas são causas da diminuição da biodiversidade aquática, de difícil recuperação. Águas superficiais e subterrâneas sofrem impactos cumulativos progressivos com grandes danos ao funcionamento dos ecossistemas, ao balanço hídrico e à disponibilidade de recursos hídricos para a espécie humana e outras espécies de animais e plantas.

Capítulo 5

A Crise da Água: Eutrofização e Suas Conseqüências

O problema da eutrofização

A eutrofização dos ecossistemas aquáticos continentais, das águas costeiras marinhas e das águas subterrâneas é resultado do enriquecimento com nutrientes de plantas, principalmente fósforo e nitrogênio, que são despejados de forma dissolvida ou particulada em lagos, represas e rios e são transformados em partículas orgânicas, matéria viva vegetal, pelo metabolismo das plantas. A eutrofização natural é resultado da descarga normal de nitrogênio e fósforo nos sistemas aquáticos. A eutrofização "cultural" é proveniente dos despejos de esgotos domésticos e industriais e da descarga de fertilizantes aplicados na agricultura. Geralmente, a eutrofização cultural acelera o processo de enriquecimento das águas superficiais e subterrâneas. No caso de lagos, represas e rios, esse processo consiste no rápido desenvolvimento de plantas aquáticas, inicialmente cianobactérias, ou "algas verde azuis", as quais produzem substâncias tóxicas que podem afetar a saúde do homem e podem causar a mortalidade de animais e intoxicações. Além disso, a eutrofização, em seus estágios mais avançados, resulta em crescimento excessivo de aguapé (*Eichhornia crassipes*) ou alface-d'água (*Pistia stratiotes*), que são plantas aquáticas superiores mais comuns nesse processo.

Na Tabela 5.1 são apresentados os dados de composição das plantas aquáticas de águas doces em uma base de peso úmido. Geralmente, 0,7% de nitrogênio e 0,09% de fósforo que compõem as plantas aquáticas são os primeiros elementos a serem fixados e se deplecionam com a atividade fotossintética. Cerca de oito vezes mais nitrogênio do que fósforo é requerido pelas plantas. O fósforo, portanto, limita a eutrofização se o nitrogênio for oito vezes mais abundante na água, enquanto o nitrogênio limita a eutrofização se sua concentração for oito vezes menor do que a do fósforo na água. A água de esgoto ou a água tratada mecanicamente por meios biológicos contém cerca de 32 mg/L de nitrogênio e 8 mg/L de fósforo, em média. Assim, em um lago ou represa com altas concentrações de água de esgoto a eutrofização é limitada por nitrogênio. Entretanto, muitas cianobactérias podem fixar nitrogênio do ar e, portanto, podem crescer rapidamente, produzindo alterações na qualidade da água e afetando a composição da biota, com alterações significativas no funcionamento do ecossistema aquático.

Tabela 5.1 Composição das plantas aquáticas de água doce.

Composição média das plantas aquáticas (em relação ao peso úmido)	
Oxigênio	80,5
Hidrogênio	9,7
Carbono	6,5
Sílica	1,3
Nitrogênio	0,7
Cálcio	0,4
Potássio	0,3
Fósforo	0,09
Magnésio	0,07
Enxofre	0,06
Cloro	0,06
Sódio	0,04
Ferro	0,02
Boro	0,001
Manganês	0,0007
Zinco	0,0003
Cobre	0,0001
Molibdênio	0,00005
Cobalto	0,000002

Valores expressos em porcentagens. Fonte: PNUMA (2002).

Fósforo, nitrogênio e carbono ocorrem nos tecidos das plantas nas seguintes proporções:

1 P : 7 N : 40 C por 100 unidades de peso seco.

1 P : 7 N : 40 C por 500 unidades de peso úmido.

Uma comparação entre as quantidades relativas de diferentes elementos que são requeridos para o crescimento de algas fitoplanctônicas ilustra a importância de fósforo e nitrogênio e explica as causas da eutrofização (Tabela 5.2). Mesmo em condições em que a solubilidade e a disponibilidade proporcionam certos elementos em abundância, tais como sílica e ferro, *fósforo* e *nitrogênio*, este em segundo lugar, são os primeiros elementos a se tornarem limitantes, uma vez que são críticos para o crescimento. Já que fósforo é relativamente raro nos sistemas naturais e é necessário para manter o crescimento em populações de algas em expansão, sua demanda em relação ao suprimento de nitrogênio é muito maior.

Tabela 5.2 Proporções de elementos essenciais em tecidos vivos de plantas aquáticas e que são requeridos para o crescimento dessas plantas.

Elemento	Conteúdo médio nas plantas ou requerimentos (em %)	Concentração média na água (em %)	Razão
Oxigênio	80,5	89	1
Hidrogênio	9,7	11	1
Carbono	6,5	0,0012	5.000
Sílica	1,3	0,00065	2.000
Nitrogênio	0,7	0,000023	30.000
Cálcio	0,4	0,0015	<1.000
Potássio	0,3	0,00023	1.300
Fósforo	0,09	0,000001	80.000
Magnésio	0,07	0,0004	<1.000
Enxofre	0,06	0,0004	<1.000
Cloro	0,06	0,0008	<1.000
Sódio	0,04	0,0006	<1.000
Ferro	0,02	0,00007	<1.000
Boro	0,001	0,00001	<1.000
Manganês	0,0007	0,0000015	<1.000
Zinco	0,0003	0,000001	<1.000
Cobre	0,0001	0,000001	<1.000
Molibdênio	0,00005	0,0000003	<1.000
Cobalto	0,000002	0,000000005	<1.000

Fonte: Francko & Wetzel (1983).

À medida que o fósforo é descarregado em lagos e rios, a partir de fontes pontuais e não pontuais (por exemplo, esgotos domésticos não tratados e resíduos de nutrientes agrícolas), os requerimentos das plantas são satisfeitos, o crescimento aumenta e o outro elemento mais comumente requerido, o nitrogênio, torna-se limitante. Várias fontes pontuais de nitrogênio estão disponíveis para as plantas, tais como amônio (NH_4^+) e nitrato (NO^-_3). Certas cianobactérias podem fixar nitrogênio gasoso (N_2) que se dissolve na água, a partir da atmosfera, quando outras fontes de nitrogênio estão disponíveis, mas em quantidades muito pequenas.

Com suprimento suficiente de fósforo para acelerar o crescimento e a capacidade de fixar N_2 (o que lhes fornece vantagem competitiva sobre outras algas ou plantas superiores), as cianobactérias crescem rapidamente, formando extensas populações que se desenvolvem próximas à superfície e aproveitam o máximo de radiação solar disponível. As cianobactérias têm mecanismos de ajuste à profundidade para maximizar o uso de radiação solar.

As densas populações que cobrem a superfície de lagos, represas e rios decompõem-se e liberam matéria orgânica, além de substâncias tóxicas. À medida que essas populações de algas perdem a capacidade de flutuação por morte, depositam-se no fundo de lagos e represas, e sua decomposição utiliza oxigênio dissolvido na água, produzindo variadas concentrações de oxigênio dissolvido na água, e muitas vezes completa anoxia, causando mortalidade de outros organismos aquáticos, especialmente peixes. Em muitos casos, há mortalidade em massa de peixes associada à ausência de oxigênio dissolvido produzida pelo extenso florescimento de cianobactérias e aumento de matéria orgânica em decomposição.

Os principais efeitos da eutrofização são:

- Anoxia (ausência de oxigênio na água), que provoca mortalidade em massa de peixes e invertebrados e também produz liberação de gases com odor e muitas vezes tóxicos (H_2S e CH_4).
- Florescimento de algas e crescimento não controlado de plantas aquáticas, especialmente macrófitas.
- Produção de toxinas por algumas espécies de algas tóxicas.
- Altas concentrações de matéria orgânica, as quais, se tratadas com cloro, podem produzir substâncias carcinogênicas.
- Deterioração dos valores recreacionais dos lagos ou represas em razão da diminuição da transparência.
- Acesso restrito à pesca e atividades recreacionais em razão do acúmulo de plantas aquáticas que podem impedir a locomoção e o transporte.
- Acentuada queda na biodiversidade e no número de espécies de plantas e animais.
- Alterações na composição de espécies de peixes com diminuição de seu valor comercial (mudanças nas espécies e perda do valor comercial pela contaminação).
- Diminuição da concentração de oxigênio dissolvido, especialmente nas camadas mais profundas de lagos de regiões temperadas, durante o outono.
- Diminuição dos estoques de peixes causados pela depleção de oxigênio dissolvido na água e nas regiões mais profundas de lagos e represas.
- Efeitos na saúde humana (crônicos e agudos) (Azevedo, 2001).

Em muitos países, e praticamente em todo o planeta, a deterioração de lagos, rios e represas pela eutrofização já representa grave problema ambiental. As Figuras 5.1 e 5.2 mostram o impacto da eutrofização na qualidade da água e nas perdas econômicas produzidas pela deterioração dos ecossistemas aquáticos.

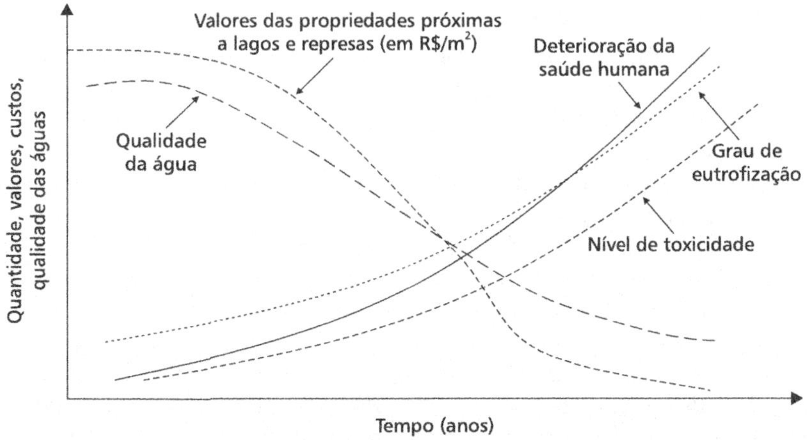

Figura 5.1 Alterações na quantidade e qualidade da água, com aumento da eutrofização e perda da capacidade de sustentabilidade do sistema, em função do avanço da eutrofização, e custos econômicos da eutrofização (original JGT).

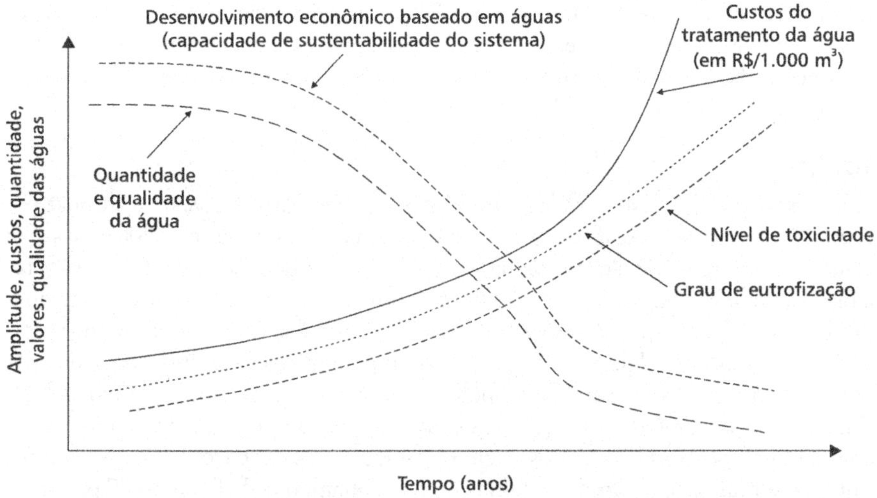

Figura 5.2 Os custos de eutrofização: aumento nos custos de tratamento da água, perda da capacidade de sustentabilidade e aumento do nível de toxicidade (original JGT).

Causas da eutrofização

Como já foi ressaltado, a eutrofização é resultante da descarga excessiva de águas de esgotos ou de despejos agrícolas não tratados, que acelera o processo de enriquecimento natural dos lagos, represas e rios. Os processos que ocorrem nos lagos também aceleram a eutrofização, uma vez que, a carga orgânica existente, após acelerar o crescimento de algas e plantas aquáticas, pode depositar-se no sedimento sob a forma de matéria orgânica em decomposição. Assim, além da carga externa, proveniente dos esgotos domésticos não tratados ou outras fontes, deve-se considerar a carga interna resultante do acúmulo de matéria orgânica nos sedimentos e na água intersticial. As fontes de eutrofização podem resultar de cargas pontuais provenientes de canais ou rios, ou cargas não pontuais, que são despejos difusos resultantes de ações dispersas na bacia hidrográfica, como, por exemplo, drenagem agrícola de áreas com excesso de fertilizantes na camada superficial do solo. A carga interna dos lagos e represas é originalmente difusa a partir dos sedimentos e produz efeitos de eutrofização muito tempo após ter cessado a contribuição externa. Lagos e represas que ocupam várias fases da eutrofização recebem denominações diversas em função da concentração de nitrogênio e fósforo que apresentam. Assim, as denominações oligotrófico, mesotrófico, eutrófico e hipereutrófico referem-se a lagos, represas ou rios com diferentes concentrações de nutrientes, principalmente nitrogênio (N) e fósforo (P). Lagos oligotróficos têm baixa eutrofização e lagos eutróficos ou hipereutróficos são altamente providos de N e P. As concentrações de N e P para lagos oligotróficos e eutróficos de regiões temperadas e regiões tropicais variam, e os níveis de concetração que definem o estado trófico não são iguais para as regiões temperadas e tropicais (UNEP/IETC, 2000; PNUMA/CITA, 2001).

Toxinas

As toxinas presentes em lagos eutróficos ou hipereutróficos são produzidas por cianobactérias e são classificadas como hepatoxinas, citotoxinas e endotoxinas. Em alguns casos, a remoção dessas toxinas é difícil, uma vez que são estáveis e resistentes à hidrólise química ou oxidação. A Figura 5.3 mostra algumas das fórmulas das toxinas presentes na água e que são provenientes das células das cianobactérias após estas se decomporem. Em alguns casos, essas toxinas podem estar presentes na água após os tratamentos de água bruta, o que pode agravar seus efeitos crônicos (Tabela 5.3). Em fevereiro de 1996, houve crise de hepatite aguda em um centro de hemodiálise em Caruaru, no Brasil; 86% dos pacientes sofreram perturbações visuais e outros sintomas e muitos apresentaram falhas no funcionamento do fígado – 50 pacientes morreram. A evidência biológica e química suporta a hipótese inicial de morte por efeitos da microcistina na água da diálise.[1]

---

1. A ocorrência da microcistina na água se deve ao tratamento insuficiente da água do manancial e à ineficiência do tratamento da água na clínica de diálise (Chorus & Barthram, 1999).

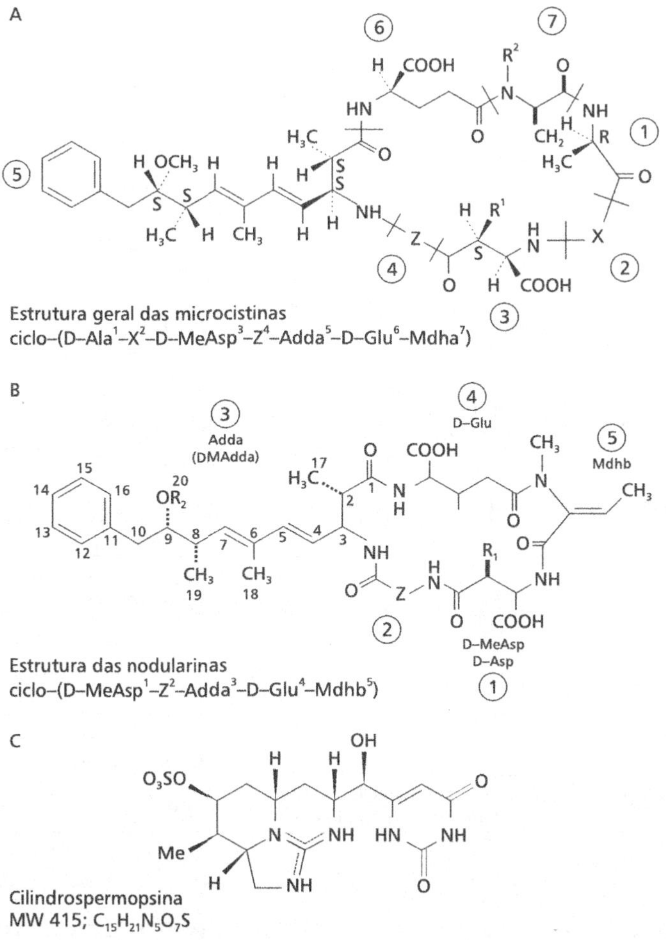

Figura 5.3 A estrutura das toxinas de peptídeos cíclicos e de cilindrospermopsina. *Fonte*: Chorus & Barthram (1999).

O crescimento de plantas aquáticas como o aguapé (*Eichhornia crassipes*) ou o alface-d'água (*Pistia stratiotes*) é um outro processo importante resultante da aceleração da eutrofização. Há impedimento à navegação e bloqueio de canais de irrigação, alta evapotranspiração e aumento da concentração de detritos orgânicos nas raízes dessas plantas, além de constituírem um núcleo para o crescimento de larvas de mosquitos e parasitas com efeitos na saúde humana (ver foto do lago Dianchi, China, no final do livro).

Tabela 5.3 Características gerais das cianotoxinas.

Grupo de toxinas	Órgão principal afetado em mamíferos	Gêneros de cianobactérias
Peptídeos cíclicos		
Microcistina	Fígado	*Mycrocystis sp.* *Anabaena sp.* *Nostoc sp.* *Anabaenopsis sp.*
Nodularina	Fígado	*Nodularia sp.*
Alcalóides		
Anatoxina a	Sinapses nervosas	*Anabaena sp.* *Oscillatoria sp.* *Aphanizomenon sp.*
Anatoxina a (s)	Sinapse nervosa	*Anabaena sp.*
Aplysiatoxinas	Pele	*Lyngbya sp.* *Echizothrix sp.* *Planktotrix sp.* *Oscillatoria sp.*
Cylindrospermopsinas	Fígado	*Cylindrospermopsis sp.* *Sphanizomenon sp.*
Lyngbyatoxina	Pele Trato Gastrointestinal	*Lyngbya sp.*
Saxitoxinas	Axônios Nervosos	*Anabaena sp.* *Aplunizonenon sp.* *Cylindrospermopsis sp.*
Lipopolissacarídeos CLPS	Irritante potencial: Afeta qualquer tecido exposto	Todos

Fonte: diversas.

Programa de monitoramento e gerenciamento da eutrofização

Os aspectos gerais do planejamento e gerenciamento dos recursos hídricos, particularmente das águas superficiais – lagos, represas e rios –, serão tratados no Capítulo 7. Entretanto, alguns tópicos referentes ao controle da eutrofização serão tratados neste capítulo. Um dos temas importantes é justamente a classificação dos lagos e represas em função do estado trófico, a partir do monitoramento. O monitoramento deve, portanto, enfocar os seguintes aspectos fundamentais:

- Identificar a procedência da eutrofização e das contribuições difusas e pontuais (Chapman, 1992).
- Realizar balanços de massa (entradas e saídas) de nutrientes para lagos, represas ou rios (Vollenweider & Kerekes, 1981).

- Identificar o estado trófico do ecossistema aquático em função das concentrações de N e P e clorofila a (oligotrófico a eutrófico).
- Criar cenários que possibilitem a avaliação e a progressão do estado trófico em função de futuros impactos (Vollenweider, 1987).
- Detalhar ações de gerenciamento e tratamento, incluindo custos (Thanh & Biswas, 1990).
- Identificar possíveis organismos indicadores de eutrofização, além das cianobactérias.
- Ampliar a informação sobre eutrofização para o grande público e autoridades (UNEP/IETC, 2001).

O monitoramento das condições físicas, químicas e biológicas da água deve ser paralelo ao monitoramento hidrológico. O monitoramento biológico deve contemplar a classificação das algas, as flutuações das espécies no espaço e no tempo, a identificação das épocas favoráveis aos florescimentos e a concentração de toxinas na água.Também é fundamental que se utilizem modelos da eutrofização que possibilitem estudar cenários em função de fontes pontuais e não pontuais de nitrogênio e fósforo (PNUMA/CITA, 2001).

Problemas econômicos resultantes da eutrofização

Como já foi ressaltado, a aceleração da eutrofização e a degradação dos sistemas aquáticos e da qualidade da água produzem uma série de impactos econômicos, tais como o aumento muito rápido dos custos de tratamento (ver Capítulo 9), a perda do valor estético de lagos, represas e rios e o impedimento à navegação e à recreação, o que diminui o valor turístico e os investimentos nas bacias hidrográficas.

Por outro lado, a despoluição de lagos, represas e rios pode representar nova oportunidade econômica de aumentar o número de empregos, estimular companhias ambientais e de consultoria e apoiar inovações apropriadas com novas soluções tecnológicas para o gerenciamento e a recuperação da eutrofização. Os impactos econômicos resultantes da eutofização também se referem às perdas de horas de trabalho por afetar a saúde humana e às internações que resultam de doenças de veiculação hídrica (Tabela 5.4). Além das perdas econômicas, a eutrofização causa, direta ou indiretamente, impactos sociais, pois, ao atingir a qualidade da água e as atividades econômicas relacionadas aos lagos e às represas, reduz a capacidade de gerar emprego e renda, provocando, em muitos casos, a migração de populações para regiões com melhores oportunidades de trabalho. A instalação de indústrias também pode ser prejudicada em razão dos efeitos da eutrofização. Para certos tipos de indústria, o custo do tratamento de águas eutrofizadas pode impedir sua instalação. Os impactos na saúde humana com efeitos tóxicos crônicos ou agudos também podem ser considerados perdas econômicas.

Tabela 5.4 Efeitos econômicos da eutrofização e benefícios resultantes da sua redução.

Efeito da eutrofização	Benefícios da redução da eutrofização	Como os benefícios podem ser medidos
Gosto e odor acentuados e problemas no abastecimento	• Menores custos para o tratamento da água. • Consumidores mais satisfeitos. • Menor necessidade de água alternativa (por exemplo, engarrafada).	• Economia nos custos de tratamento. • Maior consumo de água e diferencial entre preços dos substitutos e do abastecimento municipal.
Qualidade visual e tátil do corpo hídrico prejudicada	• Residentes próximos mais satisfeitos. • Maior desenvolvimento nas proximidades do corpo hídrico. • Mais recreação. • Biota mais diversificada.	• Maior valor das propriedades. • Maior desenvolvimento da região. • Gastos adicionais em recreação. • Preços das diferentes espécies capturadas. • WTP (willingness-to-pay, "disposição para pagar") popular para a melhoria do ecossistema.
Maior possibilidade de toxinas nas águas	• Aumento da pesca comercial e esportiva. • Biota mais diversificada. • Maior contato com a água.	• Aumento no preço e no valor dos peixes capturados. • WTP (disposição para pagar) popular para a melhoria do ecossistema. • Gastos adicionais em recreação.
Redução na profundidade, na área superficial e na capacidade de armazenamento	• Menor necessidade de abastecimento alternativo. • Valor das propriedades marginais preservado. • Viabilidade de pesca continuada. • Viabilidade de recreação continuada.	• Despesas evitadas com dragagens e abastecimento alternativo de água. • Perdas evitadas no valor das propriedades. • Valor dos peixes que não seriam capturados. • Gastos com lazer que não teriam sido realizados. • WTP (disposição para pagar) popular para a existência do lago; outros além de seu valor de uso.

Fonte: PNUMA/CITA (2001).

Os diferentes usos da água e sua relação com o estado trófico são mostrados na Tabela 5.5.

Tabela 5.5 Usos de lagos e represas em relação ao estado trófico.

Utilização desejada	**Estado trófico**	
	Requerido	**Ainda tolerável**
• produção de água potável	• oligotrófico	• mesotrófico
• uso para recreação	• mesotrófico	• ligeiramente eutrófico
• cultivo de peixes (espécies de salmonídeos)	• oligotrófico	• mesotrófico
• água para processamento industrial	• mesotrófico	• ligeiramente eutrófico
• água para resfriamento industrial	–	• eutrófico
• água para compor paisagem em áreas de recreação	–	• ligeiramente eutrófico
• esportes na água (sem banho)	• mesotrófico	• ligeiramente eutrófico
• irrigação (por canais de irrigação)	–	• eutrófico
• produção de energia	• mesotrófico	• eutrófico[1]

1. Não é valido para as plantas de eletricidade em rios, em razão da interferência de macrófitas ou do crescimento de algas.

Fonte: várias fontes, modificado.

A tabela, mostra que, mesmo em condições eutróficas, lagos e represas podem ser úteis ao homem. Deve ser considerado sempre, entretanto, que a condição oligotrófica ou mesotrófica é a mais adequada em todas as circunstâncias. Lagos e represas eutróficas, mesmo que sejam utilizados somente para hidroeletricidade ou navegação e também irrigação, são sempre fontes de contaminação e degradação de outros corpos d'água, o que gera novas oportunidades para ampliar a distribuição geográfica da eutrofização e aumenta as ameaças à saúde humana. As alterações mais importantes que ocorrem nos ecossistemas aquáticos são: deterioração, em razão da intensa decomposição de matéria orgânica, bem como a liberação de certos elementos e substâncias como Fe, Mn, NH_3, H_2S e nitritos a partir do sedimento, especialmente se a anoxia se desenvolver no fundo, como produto do consumo excessivo de oxigênio na oxidação de matéria orgânica. A deterioração da qualidade da água como resultado da eutrofização também é extremamente significativa, principalmente em razão da produção de substâncias tóxicas pelas cianobactérias. Os custos do tratamento da água para conseguir a potabilidade duplicam com o tempo de duplicação da eutrofização (Hidroconsult/IIE, dados originais, 2003).

Quadro 5.1

A "zona morta" no Golfo do México – o impacto do rio Mississipi na costa da Louisiana, Estados Unidos

Uma área de aproximadamente 12.000 km² está sendo afetada no Golfo do México. Essa região, chamada de "zona morta" pelos pescadores, já apresenta ausência de vida marinha (crustáceos e espécies comerciais de peixes), o que afeta severamente as economias regionais costeiras, baseadas na pesca. A principal causa dessa "zona morta" está localizada a milhares de quilômetros ao norte, nas fazendas de milho e de suínos nos Estados de Illinois e Iowa. A bacia do rio Mississipi é a maior da América do Norte, drenando 31 Estados, e onde se localizam metade das fazendas produtivas dos Estados Unidos (98 bilhões de dólares de produção anual).

Associado ao aumento do uso de fertilizantes ocorreu perda substancial de áreas alagadas ao longo do rio Mississipi e também nas regiões costeiras, o que agravou o efeito da eutrofização. Além do uso excessivo de fertilizantes, problemas no controle de resíduos das fazendas de suínos fizeram com que a eutrofização cause danos principalmente no início da primavera e no verão (maio a outubro) de cada ano, provocados por hipoxia (deficiência de oxigênio na água), levando à morte de toneladas de organismos do *bentos-moluscos* e de outros animais e à fuga de peixes e crustáceos, que ao se deslocarem despovoam a região. A solução é a redução de 20% da aplicação de fertilizantes nas culturas, o aperfeiçoamento dos métodos de tratamento de esgotos das fazendas de suínos e a recomposição das áreas alagadas, que podem funcionar como "filtros" de nutrientes próximos ao delta do Mississipi, na costa da Louisiana. Isso deverá demandar 4,8 bilhões de dólares em investimentos. Os pescadores do Golfo do México e os fazendeiros da bacia do Mississipi utilizam de forma conflitante os recursos naturais. Os pescadores, que se consideram "fazendeiros do mar", afirmam que os "fazendeiros da terra" são privilegiados por não investirem em redução de adubos e tratamento de esgotos das fazendas de suínos.

Esse exemplo, que também pode ser encontrado em muitas áreas costeiras no Brasil, mostra o enorme impacto que os usos múltiplos dos ecossistemas aquáticos continentais e dos recursos hídricos superficiais e subterrâneos podem ter nas águas costeiras, colocando em risco o funcionamento dos ecossistemas marinhos e provocando perdas econômicas. O exemplo do rio Mississipi mostra, também, que os impactos podem resultar de atividades desenvolvidas a muitos quilômetros do local afetado.

O processo de recuperação já começou e, atualmente, estão sendo realizadas estimativas dos custos que, como foi mencionado, devem totalizar 10 bilhões de dólares e levar uma década para sua resolução (Figura 5.4).

Fonte: *Newsweek*, Outubro, 25, 1999 (modificado).

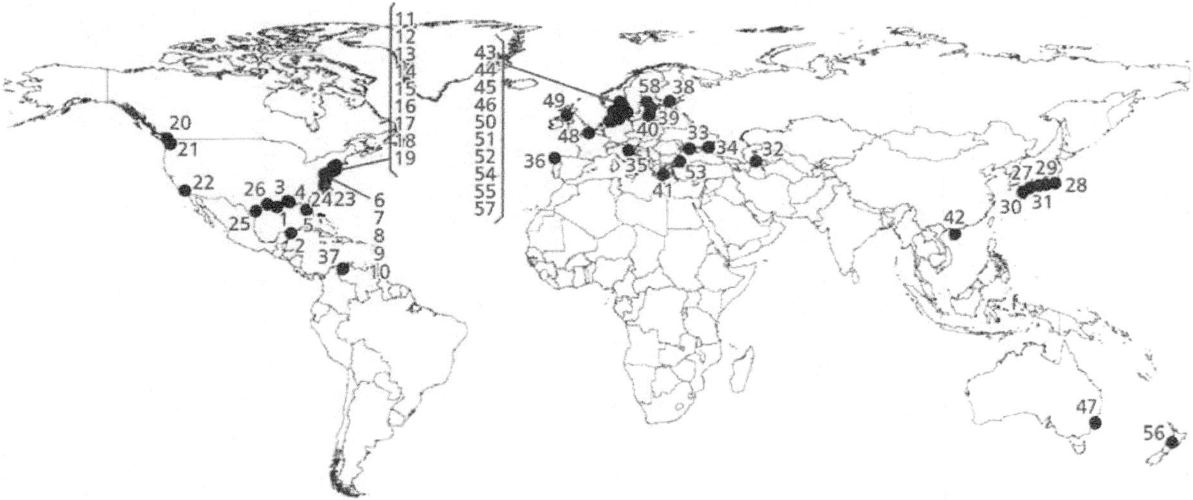

1 Dead Zone
2 Nichupti Lagoon
3 Mobile Bay
4 Perdido Bay
5 Hillsborough Bay
6 Chesapeake Mainstream
7 Potomac River
8 Rappahannock River
9 York River
10 Pagan River
11 Long Island Sound
12 New York/New Jersey Bight
13 Flushing Bay
14 Raritan Bay
15 Barnegatt Inlet
16 Mullica River Estuary
17 Townsend-Hereford Inlet
18 Great Egg Harbor River
19 New York City
20 Puget Sound
21 Saanich Inlet
22 Los Angeles
23 Pamlico River
24 Cape Fear River
25 Corpus Christi Bay
26 Freeport
27 Seto Inland Sea
28 Tokyo Harbor
29 Mikawa & Ise Bays
30 Omura Bay
31 Osaka Bay
32 Caspian Sea
33 Black Sea NW Shelf
34 Sea of Azov
35 Gulf of Trieste
36 Rias Baixas
37 Fosa de Cariaco
38 Gulf of Finland
39 Baltic Sea Channel
40 Bornholm Basin
41 Elefsis Bay
42 Tolo Harbor, Hong Kong
43 Kattegat
44 Laholm Bay
45 Byfjord
46 Gullmasrsfjord
47 Port Hacking
48 Sommone Bay
49 Lough Ine
50 German Bight, North Sea
51 Kiel Bay
52 Wadden Sea
53 Marmara Sea
54 Limfjorden
55 Arthus Bay
56 New Zealand
57 Oslofjiord
58 Stockholm Inner Archipeligo

Figura 5.4 Distribuição mundial de zonas hipóxicas. (*Fonte*: World Resources Institute, 2000.) O nome original das localidades foi mantido.

A redução da eutrofização: custos e benefícios

O problema descrito no Quadro 5.1 foi comentado em um trabalho recente (Lomborg, 2002). A redução da carga de nitrogênio em 40% deve aumentar a reoxigenação das águas do Golfo do México e diminuir a freqüência dos episódios de hipoxia e anoxia. A redução dos fertilizantes e o aumento da vegetação ripária e das áreas alagadas contribuiria com a diminuição da eutrofização e daria melhores oportunidades para os pescadores do Golfo do México. Entretanto, os custos da redução dos nutrientes, associados aos aumentos nos preços de serviços, de 4% a 10% segundo Lomborg (2002), elevariam em 4,8 bilhões de dólares os gastos com a recuperação. De acordo com o relatório do "Hypoxia Assessment",[2] "os benefícios da redução da carga de nitrogênio na bacia do Mississipi serão bastante limitados". O argumento de Lomborg mostra realmente as contradições no processo de desenvolvimento: se, por um lado, a eutrofização causou depleção nos estoques de peixes e moluscos no Golfo do México, por outro, houve aumento na produção de alimento nas fazendas no sistema terrestre, o que compensaria as perdas econômicas resultantes da eutrofização dos sistemas costeiros.

Entretanto, quando se trata de águas continentais ou costeiras, verifica-se que as perdas ocasionadas por águas hipereutróficas ou eutróficas são muito mais severas, uma vez que há custos para a recuperação de águas para fins potáveis e perdas econômicas associadas a vários usos múltiplos. Perdas muito altas também decorrem da incidência de doenças de veiculação hídrica, que podem causar mortalidade e internações hospitalares. O problema não é simples e deve ser analisado sob vários ângulos e perspectivas (Straškraba, 1986, 1994).

Quadro 5.2

A caracterização da eutrofização

Os índices do estado trófico (IET) foram desenvolvidos a fim de facilitar a classificação de lagos e reservatórios e de proporcionar aos gestores de lagos, represas e rios informações quantitativas que pudessem ser comparadas ao longo do tempo para o mesmo ecossistema, ou caracterizar Tipologia de Estados Tróficos por vários ecosssistemas.

A classificação trófica é dividida em uma série de classes denominadas de estados tróficos; os mais comuns são o oligotrófico, o mesotrófico e o eutrófico. Mais tarde o termo hipereutrófico começou a ser utilizado para caracterizar altos graus de

2. Avaliação das condições de hipoxia na região do Golfo do México.

eutrofização. O termo ultra-oligotrófico também foi introduzido. O índice de Carlson (1977) tem sido usado freqüentemente, mas o índice de Salas & Martino (1991) aplicado a lagos tropicais também é comumente aplicado. Os índices de estado trófico estão baseados na concentração de fósforo total nas águas, nitrogênio total, clorofila a e em alguns índices, utiliza-se também a condutividade elétrica da água (Kratzer & Brezonik, 1981).

Para caracterizar o estágio de eutrofização também é importante determinar a carga total de entrada de fósforo e de nitrogênio estimada a partir de fontes pontuais e não pontuais (Vollenweider, 1968; Rolich, 1969; Rast *et al.*, 1989).

Conclusão

A eutrofização é um fenômeno mundial que afeta rios, lagos, represas e tanques de abastecimento, na superfície, águas subterrâneas e águas costeiras. A eutrofização tem provocado a deterioração dos ecossistemas aquáticos e produzido impactos ecológicos, econômicos, sociais e na saúde pública. Sua diminuição implica grandes gastos para a recuperação de rios, lagos e represas, e seu controle depende de ações que se iniciam nas bacias hidrográficas e nas fontes pontuais e não pontuais de descarga de nitrogênio e fósforo. Para a maioria dos usos múltiplos, a eutrofização limitada pode ser útil, mas para fins de abastecimento de água, recreação e turismo há impedimentos. Eutrofização excessiva com crescimento de cianobactérias agrava a toxicidade das águas superficiais, subterrâneas e costeiras. O desenvolvimento da eutrofização aumenta os custos do tratamento necessário para produzir a potabilidade da água, agravando os custos de obtenção de água adequada para consumo humano.

Capítulo 6

A Situação Atual dos Recursos Hídricos no Brasil: Distribuição, Usos Múltiplos, Impactos e Desafios

Introdução

Das principais bacias hidrográficas do continente sul-americano, a bacia amazônica e a bacia do Prata são de fundamental importância para o Brasil.

A América do Sul é abundante em rios, os quais têm papel ecológico, econômico e social extremamente relevante. Esses rios, suas áreas de várzea e vastas planícies de inundação, associados a muitos lagos permanentes e temporários, apresentam uma variedade de habitats, flora e fauna altamente especializada e diversificada e constituem importante reserva de água doce que é utilizada para inúmeras finalidades.

Igualmente importante no contexto ecológico e econômico são os pequenos riachos e rios que fluem na Floresta Amazônica e no cerrado e que são coletores de material alóctone que é transportado para outros sistemas de maior porte. Gradientes latitudinais muito vastos, extensas áreas alagadas com lagos permanentes e temporários, regiões de várzea associadas aos rios principais e seus tributários e pequenos riachos no interior do continente são característicos dos sistemas hídricos do Brasil. Deve-se acrescentar também a grande reserva de águas subterrâneas que é fundamental para o abastecimento e a irrigação em muitas regiões do País.

De fundamental importância do ponto de vista de reserva de água e como sistemas ecológicos únicos no planeta, a Amazônia e o Pantanal Matogrossense apresentam características especiais, alta biodiversidade e diversidade de habitats e enorme potencial para usos múltiplos e diversificados conjugados com processos e sistemas de proteção e conservação adequados e com permanente revisão de estratégias (veja a seção "Exemplo de desenvolvimento sustentado e gerenciamento integrado", no Capítulo 7, que trata, entre outros assuntos, da reserva de Mamirauá).

Igualmente relevante do ponto de vista quantitativo é o uso de sistemas hídricos próximo à costa, o que ocasiona muitos impactos e eutrofização nas águas costeiras. Grande parte da população brasileira ocupa bacias costeiras ou está, no máximo, localizada a 100 km da costa.[1] Do ponto de vista de funcionamento ecológico e hidrológico, há três características consideradas fundamentais para os usos dos recursos hídricos e sua conservação:

1. É necessário um esforço para estimar a contaminação e eutrofização de águas costeiras a partir de despejos em rios que desaguam nessas regiões.

a) Flutuações no nível de águas de grandes rios como o Amazonas e o Paraná (9 a 12 metros no rio Amazonas, 3 a 4 metros no rio Paraná) e nas planícies de inundação (1 a 2 metros), inundando periodicamente vastas áreas de várzea.
b) Interações entre sistemas terrestres e aquáticos – as áreas terrestres inundadas periodicamente fornecem nutrientes e biomassa e alimento para muitas espécies de peixes, como frugívoros e herbívoros. As áreas de floresta inundada, no Amazonas e no Pantanal, as matas galeria e as florestas ripárias ao longo dos rios funcionam como "filtros biológicos" que fornecem detritos e matéria orgânica para os rios e protegem o sistema aquático, sendo em muitos casos as fontes de sua biodiversidade.
c) Interações entre organismos e sistemas aquáticos – além das extensas áreas de vegetação que interagem com os sistemas aquáticos, muitos organismos como os grandes vertebrados das regiões de inundação (por exemplo, capivara, ratões de banhado, jacarés e pássaros aquáticos) podem alterar e acelerar os ciclos de nutrientes, remover ou contribuir para a remoção de biomassa de peixes e crustáceos e enriquecer a biodiversidade animal e vegetal (Tundisi, 1994b).

Ab'Saber (1967, 1977, 1987, 1988) chamou a atenção para a importância do quaternário sul-americano, relacionando a geomorfologia desses sistemas aquáticos e a distribuição dos recursos hídricos no Brasil.

Usos múltiplos dos recursos hídricos

A diversificação dos usos múltiplos dos recursos hídricos no Brasil depende, evidentemente, do grau de concentração da população humana, do estágio de desenvolvimento econômico regional e da intensidade das atividades nas bacias hidrográficas. Aproximadamente 90% dos recursos hídricos do Brasil são utilizados para produção agrícola, produção industrial e consumo humano (Tucci *et al.*, 2000). No entanto, o conjunto de atividades em que se utilizam recursos hídricos superficiais e subterrâneos pode ser assim descrito:

- abastecimento público em áreas urbanas;
- irrigação a partir de águas superficiais e subterrâneas;
- uso industrial (várias finalidades);
- navegação para transporte em larga escala; recreação;
- pesca e piscicultura;
- aqüicultura; hidroeletricidade;
- abastecimento em áreas rurais;
- turismo;
- recreação.

A Tabela 6.1 mostra as demandas hídricas no Brasil divididas em demandas urbanas e industriais e para irrigação em km³/ano e a Tabela 6.2 apresenta o consumo de água no Brasil para as várias atividades.

Tabela 6.1 Demandas hídricas no Brasil.

Unidade/região	Demanda urbana (km^3/ano)	Demanda irrigação (km^3/ano)	Demanda industrial (km^3/ano)
Rondônia	0,03	0,00	0,01
Acre	0,02	0,00	0,00
Amazonas	0,10	0.01	0,03
Roraima	0,01	0,00	0,00
Pará	0,19	0,05	0,06
Amapá	0,01	0,00	0,00
Região Norte	***0,36***	***0,06***	***0,10***
Maranhão	0,22	0,01	0,02
Piauí	0,12	0,09	0,01
Ceará	0,29	0,96	0,09
Rio Grande do Norte	0,14	0,23	0,05
Paraíba	0,15	0,27	0,04
Pernambuco	0,45	0,98	0,16
Alagoas	0,11	0,18	0,04
Sergipe	0,06	0,12	0,02
Bahia	0,52	1,07	0,12
Região Nordeste	***2,06***	***3,91***	***0,55***
Minas Gerais	1,22	1,63	0,59
Espírito Santo	0,18	0,22	0,08
Rio Janeiro	1,03	0,63	0,73
São Paulo	2,74	1,81	4,16
Região Sudeste	***5,17***	***4,29***	***5,56***
Paraná	0,70	0,28	0,35
Santa Catarina	0,33	0,65	0,40
Rio Grande do Sul	0,71	6,32	0,70
Região Sul	***1,74***	***7,25***	***1,45***
Mato Grosso do Sul	0,10	0,13	0,03
Mato Grosso	0,08	0,03	0,02
Goiás/Tocantins	0,28	0,25	0,06
Distrito Federal	0,13	0,04	0,03
Região Centro-Oeste	***0,59***	***0,45***	***0,14***
Brasil	**9,92**	**15,96**	**7,80**

Fonte: Barth (1987).

Tabela 6.2 Consumo de água no Brasil em 10^6 m^3 por ano, para as várias atividades.

Bacia	Humano	Dessedentação	Irrigação	Industrial	Total 10^6 m^3	m^3/s	%
Amazonas	279,0	225,8	6.002,4	52,3	6.559,5	208,0	10,3
Tocantins	180,3	211,3	1.602,6	78,0	2.072,2	65,7	3,3
Atlântico N/NE	2.105,8	277,2	4.206,3	1.617,7	8.207,0	260,2	12,9
São Francisco	876,5	220,5	5.085,6	926,5	7.109,1	225,4	11,2
Atlântico Leste	2.705,8	13,3	380,0	2.506,8	5.155,9	163,5	8,1
Atlântico Sul	664,8	204,9	9.796,3	535,5	11.201,4	355,2	17,6
Paraná	3.251,8	1.379,2	7.858,6	3.518,6	16.008,2	507,6	25,2
Paraguai	127,2	325,2	1.287,0	35,0	1.774,4	56,3	2,8
Uruguai	249,5	282,0	4.942,3	12,3	5.486,1	174,0	8,6
Totais	10.440,7	3.139,5	41.161,1	8.832,6	63.573,8	2.015,9	100,0
m^3/s	331,1	99,6	1.305,2	280,1	2.015,9		
% do total	16,4	4,9	64,7	13,9	100,0		

Consumo da água em $10^6.m^3$ por ano (Cenário atual) – (FGV, 1998).

Uso urbano

A população do Brasil encontra-se em sua maioria localizada em regiões urbanas, e o crescimento e a taxa de urbanização são apresentados na Tabela 6.3.

Tabela 6.3 Crescimento da população brasileira e a taxa de urbanização.

Ano	População*	Parcela da população urbana
1970	93,1	55,9
1980	118,0	68,2
1991	146,8	75,6
1996	157,1	78,4
2000	169,0	81,1

*Em milhões de habitantes. *Fonte:* IBGE (2000).

O crescimento da população urbana no Brasil promoveu aumento considerável nas demandas hídricas, associado à expansão urbana, à degradação dos mananciais e à contaminação e poluição.

Alterações no ciclo hidrológico, produzidas pela inadequada ocupação do espaço, geram enchentes urbanas freqüentes, problemas na coleta e disposição do lixo urbano, que resultam em contaminação dos aqüíferos e águas superficiais, e perdas na distribuição (Tucci, 2000). A produção concentrada de esgotos aumentou extraordinariamente nos últimos 30 anos.[2]

2. A ocupação desordenada e irregular de mananciais nas áreas periurbanas é uma das principais causas da deterioração de recursos hídricos em grandes metrópoles brasileiras, assim como em municípios de médio porte.

Produção de energia elétrica

A produção de energia elétrica no Brasil é dependente, em grande parte, dos recursos hídricos. A Tabela 6.4 mostra a disponibilidade em potência no mês de dezembro de 2000 (a partir de dados da ANEEL).

Tabela 6.4 Disponibilidade, em potência instalada, de energia elétrica no Brasil.

Tipo	Potência instalada (MW)	Participação (%)
Pequenas centrais hidroelétricas	1.485	2,02
Usinas hidroelétricas	59.165	80,55
Usinas térmicas	9.664	13,16
Usinas nucleares	1.966	2,68
Importações	1.150	1,57
Total	**73.449**	

Fonte: ANEEL (2000).

O Brasil é responsável por 10% da produção hidroelétrica mundial. A Figura 6.1 mostra a distribuição das hidroelétricas no Brasil, com grande concentração na região Sudeste. O Brasil utiliza, atualmente, cerca de 35% de seu potencial hidroelétrico. No Sudeste a capacidade de produção de hidroeletricidade está praticamente esgotada.

Navegação

Nos últimos 20 anos, iniciou-se uma revitalização do uso de águas interiores para navegação com a construção e adaptação de hidrovias de grande porte associadas aos sistemas de transporte ferroviário e hidroviário (Tabela 6.5).

Tabela 6.5 Principais hidrovias brasileiras.

Bacias	Rios principais	Extensão (km)
Amazonas	Amazonas, Negro, Madeira, Purus, Jurus, Branco e Juruá	18.300
Tocantins	Tocantins e Araguaia	3.000
Atlântico Sul	Jacuí, Taquari, Lagoa dos Patos e Lagoa Mirim	1.300
Atlântico Leste	Doce e Paraíba do Sul	1.000 (potencial)
Atlântico Norte/Nordeste	Mearim, Pindaré, Itapecuru e Parnaíba	3.000
São Francisco	São Francisco e Grande	4.100
Paraná	Paraná e Tietê	4.800
Paraguai	Paraguai e Cuiabá	2.800
Uruguai	Uruguai e Ibicuí	1.200 (potencial)
Total		**38.200**

Fonte: Cabral (1995).

Figura 6.1 Distribuição das principais hidroelétricas no Brasil (Kelman *et al.*, 2002).

Uso agrícola

O desenvolvimento agrícola depende da disponibilidade de água e de seu uso adequado. Além da água para irrigação, o uso para abastecimento rural representa desafio relevante, pois nessa área estão concentrados muitos problemas de saúde pública relacionados ao abastecimento e ao saneamento. As estimativas de áreas irrigadas e de demandas para irrigação em 2010 nas várias regiões são apresentadas na Tabela 6.6. Com o uso de novas tecnologias para irrigação pode-se reduzir de 30% a 70% o consumo de água. A zona rural nordestina depende da água para o desenvolvimento econômico (Tabela 6.7). Nas regiões Sul e Sudeste a intensificação do uso do solo tem produzido perdas consideráveis, de até 20 toneladas por hectare por ano do solo superficial. A erosão nessas regiões é um dos grandes problemas a serem resolvidos (Tabela 6.8).

Tabela 6.6 Estimativas de áreas irrigadas e de demandas para irrigação em 2010.

Região	Área irrigada (1.000 ha)	Demanda específica (L/s.ha)	Vazão demandada m^3/s	% demanda total
Sul	1.150	0,226	259,90	28,00
Sudeste	900	0,297	267,30	28,80
Nordeste	450	0,472	212,40	22,88
Centro-Oeste	400	0,380	152,00	16,37
Norte	100	0,367	36,70	3,95
Total	**3.000**		**928,30**	

Fonte: Cristofidis (1999).

Tabela 6.7 Demanda da água para irrigação, Brasil, região Nordeste e Estados.

Região/Estado	Área irrigada (ha)	Água derivada dos mananciais (mil m^3/ano)	Água consumida pelos cultivos (m^3/ha/ano)	Água derivada dos mananciais (mil m^3/ano)	Água consumida pelos cultivos (m^3/ha/ano)	Eficiência de irrigação (%)
Brasil	**2.870.204**	**33.747.297**	**21.039.159**	**11.758**	**7.330**	**62,3**
Nordeste	***495.370***	***8.114.586***	***5.340.116***	***16.380***	***10.780***	***65,81***
Maranhão	44.200	815.446	499.283	18.361	11.296	61,5
Piauí	24.300	445.929	272.257	18.351	11.204	61,1
Ceará	82.400	1.426.014	922.633	17.306	11.197	64,7
Rio Grande do Norte	19.780	310.961	221.556	15.721	11.201	71,3
Paraíba	32.690	471.521	333.798	14.424	10.211	70,8
Pernambuco	89.000	1.619.355	1.046.640	18.195	11.760	64,6
Alagoas	8.950	155.014	102.495	17.320	11.452	66,1
Sergipe	25.840	427.600	293.026	16.548	11.340	68,5
Bahia	168.210	2.442.746	1.648.458	14.522	9.800	67,5

Fonte: Cristofidis (1999).

Tabela 6.8 Perdas de solo por erosão.

Culturas	Área 1.000 ha	Perdas de terra t/ha/ano	Total perdas de terra 1.000 t/ano
Culturas anuais			
Algodão	349,27	24,8	8.661,40
Amendoim	76,63	26,7	2.046,02
Arroz	271,20	25,1	6.807,12
Feijão	428,05	38,1	16.308,70
Milho	1.285,30	12,0	15.423,60
Soja	534,60	20,1	10.745,46
Outras	386,95	24,5	9.480,27
Subtotal	3.331,98		69.472,58
Culturas temporárias			
Cana	2.152,05	12,4	26.685,42
Mamona	11,96	41,5	496,34
Mandioca	39,06	33,9	1.324,13
Subtotal	2.203,07		28.505,89
Culturas permanentes			
Banana	51,67	0,9	46,49
Café	732,77	0,9	659,49
Laranja	786,30	0,9	707,67
Outras	40,25	0,9	36,22
Subtotal	1.610,97		1.449,87
Pastagem	10.236,13	0,4	4.094,45
Vegetação	1.243,00	0,4	497,20
Reflorestamento	1.110,35	0,9	999,32
Áreas críticas			
(Estrada periurbana)	562,50	175,0	98.437,50
Outras	4.467,73	1,0	4.467,73
Subtotal	17.619,71		108.496,20
Totais	**24.765,73**		**207.924,54**
Redução das perdas em função das práticas de controle da erosão (culturas anuais, temporárias e permanentes): 15%			14.914,25
Total das perdas			193.010,29

Fonte: Estado de São Paulo (1993).

Recreação e turismo

As águas interiores no Brasil representam enorme recurso disponível para recreação e turismo em larga escala. Recreação em águas geralmente é uma atividade de baixo custo, e nas principais regiões do Brasil, no interior, rios e reservatórios são utilizados intensivamente para atividades de lazer e recreação.

Essas atividades desempenham papel econômico relevante e geram muitas alternativas e opções para todas as regiões do Brasil, especialmente aquelas com águas doces de excelente qualidade e fácil acesso.

O turismo em geral e o turismo ecológico em particular também têm-se desenvolvido em rios e represas do interior do Brasil, onde o acesso é mais fácil e a logística, adequada. Recreação e turismo requerem água de excelente qualidade para a sua consolidação, e entre os grandes problemas que afastam o grande público das águas estão a eutrofização e a perda de qualidade estética, além dos problemas de saúde pública que podem ocorrer (Rebouças *et al.*, 2002).

Pesca e piscicultura – aquacultura

Tradicionalmente, a atividade pesqueira no Brasil desenvolveu-se nos grandes rios, como Amazonas, Paraná e São Francisco, e seus tributários. Por exemplo, no rio Amazonas e seus tributários, a atividade emprega 70.000 pessoas, mantém 250.000 e movimenta entre 100 milhões a 200 milhões de dólares por ano. A construção de grandes barragens interferiu na biodiversidade e comprometeu a atividade pesqueira em muitas regiões; entretanto, essas barragens podem e estão sendo utilizadas para a produção em larga escala de algumas espécies introduzidas em aquacultura (Agostinho *et al.*, 1999).

O potencial da aquacultura no Brasil em águas interiores é enorme. Hoje, são produzidas 100.000 toneladas de peixes por ano em aquacultura, mas o potencial estimado é pelo menos 30 vezes maior. Entretanto, Novais (2003) chama a atenção para o efeito do incremento da aquacultura na deterioração dos recursos hídricos (aumento da contaminação orgânica e da capacidade de transmissão de parasitas de peixes) e, também, para os efeitos da pesca excessiva sobre os estoques pesqueiros dos vários ecossistemas de águas interiores e costeiros do Brasil. A regulamentação da atividade de aquacultura no Brasil é um desafio importante para a gestão dos recursos hídricos (Borghetti *et al.*, 2002).

Impactos nos recursos hídricos

As principais atividades humanas cujos impactos nos recursos hídricos, do ponto de vista quanti e qualitativo, são relevantes, alterando, portanto, o ciclo hidrológico e a qualidade da água, são:

- Urbanização e despejos de esgoto sem tratamento
- Construção de estradas
- Desvio de rios e construção de canais
- Mineração
- Hidrovias
- Construção de represas
- Atividades industriais

- Agricultura
- Pesca e piscicultura
- Aqüicultura
- Introdução de espécies exóticas
- Remoção de espécies críticas
- Disposição de resíduos sólidos (lixo urbano)
- Desmatamento nas bacias hidrográficas

Esse conjunto de ações tem por conseqüência os seguintes impactos:

- Eutrofização
- Aumento do material em suspensão e assoreamento de rios, lagos e represas
- Perda da diversidade biológica
- Alterações no ciclo hidrológico e no volume de reservatórios, rios e lagos
- Alterações na flutuação de nível dos rios e nas áreas de inundação
- Contaminação dos aqüíferos
- Aumento da toxicidade das águas e sedimentos
- Perda da capacidade tampão (pela remoção de áreas alagadas e florestas ripárias)
- Expansão geográfica de doenças de veiculação hídrica
- Degradação dos mananciais e das áreas de abastecimento

Portanto, atualmente, os principais problemas resultantes dos usos dos recursos hídricos estão relacionados *à eutrofização, ao aumento da toxicidade das águas superficiais e subterrâneas e às alterações no ciclo hidrológico e na disponibilidade de água*. Assim, os problemas agravam-se dos pontos de vista quali e quantitativo.

Quadro 6.1

Riscos ambientais nas represas do médio Tietê – Estado de São Paulo

O Estado de São Paulo iniciou a construção de grandes represas para produção de hidroeletricidade no final da década de 1950. Os investimentos maciços produziram um conjunto de reservatórios de grande porte que hoje constituem a paisagem dominante do Estado de São Paulo em muitas regiões. Esse conjunto de grandes represas, além de ser utilizado para hidroeletricidade, foi objeto de inúmeros usos múltiplos que se intensificaram nos últimos dez anos como uma série de alternativas econômicas de peso para o Estado de São Paulo (Figura 6.2).

As represas do médio Tietê (Barra Bonita, Bariri, Ibitinga, Promissão, Nova Avanhandava e Três Irmãos) localizam-se no rio de maior importância histórica, econômica e social para o Estado de São Paulo. Além de darem oportunidade à implantação de hidrovias no Tietê (700 km), esses seis reservatórios servem aos seguintes usos múltiplos:

- Produção de hidroeletricidade
- Navegação
- Recreação
- Pesca e aquacultura
- Turismo
- Irrigação
- Abastecimento de água

Em conjunto, essas atividades representam uma relevante economia que depende da quantidade e da qualidade da água e do funcionamento adequado dos reservatórios. Em função dos vários usos múltiplos, essas represas estão submetidas a um grande número de riscos potenciais de média e grande magnitude e de curto e longo prazo. O risco de curto prazo é a deterioração local da qualidade da água ao longo dos reservatórios em conseqüência de esgotos não tratados e efeitos imediatos da navegação, como despejos de esgotos sanitários das embarcações e despejos de resíduos de petróleo ou substâncias e materiais transportados. Estes têm conseqüências imediatas na qualidade da água. Os riscos de longo prazo são o aumento e a expansão geográfica da eutrofização, o aumento da toxicidade (em razão da eutrofização e do aumento de despejos de substâncias com metais pesados e resíduos tóxicos), a deterioração do solo e o impacto das atividades agrícolas na erosão e no aumento de material em suspensão, as descargas de fertilizantes com a deterioração da qualidade da água e o aumento da taxa de sedimentação com perda de volume da água das represas.

Esses riscos podem ser evitados e reduzidos a partir das seguintes ações gerenciais (em nível de bacias hidrográficas e de reservatórios):

- Monitoramento permanente e em tempo real
- Treinamento de gerentes ambientais nos municípios
- Treinamento de agentes ou gerentes de bacias hidrográficas
- Educação do público em geral (educação sanitária e educação ambiental)
- Tratamento de esgotos dos municípios
- Implementação de coleta seletiva, redução de lixo e implementação de aterros sanitários nos municípios
- Reflorestamento ciliar com espécies nativas às margens das represas e dos principais tributários
- Práticas agrícolas que reduzem a erosão: plantio direto e uso de curvas de nível
- Controle do uso de pesticidas e herbicidas e de fertilizantes no solo
- Controle dos resíduos industriais nos municípios
- Aperfeiçoamento da legislação e controle das bacias
- Implementação de controle e avaliação dos recursos pesqueiros
- Disciplinamento, regularização e avaliação dos impactos dos projetos de aquacultura em tanques rede

Fonte: Tundisi *et al.* (2000a, b, 2002).

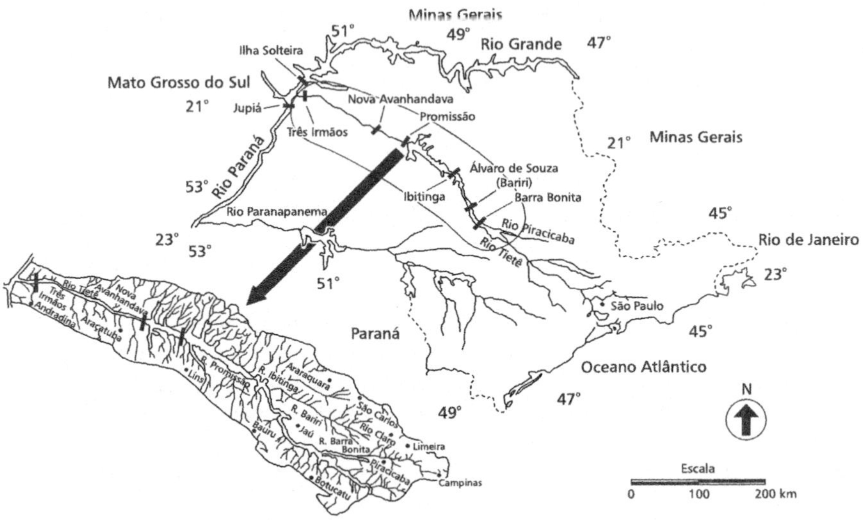

Figura 6.2 Reservatórios do rio Tietê, Brasil. A qualidade hídrica dos reservatórios a jusante é afetada pelo sistema de reservatórios a montante. (*Fonte:* Projeto temático, FAPESP: 0612/91-5; Tundisi, 1993a, 1999, 2000a.)

Uma síntese dos problemas

Nesta seção faremos uma síntese da situação dos recursos hídricos no Brasil. A região com maior abundância e disponibilidade de recursos hídricos é a região Norte, principalmente levando-se em conta a baixa densidade populacional. Entretanto, as condições sanitárias (drenagem de esgotos e tratamento de água) são precárias, agravando o problema da saúde humana, com incidência sobre a mortalidade infantil. Na região Sudeste, o problema é outro: há água suficiente, mas o crescimento da urbanização, a ampliação do parque industrial e a intensificação das atividades agrícolas, além do crescimento populacional e da diversificação dos usos múltiplos, aumentaram os custos do tratamento, tornando a água tratada um bem extremamente caro, o que representa um empecilho ao crescimento econômico e ao desenvolvimento.

Na região Sul, o problema também está relacionado com a diminuição da água "per capita", o aumento das atividades agrícolas e industriais, o aumento dos custos do tratamento e a diversificação dos usos múltiplos: irrigação, uso industrial, piscicultura, navegação e recreação (Hespanhol, 1999).

No Nordeste, o problema é a escassez, a contaminação por doenças tropicais de veiculação hídrica e a falta de saneamento básico. Deve ser acrescido o fato de que as águas disponíveis na superfície e no aqüífero podem ser salobras, o que causa problemas de saúde pública e diminui o potencial de uso.[3]

A região Centro-Oeste tem uma área de alta biodiversidade, única no mundo em dimensão contínua (aproximadamente 200.000 km^2), o Pantanal Matogrossense, altamente ameaçado dos pontos de vista ecológico e quanti e qualitativo pela diversificação dos impactos (desmatamento, criação de gado, hidrovias, excesso de atividades turísticas e pesca predatória). O Pantanal Matogrossense possui alta diversidade de organismos aquáticos, incluindo-se vertebrados de grande porte que dependem da água para sobreviver (jacarés, aves, capivaras). Além disso, a regulação dos ciclos hidrológicos nessa região (rios e lagos) depende do efeito "esponja" do Pantanal e de sua capacidade de retenção das águas nos milhares de quilômetros de lagos e áreas alagadas. Esse sistema, único no mundo em extensão e diversidade, tem papel relevante na ecologia e na economia regional dada sua característica de regulador e armazenador da biodiversidade (Tundisi *et al.*, 2002).

Um dos principais desafios para o Brasil no século XXI será garantir o suprimento adequado de água para as regiões metropolitanas e urbanas.[4] Em muitas cidades de pequeno porte (< 20.000 habitantes) e de médio porte (entre 100.000 e 200.000 habitantes), o suprimento de água é adequado, mas o aumento no custo de tratamento de água e esgotos exigirá grandes investimentos Tundisi *et al.* (2000). Já no caso das represas urbanas deve-se atentar para a diversificação de usos múltiplos e para uma pressão elevada para utilização em lazer, recreação, turismo e pesca (Tundisi *et al.*, 2001). A Tabela 6.9, elaborada por Tucci (2000), compara os usos e gestão dos recursos hídricos nos países desenvolvidos e no Brasil no período que vai de 1945 a 2000.

Um resumo dos principais problemas referentes à quantidade e à qualidade dos recursos hídricos no Brasil mostra uma situação diversificada e complexa que exige avanços institucionais e tecnológicos para recuperação e proteção, além de novas visões para a gestão *preditiva, integrada* e *adaptativa*. Os diversos processos para gestão de recursos hídricos no Brasil serão apresentados nos capítulos subseqüentes.

A Tabela 6.10 apresenta os dados de abastecimento de água e saneamento no Brasil em comparação aos outros países da América Latina e Caribe. Embora os índices tenham melhorado em todos os países, ainda é enorme o desafio quanto às questões de saneamento e disponibilização de água na zona urbana e rural. A Tabela 6.11 mostra a situação de saneamento básico no Brasil em 2000 e a Tabela 6.12, a situação das incidências associadas ao saneamento no País em 1999 (IBGE, 1999, 2000).

---

3. Águas salobras no Nordeste, ou em outras regiões semi-áridas, podem causar doenças renais e outros efeitos que dependem de investigação mais profunda. Águas salobras ingeridas desde tenra idade podem ser causa de maior incidência de cálculos renais, pressão arterial mais elevada e problemas renais precoces.

4. 20% da população brasileira não recebe água tratada, recorrendo a outras fontes para seu suprimento.

Tabela 6.9 Comparação dos períodos de desenvolvimento e a evolução de tecnologias e avanços institucionais na gestão de recursos hídricos.

Período	Países desenvolvidos	Brasil
1945-1960 Crescimento industrial e populacional	• Uso dos recursos hídricos: abastecimento, navegação, energia, etc. • Qualidade da água dos rios • Controle das enchentes com obras	• Inventário dos recursos hídricos • Início dos empreendimentos hidroelétricos e planos de grandes sistemas
1960-1970 Início da pressão ambiental	• Controle de efluentes • Medidas não estruturais para enchentes • Legislação para a qualidade da água dos rios	• Início da construção de grandes empreendimentos hidroelétricos • Deterioração da qualidade da água de rios e lagos próximos a centros urbanos
1970-1980 Início do controle ambiental	• Legislação ambiental • Contaminação de aqüíferos • Deterioração ambiental de grandes áreas metropolitanas • Controle na fonte da drenagem urbana da poluição doméstica e industrial	• Ênfase em hidroelétricas e abastecimento de água • Início da pressão ambiental • Deterioração da qualidade da água dos rios em razão do aumento da produção industrial e da concentração urbana
1980-1990 Interações do ambiente global	• Impactos climáticos globais • Preocupação com a conservação das florestas • Prevenção de desastres • Fontes pontuais e não pontuais • Poluição rural • Controle dos impactos da urbanização no ambiente • Contaminação de aqüíferos	• Redução do investimento em hidroelétricas • Piora das condições urbanas: enchentes, qualidade da água • Fortes impactos das secas do Nordeste • Aumento de investimentos em irrigação • Legislação ambiental
1990-2000 Desenvolvimento sustentável	• Desenvolvimento sustentável • Aumento do conhecimento sobre o comportamento ambiental causado pelas atividades humanas • Controle ambiental das grandes metrópoles • Pressão para controle da emissão de gases, preservação da camada de ozônio • Controle da contaminação dos aqüíferos das fontes não pontuais	• Legislação de recursos hídricos • Investimento no controle sanitário das grandes cidades • Aumento do impacto das enchentes urbanas • Programas de conservação dos biomas nacionais: Amazônia, Pantanal, Cerrado e Costeiro • Início da privatização dos serviços de energia e saneamento
2000 Ênfase na água	• Desenvolvimento da visão mundial da água • Uso integrado dos recursos hídricos • Melhora da qualidade da água das fontes difusas: rural e urbana • Busca de solução para os conflitos transfronteiriços • Desenvolvimento do gerenciamento dos recursos hídricos dentro de bases sustentáveis	• Avanço do desenvolvimento dos aspectos institucionais da água • Privatização do setor energético e de saneamento • Diversificação da matriz energética • Aumento da disponibilidade de água no Nordeste • Planos de drenagem urbana para as cidades

Fonte: Tucci (2000).

Tabela 6.10 Abastecimento de água e saneamento. Situação do Brasil em comparação a outros países da América Latina e Caribe (dados de 1991 para o Brasil).

País	Pop. 1994 x 10^3	Ano de referência	Abastecimento de água (% população atendida)			Saneamento (% população atendida)		
			Urbana	Rural	Total	Urbana	Rural	Total
Belize	210	1994	96	82	89	23	87	57
Bolívia	6.893	1992	78	22	55	58	16	41
Brasil	***146.825***	***1991***	***85***	***31***	***72***	***55***	***3***	***44***
Chile	13.600	1992	94	37	85	82	ND	ND
Colômbia	33.985	1993	88	48	76	76	33	63
Costa Rica	3.192	1992	85	99	92	85	99	92
Cuba	10.960	1994	96	85	93	71	51	66
Rep. Dominicana	7.543	1993	74	67	71	76	83	78
Equador	10.980	1993	82	55	70	87	34	64
El Salvador	5.517	1993	78	37	55	78	59	68
Guiana	808	1992	90	45	61	82	80	81
Haiti	7.035	1994	37	23	28	42	16	24
Honduras	5.493	1994	81	53	65	81	53	65
México	90.027	1993	91	62	83	81	26	66
Nicarágua	4.255	1994	81	27	61	34	27	31
Panamá	2.941	1992	ND	ND	83	ND	ND	86
Peru	22.886	1993	74	24	60	62	10	44
Venezuela	19.502	1990	80	75	79	64	30	58

ND = não determinado.

Fontes: Banco Mundial (1993); WRI (2000).

Tabela 6.11 Situação do saneamento básico no Brasil em 2000.

Grandes regiões	Municípios					
	1989			2000		
	Total	Com serviço de abastecimento de água		Total	Com serviço de abastecimento de água	
		Total	Percentual (%)		Total	Percentual (%)
Brasil	***4425***	***4245***	***95,9***	***5507***	***5391***	***97,9***
Norte	298	259	86,9	449	422	94,0
Nordeste	1461	1371	93,8	1787	1722	96,4
Sudeste	1430	1429	99,9	1666	1666	100,0
Sul	857	834	97,3	1159	1142	98,5
Centro-Oeste	379	352	92,9	446	439	98,4

Fonte: IBGE, Diretoria de Pesquisas, Departamento de População e Indicadores Sociais, Pesquisa Nacional de Saneamento Básico, 1989/2000.

Tabela 6.12 Incidência de doenças associadas ao saneamento.

Unidade da federação	Casos confirmados de cólera (1996)	Casos confirmados de malária (1996)	Casos notificados de dengue (1996)	Taxa de mortalidade por doenças infecciosas e parasitárias (por 100.000 habitantes) (1995)
Acre	26	13.868	2	53,16
Amapá	0	19.056	0	27,28
Amazonas	54	70.044	0	24,09
Pará	1	146.334	321	20,98
Rondônia	0	96.654	100	29,41
Roraima	0	35.471	400	36,23
Tocantins	0	2.276	1.965	18,45
Norte	***81***	***383.703***	***2.788***	***24,27***
Alagoas	401	9	2.591	33,74
Bahia	130	121	64.435	25,89
Ceará	8	102	2.099	25,10
Maranhão	27	20.125	6.312	11,20
Paraíba	104	14	12.070	17,07
Pernambuco	238	61	22.423	35,93
Piauí	0	134	5.770	10,64
Rio G. Norte	28	14	6.608	25,52
Sergipe	0	8	3.163	39,00
Nordeste	***936***	***20.588***	***125.471***	***25,06***
Espírito Santo	0	170	5.706	19,.95
Minas Gerais	0	178	3.551	30,46
Rio de Janeiro	0	61	16.213	30,75
São Paulo	0	567	6.760	23,43
Sudeste	***0***	***976***	***32.230***	***26,58***
Paraná	0	455	5.052	20,65
Rio G. do Sul	0	38	9	16,71
Santa Catarina	0	59	3	13,00
Sul	***0***	***552***	***5.064***	***17,42***
D. Federal	0	117	64	27,39
Goiás	0	364	5.396	34,65
Mato Grosso	0	37.638	6.016	23,86
Mato G. do Sul	0	111	3.363	26,71
Centro-Oeste	***0***	***38.230***	***14.839***	***29,62***
Brasil	**1.017**	**444.049**	**180.392**	**24,81**

Fonte: Ministério da Saúde (1999).

A Tabela 6.13 mostra os déficits de saneamento por região brasileira e a Tabela 6.14, o acesso aos serviços de saneamento por classe de renda. Verifica-se que, quanto maior a classe de renda, maior é a porcentagem dos domicílios que recebem água canalizada. Por outro lado, as classes de renda mais baixa têm menos acesso à água canalizada e sem ligação à rede de esgotos, o que agrava a situação sanitária e de saneamento em geral.

Tabela 6.13 Déficits do setor de saneamento por região brasileira.

Serviço	Déficit (%)[1]					
	Brasil[1]	Região Norte[2]	Região Nordeste[2]	Região Sudeste[2]	Região Sul[2]	Região Centro-Oeste[2]
Água	24,07	32,53	21,74	6,47	9,38	20,29
Esgoto	62,17	98,28	86,78	29,55	82,15	66,73

1. Com base nos dados do IBGE de 1997.
2. Com base no Censo de 1991 do IBGE.
(Adaptado de Hespanhol, 1999, e IBGE, 1997).

Tabela 6.14 Acesso aos serviços de saneamento por classe de renda.

Classe de renda em salários mínimos	Domicílios sem água canalizada (%)	Domicílios sem ligação à rede de esgoto ou fossa séptica (%)
0 a 1	33	59
1 a 2	38	56
2 a 3	12	40
3 a 5	5	28
5 a 10	3	20
10 a 20	1	12
Mais de 20	1	9

Fonte: MPO/SEPURB/DESAN (1999); IBGE (2000).

A Tabela 6.15 mostra a contribuição anual, por Estado da Federação, do nitrogênio, fósforo e carbono para águas residuárias não tratadas, considerando-se a contribuição diária "per capita" de 4 gP, 15 gN e 100 gC. Esses dados têm por base informações da ANA (2002) sobre a percentagem de esgotos tratados por Estado.[5] Como se pode observar, o volume de fósforo, nitrogênio e carbono despejado anualmente em rios, represas e águas costeiras é uma das causas da eutrofização, excedendo a capacidade de autodepuração das águas interiores e costeiras.

5. Os cálculos foram realizados com base no volume anual de despejos totais não tratados, empregando estatísticas da ANA (2002).

Tabela 6.15 Contribuição anual total de nitrogênio, fósforo e carbono, por Estado, pela ausência de tratamento de esgotos.

Estado	% não tratados	População	Ton. de fósforo/ano	Ton. de nitrogênio/ano	Ton. de carbono/ano
Acre	90	501.773	733	2,747	18,315
Alagoas	90	2.540.359	3.709	13,908	92,723
Amapá	90	429.329	627	2,351	15,671
Amazonas	90	2.531.301	3.696	13,859	92,392
Bahia	70	9.149.175	13.358	50,092	333,945
Ceará	75	5.572.996	8.137	30,512	203,414
Distrito Federal	70	1.435.802	2.096	7,861	52,407
Espírito Santo	85	2.632.647	3.844	14,414	96,092
Goiás	85	4.252.744	6.209	23,284	155,225
Maranhão	90	5.086.327	7,426	27,848	185,651
Mato Grosso	85	2.128.700	3,108	11,655	77,698
Mato Grosso do Sul	85	1.773.951	2,590	9,712	64,749
Minas Gerais	90	13.102.345	23,509	88,160	587,736
Pará	90	5.573.076	8,137	30,513	203,417
Paraíba	75	2.582.869	3,771	14,141	94,275
Paraná	75	7.172.520	10,472	39,270	261,797
Pernambuco	85	6.730.592	9,827	36,850	245,667
Piauí	90	2.558.950	3,736	14,010	93,402
Rio de Janeiro	70	10.073.897	14,708	55,155	367,697
Rio Grande do Norte	90	2.499.104	3,649	13,683	91,217
Rio Grande do Sul	90	9.169.018	13,387	50,200	334,669
Rondônia	90	1.241.808	1,813	6,799	45,326
Roraima	75	243.298	355	1,332	8,880
Santa Catarina	75	4.017.270	5,865	21,995	146,630
São Paulo	70	25.922.682	37,847	141,927	946,178
Sergipe	85	1.525.304	2,227	8,351	55,674
Tocantins	90	1.041.388	1,520	5,702	38,011
Total para o Brasil			**196,354**	**736,329**	**4,908,857**

Fontes: ANA (2002) e IIE (2003).

A Tabela 6.16 apresenta uma síntese dos principais problemas no que se refere à gestão dos recursos hídricos nas regiões brasileiras.

Tabela 6.16 Síntese dos principais problemas e desafios para a gestão de recursos hídricos no Brasil.

Região	Usos	Características principais e impactos	Principais desafios e problemas
Região Norte	Navegação Pesca Abastecimento público Energia	Abundância de água per capita Desmatamento Queimadas Mineração	Conservação e sustentabilidade dos recursos hídricos Saneamento básico Manutenção da biodiversidade Controle da pesca
Região Nordeste	Pesca Navegação Abastecimento público Energia Irrigação	Escassez de água no semi-árido Salinização Doenças de veiculação hídrica	Sustentabilidade do semi-árido Saneamento básico Disponibilização de água na região urbana e rural Incremento da pesca e aquacultura nos grandes reservatórios
Região Centro-Oeste	Pesca Navegação Abastecimento Turismo Recreação	Áreas alagadas frágeis e de alta biodiversidade Introdução de espécies exóticas Pesca excessiva Desmatamento Hidrovias	Conservação Manutenção da sustentabilidade Manutenção da biodiversidade Proteção de ecossistemas representativos Controle da pesca
Região Sudeste	Abastecimento público Hidroeletricidade Turismo e recreação Pesca e aquacultura Navegação Uso industrial Pesca	Escassez relativa (alta concentração de população) Intensa urbanização Grande número de espécies exóticas introduzidas Eutrofização e toxicidade Aqüíferos contaminados Uso excessivo dos aqüíferos	Recuperação de rios, lagos e represas Proteção dos mananciais e da biodiversidade Redução dos custos de tratamento Solução da eutrofização e toxicidade Estímulo ao reuso Controle do turismo em grandes represas Recuperação e proteção dos aqüíferos
Região Sul	Abastecimento público Irrigação Hidroeletricidade Navegação Pesca Uso industrial Turismo e recreação	Abundância de água com tendência à escassez relativa por concentração de população Intensa urbanização Contaminação e poluição por atividades agrícolas Aumento da toxicidade e eutrofização Contaminação dos aqüíferos	Recuperação de rios, lagos e represas Redução dos custos de tratamento Tratamento da eutrofização e toxicidade Proteção de mananciais Proteção da biodiversidade em alagados Recuperação dos aqüíferos
Todas as regiões	Uso municipal	Esgotos não tratados Degradação dos mananciais Contaminação dos aqüíferos Disposição de resíduos sólidos nas bacias hidrográficas	Proteção dos mananciais Diminuição do desperdício Proteção e conservação das bacias hidrográficas Tratamento de esgotos Treinamento de gerentes Disposição adequada de resíduos sólidos urbanos

Fonte: CTHidro (2002) Modificado

Quadro 6.2

A hidrovia Paraguai–Paraná: impactos e custos ambientais

A hidrovia Paraguai–Paraná baseia-se em um projeto cuja finalidade é desenvolver um sistema de navegação que possa ser utilizado pela Argentina, Bolívia, Brasil, Paraguai e Uruguai. Essa hidrovia se estende por 3.440 km, desde Cáceres no Brasil até o ponto de Nova Palmira no Uruguai.

A hidrovia é considerada uma alternativa mais econômica para o transporte na região. Ela tem seu maior trecho no Alto Paraguai (1.670 km) e trechos menores de 350 km a 600 km no médio e baixo Paraná. A avaliação de impacto ambiental da hidrovia foi realizada por diversos grupos e por várias iniciativas governamentais e não governamentais.

Este quadro reproduz, em grande parte, as análises de Butcher *et al.* (1994) das *Humedades para las Américas – Wetlands for the Américas – Áreas alagadas para as Américas.*

O impacto mais relevante quali e quantitativamente deverá ocorrer no Pantanal Matogrossense. Os impactos diretos relacionados com o projeto são: alteração do regime hídrico; deterioração da qualidade da água; perda de áreas úmidas; perda do efeito regulador no aumento das inundações; perda da biodiversidade local, regional e global, particularmente dos peixes; declínio de produtividade biológica, especialmente da pesca; e mudanças nos padrões das cadeias alimentares. O sistema também perderá complexidade em nível paisagístico.

Os impactos indiretos, segundo o relatório, poderão incluir grandes pressões sobre os recursos naturais, mudanças no estilo de vida das populações e expansão de doenças de veiculação hídrica. Além disso, outro fator muito comum em projeto de exploração de recursos hídricos é o posterior desenvolvimento induzido pela obra que pode causar outros impactos diretos e indiretos.

De acordo com as conclusões da análise realizada "para determinar a alternativa economicamente mais eficiente, se faz necessária uma análise equilibrada que inclua de modo específico os custos e benefícios ambientais de todas elas" (Bucher *et al.*, 1994).

Tundisi (1994) analisou os impactos diretos e indiretos da hidrovia e listou 64 produzidos pela obra. Um dos impactos mais relevantes é a modificação hidrológica da região e a perda da capacidade de regulação do regime hidrológico pelo Pantanal. As obras e canais realizados podem acelerar o deflúvio, provocando enchente a jusante e diminuindo a capacidade de retenção da água do Pantanal. A solução para a hidrovia Paraguai–Paraná deverá estar relacionada ao uso adequado dos recursos: utilizar navegação do tipo tradicional sem grandes obras no trecho do rio Paraguai para impedir o impacto no regime hidrológico da região.

Várias fontes: Tundisi (1994); Salati & Klabin (1997).

Quadro 6.3

Distribuição e acesso à água e exclusão social

O acesso à água tratada e de qualidade é um direito de todo cidadão que o Estado deve garantir. O acesso à água para todos promove novas formas de integração social e de cidadania, especialmente levando-se em conta a saúde humana e a qualidade e a expectativa de vida. É fato reconhecido e demonstrado a enorme redução da mortalidade infantil proporcionada pelo acesso à água tratada e de qualidade. Em grandes centros urbanos, especialmente de países em desenvolvimento ou emergentes, a população da área central recebe a água que o setor público distribui às residências, escolas, indústrias, clubes ou associações e comércio. Já a população situada em áreas periurbanas não tem acesso à água encanada e, portanto, depende da água distribuída por companhias privadas, em carros-pipa, tendo de pagar mais caro por uma água de pior qualidade. A população da zona central das cidades, em muitos países, gasta 1% do salário com a água, enquanto a população da zona periurbana gasta 15% do salário. Igualmente exclusiva é a distribuição de águas à população rural, que, além de não ter acesso a água adequada, depende do uso de cacimbas ou poços sem águas tratadas e de baixa qualidade ou, em muitos casos, contaminados por resíduos de fossas, pocilgas ou estábulos com grande concentração animal. Portanto, todos os projetos e iniciativas que promovem a chegada de água de qualidade às zonas periurbanas e rurais, especialmente para populações de baixa renda, representam políticas públicas de inclusão social e de eqüidade entre os cidadãos.

Conclusão

Os usos múltiplos e os impactos nos recursos hídricos do Brasil são de variada magnitude e distribuição pelo País. Eles se devem em parte à urbanização e aos usos agrícola e industrial. Um dos principais empecilhos ao gerenciamento dos recursos hídricos no Brasil é controlar efetivamente a disposição de resíduos não tratados, impedir o uso excessivo dos recursos hídricos pelos mecanismos de gestão integrada e descentralizada e melhorar a relação qualidade do recurso hídrico/qualidade de vida da população. Há, ainda, enorme trabalho a ser realizado na questão do saneamento público e na disponibilidade de água para certas regiões. Para a região amazônica e o Pantanal, a proteção da biodiversidade é essencial para manter a sustentabilidade. Técnicas inovadoras de proteção e recuperação de recursos hídricos são fundamentais em todas as regiões do Brasil. A implementação de legislação local e regional, a proteção de bacias interestaduais e a educação sanitária e ambiental são focos relevantes de atuação em todas as bacias hidrográficas. Para enfrentar esses desafios, é necessária densa legislação descentralizada por região e bacia. Por outro lado, o sistema tributário deve apresentar alterações. Para que o esforço seja efetivo, é fundamental, por exemplo, que os comitês de bacias hidrográficas possam gerir os recursos localmente. Há uma relação muito clara, mas ainda com contornos indefinidos quantitativamente em muitas regiões, entre pobreza/condições econômicas, economia regional, saúde e recursos hídricos.

Capítulo 7

Planejamento e Gestão dos Recursos Hídricos: Novas Abordagens e Tecnologias

Novos paradigmas para o planejamento e a gestão dos recursos hídricos

O planejamento dos usos múltiplos e do controle dos recursos hídricos desenvolve-se em dois níveis: de implementação e viabilização de políticas públicas e de interpretação. No primeiro plano estão situados os objetivos, as opções e a zonação em larga escala das prioridades no uso integrado do solo, agricultura, pesca, conservação, recreação e usos domésticos e industriais da água, em uma unidade que é a bacia hidrográfica.

No segundo, o da interpretação, destaca-se a capacidade de gerenciar conflitos resultantes dos usos múltiplos e a interpretação de informações existentes de forma a possibilitar a montagem de cenários de longo prazo incorporando as perspectivas de desenvolvimento sustentável, os impactos dos usos múltiplos e a escolha de alternativas adequadas para a conservação e recuperação dos recursos hídricos (Roberts & Roberts, 1984).

Neste caso e nas ações de gerenciamento, o papel dos pesquisadores e dos gerentes e administradores é essencial e deve ser realizado em conjunto, com a finalidade de obter o máximo possível de benefícios dessa associação e dar condições para otimizar os usos múltiplos (Frederick, 1993).

Do ponto de vista de planejamento e gerenciamento, é fundamental considerar a mudança de paradigma de um sistema **setorial, local** e de **resposta** a crises para um sistema **integrado, preditivo** e em **nível de ecossistema.**

Isto deverá produzir uma visão mais abrangente dos problemas e deverá incorporar a dimensão social e econômica nas abordagens de planejamento e gerenciamento dos recursos hídricos. A Figura 7.1 mostra alguns componentes essenciais do problema de gerenciamento, considerando-se o papel dos gerentes, administradores e cientistas.

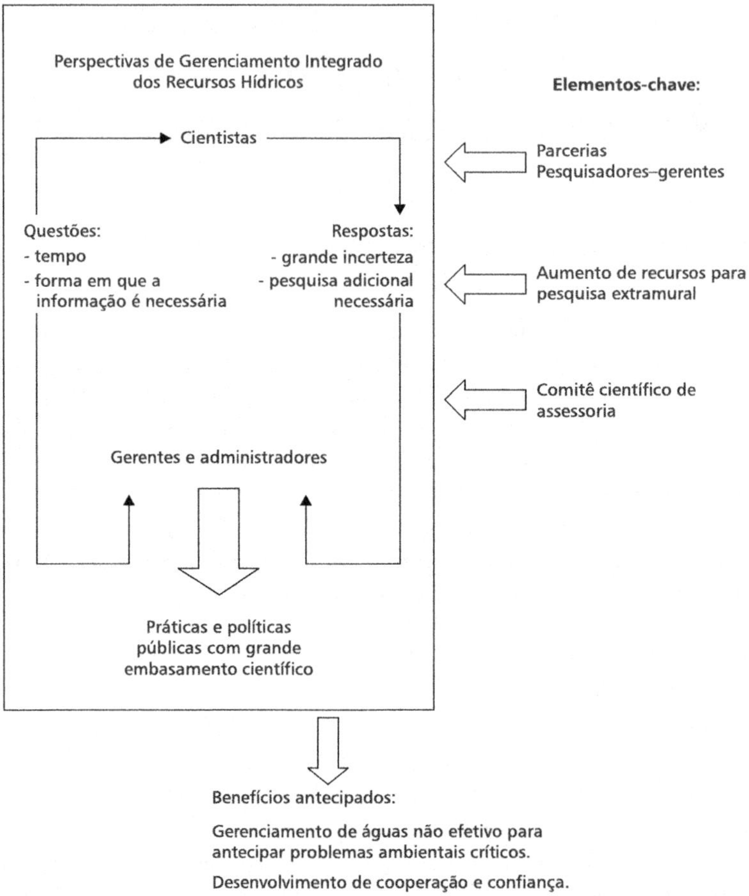

Figura 7.1 Participação de cientistas, gerentes e administradores de recursos hídricos e os elementos-chave para a promoção de políticas públicas adequadas. *Fonte*: Naiman *et al.* (1995).

A bacia hidrográfica como unidade de planejamento e gestão

A abordagem tradicional para a gestão de recursos hídricos sempre foi realizada de forma compartimentada e não integrada. Foi necessário um longo tempo, cerca de 50 anos, para os limnólogos e engenheiros iniciarem sua interação na gestão das águas. A abordagem tradicional da engenharia, que é o tratamento de água, provém da concepção de que com a tecnologia é possível tratar qualquer água e produzir água potável. Mesmo sendo verdade, os custos do tratamento tornam-se proibitivos, encarecendo demasiadamente a produção de água potável. Por outro lado, é necessário dar condições para cuidar dos mananciais e das fontes de abastecimento de água potável, assim, os cuidados no gerenciamento devem incluir da "fonte à torneira" e tratar de todo o sistema de produção de água. Portanto, os avanços no sistema de planejamento e gerenciamento das águas devem considerar *processos conceituais* (a adoção da bacia hidrográfica como unidade de planejamento e gerenciamento e a integração econômica e social), *processos tecnológicos* (o uso adequado de tecnologias de proteção, conservação, recuperação e tratamento) e *processos institucionais* (a integração institucional em uma unidade fisiográfica, a bacia hidrográfica, é fundamental).

Nos últimos dez anos, a concepção de que a bacia hidrográfica é a unidade mais apropriada para o gerenciamento, a otimização de usos múltiplos e o desenvolvimento sustentável consolidou-se de forma a ser adotada em muitos países e regiões. Não há dúvida de que a introdução dos conceitos de desenvolvimento sustentável a partir da Agenda 21 teve ampla repercussão mundial.

Muitos organismos internacionais deram aval a essa concepção, e o conceito de "serviços de ecossistema" (Ayensu *et al.*, 1999) também envolve os "serviços" prestados pelo ecossistema a partir da bacia hidrográfica.

O trabalho realizado por Likens *et al.* (1977, 1984, 1985, 1989, 1992) em Hubbard Brook, uma pequena bacia hidrográfica localizada na região central norte do Estado de New Hampshire, Estados Unidos, tem sido exemplo de um estudo integrado de bacia hidrográfica, além de funcionar como importante instrumento para gerenciamento de recursos, decisões políticas relevantes em meio ambiente e ética ambiental.

Também esse trabalho mostra o constraste entre a ciência ecológica profissional e o *ambientalismo*, o que tem sido confundido até certo ponto, produzindo e introduzindo visões contraditórias entre gerenciamento profissional e ativismo ambiental não profissional (este é importante, mas não pode ser desprovido de embasamento técnico e capacidade de solução de problemas – só o ativismo ambiental não resolve situações). Embora o foco em sistemas naturais possa ser um elo entre os ecólogos profissionais e os ambientalistas, os objetivos e as atividades são muito diferentes. Entretanto, a bacia hidrográfica como conceito de estudo e gerenciamento pode prover esta melhor integração entre ecologia profissional e ativismo ambiental.

A bacia hidrográfica tem certas características essenciais que a torna uma unidade muito bem caracterizada e permite a integração multidisciplinar entre diferentes sistemas de gerenciamento, estudo e atividade ambiental. Além disso, permite aplicação adequada de tecnologias avançadas (Margalef, 1983, 1997; Nakamura & Nakajima, 2002; Tundisi *et al.*, 2003).

A bacia hidrográfica, como unidade de planejamento e gerenciamento de recursos hídricos, representa um avanço conceitual muito importante e integrado de ação. A abordagem por bacia hidrográfica tem as seguintes vantagens e características e situações são fundamentais para o desenvolvimento de estudos interdisciplinares, gerenciamento dos usos múltiplos e conservação (Tundisi *et al.*, 1988, 1998; Tundisi & Schiel, 2002):

- A bacia hidrográfica é uma unidade física com fronteiras delimitadas, podendo estender-se por várias escalas espaciais, desde pequenas bacias de 100 a 200 km^2 até grandes bacias hidrográficas como a bacia do Prata (3.000.000 km^2) (Tundisi & Matsumura Tundisi, 1995).
- É um ecossistema hidrologicamente integrado, com componentes e subsistemas interativos.
- Oferece oportunidade para o desenvolvimento de parcerias e a resolução de conflitos (Tundisi & Straškraba, 1995).
- Permite que a população local participe do processo de decisão (Nakamura & Nakajima, 2000).
- Estimula a participação da população e a educação ambiental e sanitária (Tundisi *et al.*, 1997).
- Garante visão sistêmica adequada para o treinamento em gerenciamento de recursos hídricos e para o controle da eutrofização (gerentes, tomadores de decisão e técnicos) (Tundisi, 1994a).
- É uma forma racional de organização do banco de dados.
- Garante alternativas para o uso dos mananciais e de seus recursos.
- É uma abordagem adequada para proporcionar a elaboração de um banco de dados sobre componentes biogeofísicos, econômicos e sociais.
- Sendo uma unidade física, com limites bem definidos, o manancial garante uma base de integração institucional (Hufschmidt & McCauley, 1986).
- A abordagem de manancial promove a integração de cientistas, gerentes e tomadores de decisão com o público em geral, permitindo que eles trabalhem juntos em uma unidade física com limites definidos.
- Promove a integração institucional necessária para o gerenciamento do desenvolvimento sustentável (Unesco, 2003).

Portanto, o conceito de bacia hidrográfica aplicado ao gerenciamento de recursos hídricos estende as barreiras políticas tradicionais (municípios, Estados, países) para uma unidade física de gerenciamento e planejamento e desenvolvimento econômico e social (Schiavetti & Camargo, 2002). A falta da visão sistêmica na gestão de recursos hídricos e a incapacidade de incorporar/adaptar o projeto a processos econômicos e sociais atrasam o planejamento e interferem em políticas públicas competentes e saudáveis (Biswas, 1976, 1983). A capacidade de desenvolver um conjunto de indicadores é um aspecto importante do uso dessa unidade no planejamento. A bacia hidrográfica é também um processo descentralizado de conservação e proteção ambiental, sendo um estímulo para a integração da comunidade e a integração institucional. Os indicadores das condições da bacia hidrográfica também podem representar um passo importante na consolidação da descentralização e do gerenciamento. Os indicadores das condições que fornecem o índice de qualidade da bacia hidrográfica são:

- Qualidade da água de rios e riachos.
- Espécies de peixes e vida selvagem (fauna terrestre) presentes.
- Taxa de preservação ou de perda de áreas alagadas.
- Taxa de preservação ou de perda das florestas nativas.
- Taxa de contaminação de sedimentos de rios, lagos e represas.
- Taxa de preservação ou contaminação das fontes de abastecimento de água.
- Taxa de urbanização (% de área da bacia hidrográfica).
- Relação – população urbana/população rural (Revenga *et al.*, 1998; Tundisi *et al.*, 2002).

Em conjunto com os indicadores de qualidade devem-se considerar os indicadores de vulnerabilidade da bacia hidrográfica:

- Poluentes tóxicos (Pimentel & Edwards, 1982).
- Carga de poluentes.
- Descarga urbana.
- Descarga agrícola.
- Alterações na população: taxa de crescimento e ou migração/imigração.
- Efeitos gerais das atividades humanas (Tundisi, 1978).
- Potencial de eutrofização (Tundisi, 1986a).

Para o gerenciamento adequado da bacia hidrográfica, a integração entre o setor privado e usuários, universidade e setor público é fundamental. Tundisi & Straškraba (1995) destacaram os seguintes aspectos participativos entre esses vários componentes do sistema:

Universidade

- Diagnóstico quali e quantitativo dos problemas.
- Elaboração dos bancos de dados e sistemas de informação.
- Apoio na implementação de políticas públicas.
- Apoio no desenvolvimento metodológico e na introdução de novas tecnologias.

Setor público

- Implantação de políticas públicas nos comitês de bacia.
- Implantação de projetos para conservação, proteção e recuperação.
- Informação ao público e educação sanitária e ambiental.

Setor privado

- Apoio na implantação de políticas públicas.
- Desenvolvimento tecnológico e implantação de novos projetos.
- Financiamento de tecnologias em parceira.

Usuários e público em geral

- Participação na mobilização, para conservação e recuperação.
- Informações ao Ministério Público e ao setor público.
- Participação no processo de educação sanitária.

Ainda em relação ao planejamento e gerenciamento integrado de recursos hídricos, devem-se considerar os seguintes tópicos e seqüência extremamente importantes e fundamentais:

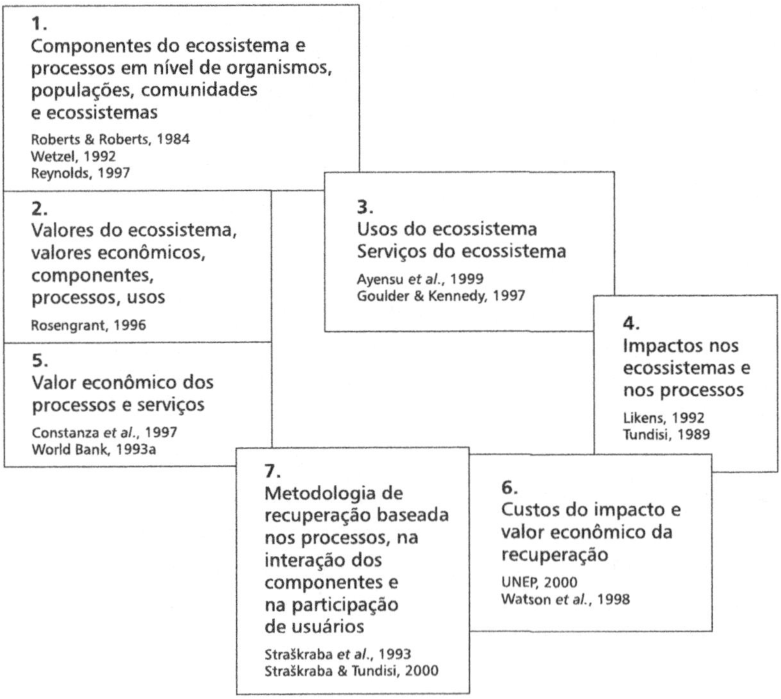

Figura 7.2 Seqüência dos procedimentos e etapas na recuperação dos ecossistemas. (Original Tundisi *et al.*, 2003.)

Serviços e valoração dos ecossistemas aquáticos e dos recursos hídricos

A questão dos "serviços" dos ecossistemas deve ser considerada ponto fundamental em qualquer projeto de conservação ou recuperação. A Figura 7.3 descreve as principais interações entre os diversos componentes do sistema terrestre e aquático e a posição central ocupada pelos recursos hídricos em relação à biodiversidade, usos do solo, mudanças climáticas e produção de alimentos.

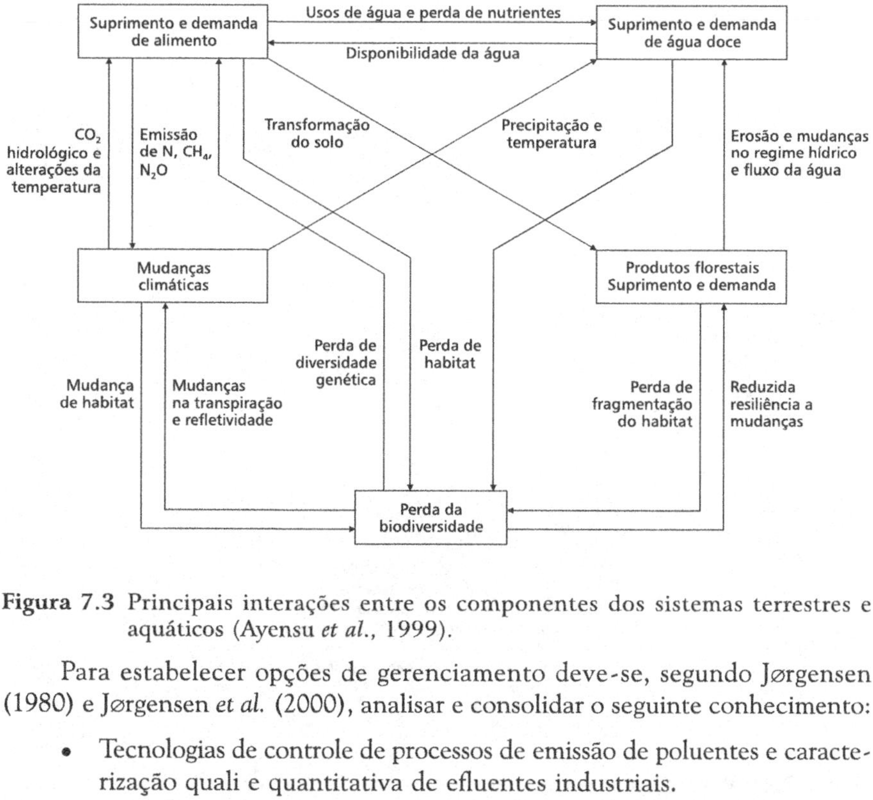

Figura 7.3 Principais interações entre os componentes dos sistemas terrestres e aquáticos (Ayensu *et al.*, 1999).

Para estabelecer opções de gerenciamento deve-se, segundo Jørgensen (1980) e Jørgensen *et al.* (2000), analisar e consolidar o seguinte conhecimento:

- Tecnologias de controle de processos de emissão de poluentes e caracterização quali e quantitativa de efluentes industriais.
- Conhecimento de fontes não pontuais de poluentes, incluindo metodologias de irrigação e alternativas que afetam descargas químicas (Minotti, 1995).
- Conhecimento especializado em processos aquáticos, incluindo efeitos de substâncias químicas tóxicas provenientes de indústria (cadeias e redes alimentares, fluxo de substâncias tóxicas e potencial de "disrupção endócrina") (Matsui *et al.*, 2002).

- Física e química dos rios, reservatórios e lagos, incluindo mecanismos de dispersão de poluentes, eutrofização e interações sedimento-água (Overbeck, 1989).
- Modelagem ecológica e matemática que deverá integrar os diferentes componentes e planejar e estabelecer cenários adequados prevendo interações para soluções adequadas (Henderson-Sellers, 1984; Jørgensen & Muller, 2000).

A Figura 7.4 apresenta as duas abordagens no gerenciamento de recursos hídricos e os objetivos de longo prazo.

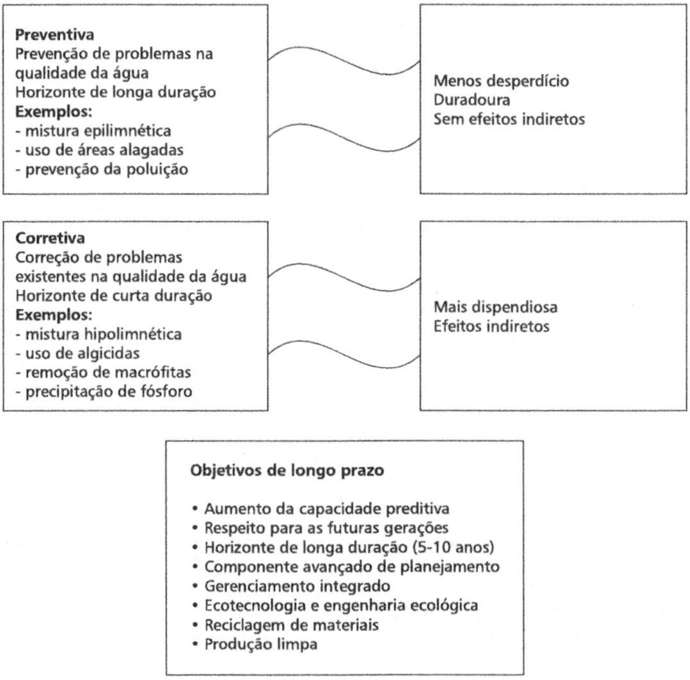

Figura 7.4 Abordagens no gerenciamento de recursos hídricos e objetivos de longo prazo (Straškraba & Tundisi, 2000).

As abordagens mais recentes que envolvem a base de conhecimento existente apontam para os seguintes aspectos fundamentais a considerar:

- Reconhecimento das incertezas (Cooke *et al.*, 1986).
- Reconhecimento de que as decisões sobre a política de gerenciamento e planejamento a ser adotada não proverão soluções "exatas", mas

"adaptativas" e em etapas, incorporando novas idéias e metodologias ao longo do processo (Cooke & Kennedy, 1988).

- Desenvolvimento da capacidade preditiva por meio de interações entre clientes, usuários e planejadores e gerentes.
- Definição de objetivos precisos: gerenciamento integrado, preditivo, adaptativo, avanço por etapas, introdução de ecotecnologias adequadas e implantação de sistemas de suporte à decisão com a participação. Fundamental é a construção de uma capacidade local de gerenciamento com base no conhecimento e no desenvolvimento de capacidade local (PNUMA/IETC, 2000, 2001).

Quadro 7.1

O gerenciamento de recursos hídricos em nível municipal: novos desafios

O grau elevado de urbanização produz novos problemas ao gerenciamento de recursos hídricos: municípios de médio e pequeno portes devem promover alterações na legislação, no controle e nas tecnologias para gerenciamento e tratamento de recursos hídricos, tendo em vista a minimização dos impactos e a otimização dos usos múltiplos. Grande parte dos municípios do Brasil tem entre 20.000 e 50.000 habitantes. As áreas metropolitanas têm problemas especiais de abastecimento de água e de tratamento de esgotos, os quais serão tratados em outro quadro. Nesses municípios pequenos e médios, um dos principais desafios é a conservação dos mananciais e a preservação das fontes de abastecimento superficiais e/ou subterrâneas. Essa conservação deve tratar dos usos do solo e reflorestamento e proteção da vegetação, inclusive das matas ciliares. O reflorestamento ciliar pode gerar inúmeras oportunidades de desenvolvimento econômico e social, uma vez que pode promover cooperativas populares para a construção de viveiros que produzam mudas e sementes. Por outro lado, pode ser um mecanismo efetivo de mobilização da população, principalmente da periferia e da zona rural das áreas urbanas, onde se encontram os mananciais. O tratamento de esgotos é outra ação importante para a recuperação das águas municipais, mas além de estações de tratamento é necessário implantar sistemas de recuperação para rios urbanos (com o reflorestamento ciliar e o tratamento localizado de pequenos rios urbanos). Outra gestão municipal importante é a disposição de resíduos sólidos de forma que não afetem os mananciais e não aumentem os riscos à saúde das populações. O treinamento de gerentes municipais de meio ambiente, principalmente voltado para a gestão dos recursos hídricos e recuperação dos mananciais, é outro recurso importante para melhorar as condições ambientais. Finalmente, a introdução de tecnologias baratas de tratamento e despoluição (ecotecnologias), a educação sanitária da população, os cuidados com caixas de água nas residências e desde o manancial até a torneira podem ser soluções de curto prazo com a educação de gerentes e do público em geral e com a introdução de novas tecnologias.

Os municípios também devem introduzir legislação específica para a proteção de mananciais e implantar programas de monitoramento em tempo real de grande efetividade na avaliação de riscos e no controle ambiental. Esse monitoramento pode diminuir consideravelmente os custos e as incertezas no tratamento de água, dando melhores condições de operação às estações de tratamento e estabilizando a qualidade da água servida à população.

É fundamental, também, que se possa dar condições adequadas aos municípios, aos gerentes de bacias hidrográficas e às administrações de hidrovias de avaliar continuamente os riscos e suas causas principais por intermédio do monitoramento, do uso de imagens de satélite e do permanente controle da toxicidade.

De modo geral, no que tange aos municípios pode-se sintetizar as soluções para os principais problemas relacionados com os recursos hídricos nos seguintes pontos fundamentais:

- Proteção dos mananciais e das bacias hidrográficas
- Tratamento de esgotos e de águas residuárias industriais
- Tratamento e disposição dos resíduos sólidos (lixo doméstico, industrial e de construção civil)
- Controle da poluição difusa
- Treinamento de gerentes, técnicos ambientais e de recursos hídricos
- Educação sanitária da população
- Programas de mobilização comunitária e institucional
- Campanhas e introdução de tecnologia para diminuir o desperdício da água tratada.[1]
- Estímulo e apoio às práticas coletivas de organização dos usos da água por associações ou grupos de pessoas.

IMPACTO DO SUPRIMENTO DE ÁGUA E INTERVENÇÕES DE SANEAMENTO NA QUEDA DA MORBIDEZ POR DIARRÉIA

Melhoria da	Números de estudos	Redução média da morbidez por diarréia
Qualidade da água	9	18%
Quantidade de água	17	25%
Qualidade e quantidade de água	8	37%
Disposição de excretas	10	22%

Fonte: Guerrant *et al.* (1996).

A tabela no final do quadro anterior mostra a eficiência do saneamento na queda da morbidez por diarréia. Isso pode ser um bom exemplo para muitos municípios.

1. De todas as tecnologias existentes, aquelas que recirculam água em residências e utilizam "toaletes econômicas" para evitar gastos excessivos de água são as mais eficientes. A reutilização de águas aquecidas também é efetiva. Igualmente importante é o controle automático da distribuição de águas para evitar desperdícios. Tubulações antigas e danificadas são comuns em muitos municípios e metrópoles, produzindo perda de até 40% na rede de água tratada.

O reuso da água: novas oportunidades na gestão de recursos hídricos no Brasil

A reutilização de águas de esgotos tratados para fins não potáveis pode ser um importante mecanismo no aproveitamento de recursos hídricos. A água livre de organismos patogênicos e que normalmente é devolvida aos rios pode ser utilizada para várias finalidades, como: limpeza pública, irrigação de jardins, refrigeração de equipamentos industriais e lavagens de carros e caminhões. Há um mercado potencial muito grande para essa água ser reutilizada. Em São Paulo, a SABESP introduziu em três estações de tratamento de esgotos (ETEs) a possibilidade de reuso da água a um custo bem inferior ao da água potável. O reuso é uma possibilidade muito importante de economia da água e de eliminação do desperdício. A Figura 7.5 mostra algumas características essenciais do reuso da água. O reuso, além de ter um componente econômico importante, elimina uma fonte de desperdício de água tratada e retarda, até certo ponto, o ciclo hidrológico regional. Os benefícios do reuso podem ser estimados com o aumento da produtividade da agricultura ou aqüicultura, a redução de danos ambientais, o controle da erosão e o aumento da disponibilidade de empregos e de alternativas econômicas (Hespanhol, 1999; National Research Council, 1998).

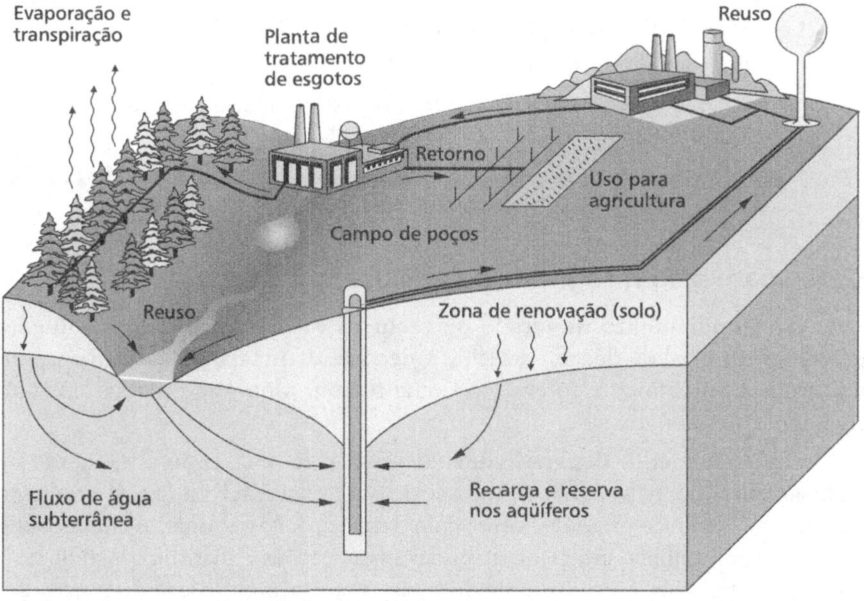

Figura 7.5 Exemplo de algumas características do reuso da água (Soopper, 1979; Office of Technology Assessment, 1988 – modificado e simplificado).

Conservação da biodiversidade em ecossistemas aquáticos

A biodiversidade dos ecossistemas aquáticos continentais é fundamental para a manutenção da estabilidade dos ecossistemas, para a continuidade dos "serviços" proporcionados pelos ecossistemas e para a estabilidade dos ciclos, como, por exemplo, ciclos de carbono, nitrogênio e fósforo.

As causas das pressões sobre a biodiversidade dos ecossistemas aquáticos estão relacionadas com a superexploração da pesca, a construção de represas, os impactos de substâncias tóxicas, a poluição da água em geral e a invasão de espécies exóticas, além da superexploração da água para usos agrícola, urbano e industrial (McAllister *et al.*, 1997; Barbosa, 1994).

A pesquisa para a conservação da biodiversidade envolve tópicos importantes, entre os quais se pode citar:

- Promoção de pesquisa sobre diversidade genética e genoma de espécies selecionadas.
- Escolha de organismos prioritários representativos de diferentes tipos de estrutura e dinâmica populacional (De Bernardi & Giussiani, 2001).
- Disponibilização de dados já existentes.
- Promoção de acesso à informação por meio eletrônico (exemplo, Biota Fapesp).
- Promoção de levantamentos florísticos e faunísticos das espécies aquáticas.
- Consolidação das coleções.
- Formação de recursos humanos em taxonomia, biogeografia, ecologia e informática.
- Manutenção e conservação dos "hotspots" de biodiversidade (Tundisi & Saijo, 1997; Rocha *et al.*, 2003).

Gerenciamento integrado dos recursos hídricos

O gerenciamento integrado de recursos hídricos é uma das soluções propostas no final da década de 1980 e decorre da incapacidade de construir um processo dinâmico e interativo somente com uma visão parcial e exclusivamente tecnológica.

O planejamento integrado deve desenvolver uma visão abrangente de planejamento, políticas públicas, tecnológicas e de educação a fim de promover um processo de longo prazo que conte com a participação de usuários, autoridades, cientistas e do público em geral, além das organizações e instituições públicas e privadas. Interações entre os indivíduos, as organizações e o uso e serviços dos ecossistemas aquáticos exigem ampla e completa análise e avaliação em um contexto local, regional e global (Rosengrant, 1996; Rosengrant *et al.*, 1994, 1995).

A resolução de conflitos, a otimização dos usos múltiplos de rios, lagos, represas e áreas alagadas e a promoção de bases científicas sólidas são componentes muito relevantes do gerenciamento integrado de recursos hídricos. Os principais tópicos que se referem ao planejamento e gerenciamento integrado são:

- Bacia hidrográfica como unidade de gerenciamento, planejamento e ação.
- Água como fator econômico.
- Plano articulado com projetos sociais e econômicos.
- Participação da comunidade, usuários, organizações.
- Educação sanitária e ambiental da comunidade.
- Treinamento técnico.
- Monitoramento permanente, com a participação da comunidade.
- Integração entre engenharia, operação e gerenciamento de ecossistemas aquáticos.
- Permanente prospecção e avaliação de impactos e tendências.
- Implantação de sistemas de suporte à decisão.

Principais métodos para a recuperação e para o gerenciamento integrado de bacias hidrográficas

O conjunto de metodologias existentes promove a recuperação de bacias hidrográficas e a capacidade de auto-sustentação do sistema. Aqui algumas técnicas são descritas sucintamente[2] (Tundisi, 1999; Straškraba & Tundisi, 1999):

- Reflorestamento da bacia hidrográfica, especialmente florestas ripárias, com espécies nativas (para aumentar a capacidade de retenção de sedimentos e nutrientes) (Rodrigues & Leitão Filho, 2001).
- Recuperação dos rios da bacia hidrográfica (para diminuição das cargas pontuais) (Kortman *et al.*, 1988).
- Conservação e recuperação de áreas alagadas como sistemas tampão e de tratamento. Várzeas são importantes sistemas de reciclagem biogeoquímica e de controle de volumes e enchentes. Interferem na quantidade e na qualidade das águas (Whitaker, 1993; Mitsch, 1996).
- Pré-reservatórios em tributários com altas taxas de material em suspensão (Straškraba *et al.*, 1995).

2. Para cada uma destas metodologias é fundamental calcular os custos de recuperação e conservação e a relação custo/benefício.

- Manutenção e expansão de fragmentos florestais na bacia hidrográfica como sistemas tampão, a fim de controlar fontes não pontuais.
- Introdução de corredores de florestas de espécies nativas na bacia hidrográfica.
- Remoção ou inativação química do sedimento dos rios e tributários para controle das cargas pontuais, principalmente do fósforo.
- Gerenciamento e adequação da aplicação de fertilizantes, pesticidas e herbicidas na bacia hidrográfica, a fim de diminuir fontes não pontuais e controlar eutrofização e toxicidade (Matsui *et al.*, 2002).
- Controle da erosão para diminuir assoreamento (Tundisi *et al.*, 2003).
- Controle das fontes pontuais e não pontuais de contaminação e eutrofização (várias técnicas) (Likens *et al.*, 1972).
- Tratamento de esgotos domésticos, várias técnicas ecotecnológicas.
- Tratamento dos efluentes industriais e reuso da água.
- Monitoramento permanente para avaliação de potenciais impactos (Matsumura Tundisi & Tundisi, 1997).
- Proteção das áreas de alta biodiversidade na bacia hidrográfica (Constanza & Greer, 1998).
- Gerenciamento integrado dos usos do solo da bacia hidrográfica (Tundisi *et al.*, 2003).

Métodos ecotecnológicos para aplicação no ecossistema aquático

Em geral, referem-se a ecotecnologias as tecnologias de baixo custo implementadas com uma visão de funcionamento dos ecossistemas. Ou seja, ecotecnologias incorporam um conjunto de técnicas que promovem a utilização de mecanismos inerentes ao ecossistema, por exemplo, o uso do tempo de retenção em reservatórios para controlar a biomassa de cianobactérias e, portanto, os florescimentos indesejáveis que podem produzir toxinas (Straškraba *et al.*, 1993, 1995).

A biomanipulação pode ser considerada outro processo ecotecnológico bastante avançado e de custo relativamente baixo (Shapiro *et al.*, 1975, 1982; De Bernardi & Giussiani, 2002).

A Tabela 7.1 descreve um conjunto de técnicas aplicáveis ao sistema aquático – rio, lago, represa ou tanques artificiais para abastecimento público.

Tabela 7.1 Gerenciamento ecotecnológico local para lagos, rios e represas.

Medida	Meio	Referência
Mistura artificial e oxigenação para controlar e inativar o fósforo da carga interna	1. Desestratificação 2. Aeração hipolimnética 3. Mistura epilimnética 4. Mistura metalimnética 5. Aeração de camadas 6. Cone de Speece 7. Mistura por hélices	Symons *et al.*, 1967 Bernhardt, 1967 Straškraba, 1986 Stefan *et al.*, 1987 Kortman *et al.*, 1994 Speece *et al.*, 1982 Fay, 1994
Remoção de sedimentos	Dragagem dos sedimentos	Bjork, 1994
Aeração de sedimentos	Injeção nos sedimentos	Ripl, 1976
Cobertura dos sedimentos	Cobertura dos sedimentos com matéria orgânica e/ou argila fina ou sulfato de alumínio*	Peterson, 1982
Desativação do fósforo	Precipitação química	Cooke & Kennedy, 1988
Biomanipulação Controle do fitoplâncton e da eutrofização	Pesca Controle do zooplâncton – redução do fitoplâncton	Gulati *et al.*, 1990 Starling, 1999
Controle hidráulico Controle de florescimento de algas	1. Retirada seletiva de água 2. Sifonagem do hipolímnio 3. Cortinas de oxigênio	Straškraba, 1986 Olszewski, 1967
Algicidas Controle de florescimento de algas	1. Proibido pela atual legislação (Portaria 1.469 MS) 1. Envenenamento por cobre 2. Outros algicidas	Straškraba & Tundisi, 2000
Redução da luminosidade para controle de florescimento do fitoplâncton	Sombreamento, cobertura, suspensões, cores	Jørgensen, 1980
Controle de macrófitas para redução da carga interna	1. Colheita/remoção 2. Peixes que se alimentam de fitoplâncton e macrófitas 3. Inimigos naturais	IETC, 2000 CITA, 2001

Fonte: Straškraba (1995); Tundisi (1999); Tundisi *et al.* (2002).

* N. A. Sulfato de alumínio não pode ser utilizado para controle de lagos em sistemas de abastecimento que serão utilizados como fonte de água potável por razões de saúde pública.

A gestão das águas e o papel dos gerentes

Os gerentes de qualidade da água são responsáveis, ou no mínimo parceiros, nos cuidados que visam à qualidade e à quantidade da água sustentada nos sistemas aquáticos continentais.

São necessárias mudanças de atitudes, tanto de gerentes como do público, para obter a sustentabilidade para as gerações futuras. As seguintes atividades devem ser consideradas pelos gerentes como aplicáveis à interação bacias hidrográficas/rios/lagos/represas (PNUMA/IETC, 2001):

- Introduzir tecnologias simples com métodos não agressores ao meio ambiente, como ecotecnologia e engenharia ecológica.
- Empregar abordagens de gerenciamento integrado. Integrar gerentes com engenheiros, cientistas e a comunidade local.
- Envidar maiores esforços no sentido de evitar a poluição e a deterioração das águas, em vez de utilizar purificação ou outros métodos corretivos. Focar em "tecnologias limpas" e prevenção de poluição em vez de na dispendiosa extração de matéria diluída por meio de purificação. Trocar o método de "ao final da tubulação" por "no início da tubulação".
- Implementar programas para reciclagem de materiais, visando à redução da poluição das águas.
- Apoiar redução no uso e medidas conservacionistas de água.
- Avaliar diversas possibilidades de gerenciamento, inclusive abordagens inovadoras, no sentido de determinar a escolha com maiores perspectivas. Os objetivos devem contemplar horizontes de longo prazo e recursos hídricos qualitativamente sustentáveis.
- Dar maior atenção aos métodos de mitigação da poluição difusa.
- Aumentar o emprego de modelos matemáticos para avaliação de problemas e soluções específicas (Jørgensen, 1980; Jørgensen & Muller, 1999).
- Introduzir métodos para o monitoramento intensivo das "alterações globais", sob a ótica hidrológica, química e biológica. Sistemas confiáveis e baratos de monitoramento devem ser fabricados e instalados.
- Apoiar o gerenciamento descentralizado atuando em conjunto com ações centralizadas de gerenciamento (Biswas, 1990a, b).
- Avaliar os processos ecológicos de componentes como várzeas e florestas sob a ótica econômica.
- Preservar a biodiversidade terrestre e aquática das bacias hidrográficas mediante a proteção e recuperação de florestas e da heterogeneidade da paisagem, mantendo o mosaico dos habitats, incluindo-se refúgios e corredores para a migração animal. Proteger as águas a montante e a jusante.
- Treinar os gerentes e técnicos em métodos e abordagens inovadores de gerenciamento (Brezonik, 1996).
- Fomentar a educação ambiental na região.
- Demonstrar aos gerentes industriais e membros da comunidade quais as conseqüências de suas decisões e/ou atividades sobre a disponibilidade quanti e qualitativa de água (Hashimoto, 1995).

Essas atividades visam garantir:

a) desenvolvimento controlado capaz de garantir a manutenção, a longo prazo, dos recursos hídricos e minimizar os efeitos adversos sobre esse ou outros recursos;

b) que não se esgotem opções para um desenvolvimento futuro;

c) que a eficiência no uso da água ou de outros recursos seja o elemento-chave da estratégia de seleção.

Do exposto anteriormente, surgem questões mais específicas, simples e complexas que o gerente deve fazer (Straškraba & Tundisi, 2000).

Questões importantes

1. Qual o tamanho e a área das bacias hidrográficas e qual a relação entre ambos?
2. Qual a rede hidrográfica existente nas bacias hidrográficas?
3. Quais os principais focos de poluição das bacias hidrográficas?
4. Como se organiza o mosaico existente nas bacias hidrográficas: várzeas, florestas de diversos tipos, vegetação, agricultura, indústria e assentamentos humanos? Qual a relação de áreas entre esses diversos componentes?
5. Quais os tipos e declividades dos solos que compõem as bacias hidrográficas, considerando-se a erosão e seus efeitos na composição das águas?
6. Quais os tipos predominantes de uso do solo?
7. Quais as conseqüências desses tipos de uso (considerar a erosão, o transporte de material em suspensão, o transporte de poluentes e a contaminação das águas subterrâneas)?
8. Quais as possíveis conseqüências do desmatamento para os rios e para o reservatório e lago?
9. Quais as entradas de nutrientes (N, P) (a carga) no reservatório, rio e lago?
10. Qual o tempo de retenção do reservatório?
11. Qual a composição dos sedimentos do reservatório lagos e as concentrações de N e P nos mesmos?
12. Há contaminantes nos sedimentos? Em caso afirmativo, em quais concentrações (carga interna)?

13. Qual a taxa de aplicação de herbicidas e pesticidas nas áreas de bacias hidrográficas?
14. Qual o tipo de uso que o público faz do reservatório, lago, rio e das bacias hidrográficas (incluir considerações sobre pesca, recreação, irrigação, transporte, geração de energia elétrica, abastecimento de água potável, agricultura existente nas bacias hidrográficas e tipos de cultura)?
15. Quais os valores econômicos das bacias hidrográficas relacionados à produção, recreação ou qualquer outro tipo?
16. Como ocorreu o desenvolvimento histórico? Considerar o número atual de habitantes nas bacias e suas projeções para o futuro.
17. Quais os dados disponíveis (considerar mapas, dados sobre qualidade da água, dados climatológicos, sensoreamento remoto, problemas de saúde pública relacionados ao abastecimento de água e dados demográficos)?
18. Qual o estado da cobertura vegetal (incluir considerações sobre a vegetação natural e os cultivos existentes nas bacias hidrográficas)?
19. Qual o estado das várzeas e florestas das bacias hidrográficas? Elas necessitam de recuperação ou proteção?
20. Qual a taxa de sedimentação do reservatório ou do lago e rio?
21. Que legislação regula as bacias hidrográficas, os usos de água e as políticas de gerenciamento?
22. Quais os principais fatores impactantes existentes [considerar indústrias (tipo, produção, resíduos), mineração (tipo, produção, conservação), agricultura e outras]?
23. Analisar a posição e a distância dos focos de poluição em relação aos rios, várzeas e reservatório.

Integrando pesquisa, gerenciamento e políticas públicas

Os novos paradigmas para o gerenciamento de recursos hídricos incluem necessariamente uma base de dados sustentada pela pesquisa científica, a fim de gerar as informações necessárias à tomada de decisões pelos gestores, e interação contínua e permanente entre gerentes e pesquisadores da área básica, vital para a implantação de políticas públicas em nível municipal, regional, estadual e federal. O desenvolvimento de mecanismos institucionais que permitam essa integração é, portanto, uma das tarefas fundamentais de gestores e de dirigentes de instituições científicas. A Figura 7.6 mostra as interações entre pesquisa e gerenciamento no século XX e as perspectivas para este século.

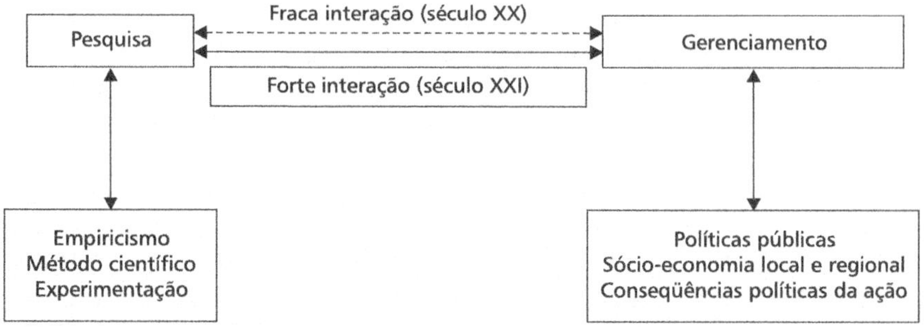

Figura 7.6 Interações entre pesquisa e gerenciamento no século XX e perspectivas para o século XXI (Naiman *et al.*, 1995).

Por outro lado, é necessária avaliação permanente desses processos interativos. Quais os mecanismos para essa interação? Há vários mecanismos desenvolvidos que podem estabelecer alguns princípios para essa integração. Um desses princípios é promover entre gerentes e pesquisadores uma visão estratégica conjunta dos recursos hídricos, possibilitando analisar as economias de importância para os recursos hídricos, os benefícios dos usos dos recursos de águas continentais e a natureza econômica e social dos impactos. Essa promoção pode ser realizada por intermédio de estudos de caso, seminários conjuntos de avaliação e disseminação de informações e avaliação.

Uma auditoria ambiental que promova essa visão integrada e estratégica pode ser efetiva, pois estabelece compromissos reais entre gestores e pesquisadores para obtenção de resultados práticos com cronogramas definidos. A interação entre pesquisa e gerenciamento deve operar em períodos curtos e em períodos de longa duração (5 anos), permitindo construir bases sólidas de atuação conjunta (Rosengrant & Shetty, 1994; Rosengrant *et al.*, 1995).

Essa situação tradicional deve, portanto, mudar, tendo em vista as pressões quanti e qualitativas, econômicas e sociais envolvidas no processo. A integração de pesquisa e gerenciamento em um contexto regional é a abordagem mais efetiva utilizada (Naiman, 1992; Tundisi & Straškraba, 1995) e com excelentes resultados comprovados (Reynolds, 1997). Por outro lado, é necessário preparar os pesquisadores e a pesquisa científica, notadamente em Limnologia, para atuar com respostas mais rápidas e abrangentes, procurando utilizar os resultados da pesquisa científica para efetivamente promover essa integração (Straškraba, 1996).

Por exemplo, é amplamente reconhecido que áreas alagadas são importantes ecótonos que podem proporcionar tratamento adequado e de baixo custo a certos tipos de efluentes líquidos, principalmente aqueles com descarga orgânica. Isso foi muito bem demonstrado cientificamente (Jørgensen & Vollenweider, 2000; Mitsch & Gosselink, 1986; Tundisi & Straškraba, 1994; Whitaker, 1993; Whitaher *et al.*, 1994) e, mais tarde, incorporado como um importante componente do gerenciamento de ecossistemas aquáticos, tendo sido adotado recentemente em larga escala na cidade de São Paulo, região de Parelheiros, como um primeiro sistema de tratamento para as águas da represa de Guarapiranga que são despejadas na represa Billings.

Além dos benefícios de uma resposta mais eficiente e eficaz aos problemas de gerenciamento, a pesquisa científica pode dar embasamento adequado ao "gerenciamento adaptativo", ou seja, à capacidade que o sistema de gerenciamento e de promoção de políticas públicas deve ter para se adaptar às mudanças econômicas e sociais e ao mesmo tempo resolver conflitos. Conflitos sobre usos múltiplos de recursos hídricos tendem a se agravar à medida que aumenta a escassez e as pressões econômicas persistem (Salati *et al.*, 1999).

Por exemplo, há conflitos sobre o uso do solo dos mananciais e os usos múltiplos de recursos hídricos em muitas áreas urbanas no Brasil, os quais só poderão ser resolvidos se um banco de dados e um sistema de informações que mostrem a realidade e possibilitem o estudo de alternativas forem implantados. A metodologia para a solução desses conflitos deve ser introduzida e aperfeiçoada. A Tabela 7.2 relaciona interações entre os problemas de recursos hídricos e o gerenciamento e administração.

A integração entre pesquisas, gerenciamento e políticas públicas pode ser melhor caracterizada e mais efetiva quando utilizada no contexto de bacias hidrográficas como unidade de gerenciamento. Essa abordagem, já em fase de implantação em muitos Estados do Brasil, deve ser o grande promotor desta integração (Salati, 1996).[3]

A bacia hidrográfica é uma unidade geofísica bem delimitada, está presente em todo o território, em várias dimensões, apresenta ciclos hidrológicos e de energia relativamente bem caracterizados e integra sistemas a montante, a jusante e as águas subterrâneas e superficiais pelo ciclo hidrológico (ver a seção "Experiências institucionais no Brasil", no Capítulo 8).

A Figura 7.7 mostra um esquema geral de planejamento e gerenciamento de recursos hídricos e os mecanismos de análise para escolha das melhores alternativas que possam embasar e consolidar decisões.

3. Freqüentemente, há um esforço de saneamento e de implantação de tecnologias em ambientes com conflitos institucionais e desordem na ocupação dos mananciais.

Tabela 7.2 Interações entre os problemas dos recursos hídricos e o gerenciamento e administração. Verifica-se ampla complexidade dos problemas relacionados a usos múltiplos e a processos ambientais mais abrangentes.

INTERAÇÕES ENTRE PROBLEMAS DE RECURSOS HÍDRICOS, GERENCIAMENTO E ADMINISTRAÇÃO

Problema na área de recursos hídricos	Manifestações físicas diretas e indiretas	Implicações para o gerenciamento	Implicações para a organização e administração
1. *Erosão e sedimentação*: produz perdas econômicas (pesca, hidroeletricidade e capacidade de reserva)	Aumento da sedimentação em rios e represas. Resultado: mau gerenciamento do sistema terrestre	Ausência de planejamento e gerenciamento adequado: e de programas de proteção e restauração e ajuda técnica	Múltiplas agências de controle e falta de articulação em nível de bacias hidrográficas, ações não coordenadas
2. *Enchentes*: perdas econômicas em agricultura, residuárias e de infra-estrutura	Aumento dos picos de enchentes, em razão da ocupação das várzeas, e aumento das taxas de sedimentação do sistema. Mistura de águas residuárias e águas de enchentes	Deficiência no gerenciamento das bacias, falta de controle do sistema terrestre, mais práticas agrícolas, ausência de sistemas de alerta a enchentes	Ausência de articulação institucional e a consideração das enchentes como um problema mais amplo de gerenciamento integrado institucional
3. *Irrigação*: perdas econômicas para a agricultura, manejo florestal, disponibilidade doméstica e industrial da água. Ameaças à saúde humana	Uso excessivo da água para irrigação. Facilidades de drenagem inadequadas. Redução do fluxo de águas de superfície	Deficiência ou ausência de gerenciamento em irrigação ou uso excessivo de águas subterrâneas	Falta de articulação institucional especialmente no gerenciamento da irrigação
4. *Desequilíbrio*: entre suprimento e demanda, limitando o desenvolvimento econômico	Variabilidade da precipitação: causa incerteza no suprimento e limita atividades agrícolas	Dificuldade no gerenciamento das bacias. Incapacidade de previsão dos picos de precipitação e seca, ausência de banco de dados confiável	Responsabilidades diluídas por várias agências
5. *Poluição das águas*: perdas econômicas para a agricultura, pesca, indústria, ameaças à saúde pública, contaminação química de rios, riachos, lagos e represas. Aumento dos custos do tratamento de águas	Poluição biológica causada por disposição inadequada de resíduos sólidos e líquidos em zonas rurais e urbanas. Poluição química proveniente de pesticidas, herbicidas e fertilizantes. Poluição química gerada por indústrias	Ausência ou falta de adequação de programas de saneamento básico em áreas rurais, falta de sistemas de disposição de resíduos em zonas urbanas, uso inadequado de fertilizantes e pesticidas, ocupação irregular de mananciais	Falta de articulação entre agências de controle de poluição. Agências de recursos hídricos não têm controle sobre a poluição

Modificado a partir de várias fontes.

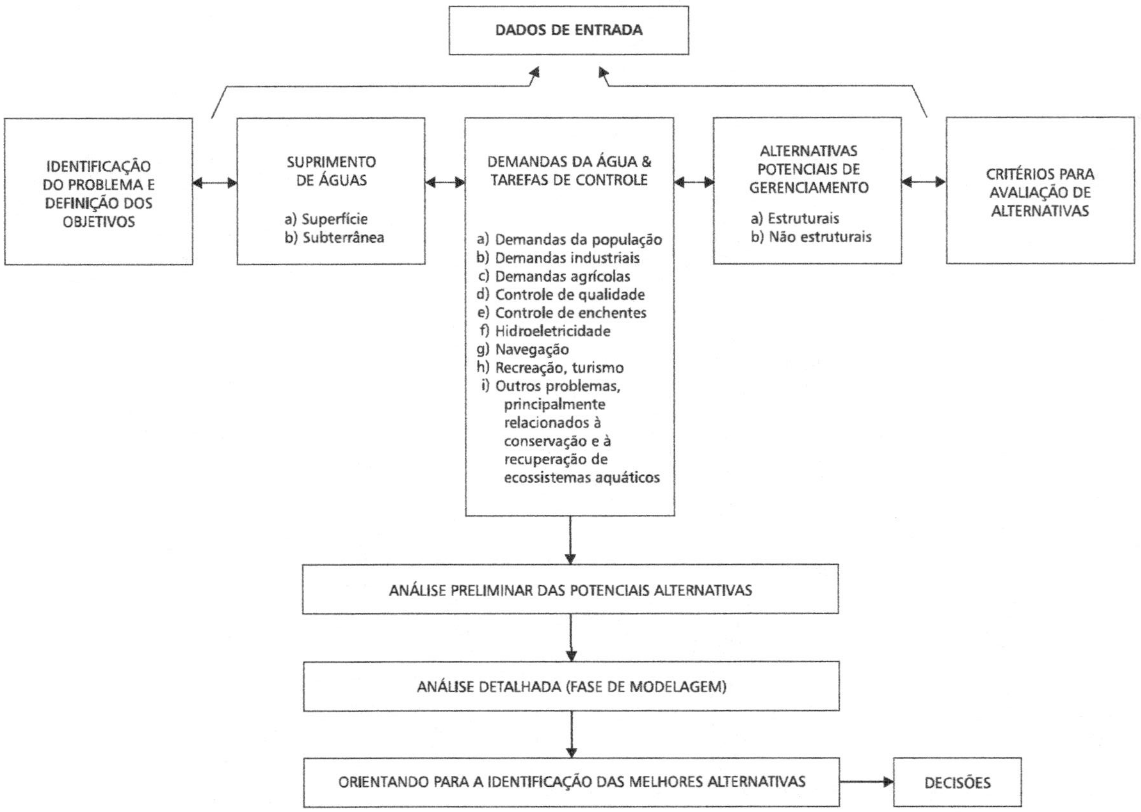

Figura 7.7 Esquema geral para o planejamento e o gerenciamento de recursos hídricos. *Fonte:* Blair & Hufschmidt (1984).

Gerenciamento preditivo – o papel do monitoramento em tempo real

O monitoramento em tempo real, apresentado na Figura 7.8 como um dos exemplos de novas tecnologias em áreas metropolitanas e outras regiões, pode ser uma das ferramentas mais expressivas de controle da qualidade da água, muito útil para a gestão integrada dos recursos hídricos e para o controle da qualidade da água dos mananciais. Esse controle, realizado intensivamente a partir das informações sobre *pH, oxigênio dissolvido, condutividade, temperatura da água, turbidez* e *potencial redox, sólidos totais em suspensão, clorofila* a, *solidos totais dissolvidos*, fornece aos gerentes de recursos hídricos e aos operadores das estações de tratamento de água uma série de informações preditivas sobre a situação de lagos e represas de abastecimento, dando condições de planejar o tratamento e reforçar a capacidade de gestão dos mananciais, além de prevenir potenciais desastres por acidentes fora do lago ou mesmo no lago ou represas resultantes de desoxigenação súbita por desestratificação térmica e química rápida.

Figura 7.8 Estação de monitoramento em tempo real, montada pelo Instituto Internacional de Ecologia (IIE), com apoio da FAPESP (programa PIPE – Proc. 00/007379-5), da INVESTCO e da FINEP, em operação na represa de Lajeado (UHE – Luis Eduardo Magalhães), Tocantins. Este sistema permite coleta simultânea de informações climatológicas e de qualidade da água e transmissão contínua via rádio e internet. (Cortesia da INVESTCO para o IIE).

Monitoramento em tempo real é um dos instrumentos de gestão mais eficientes para o gerenciamento integrado e preditivo, e deverá ser adotado como rotina em muitas represas, lagos e rios que fornecem água para abastecimento público ou hidroeletricidade e irrigação. O monitoramento em tempo real pode proporcionar economia de milhões de reais no tratamento de água e no bombeamento de água de qualidade adequada a partir das informações em tempo real.

Monitoramento como atividade fundamental no gerenciamento de recursos hídricos

O efetivo gerenciamento de recursos hídricos implica a constante avaliação da quantidade e da qualidade da água simultaneamente, a fim de que se conheça adequadamente o estado dos recursos hídricos, seu potencial e os possíveis problemas agregados de contaminação e poluição. Além disso, o monitoramento também pode apresentar e identificar regiões e áreas com baixa contaminação e, portanto, dar indicações seguras sobre o que conservar e qual o custo dessa conservação (Straškraba & Tundisi, 1999). O monitoramento é o primeiro passo importante para a elaboração de um banco de dados confiável e adequado que possa ser útil ao planejamento e ao gerenciamento. Há dois tópicos fundamentais quanto ao monitoramento: monitoramento para orientação e monitoramento sistemático (Figura 7.9).

Os dois tipos de monitoramento referem-se à avaliação inicial, não permanente de um sistema, e à avaliação permanente regular de um sistema com a repetição de um conjunto de análises e informações que possibilitem verificar tendências, avaliar impactos, prevenir eventos catastróficos até certo ponto e dar orientações para futuras ações.

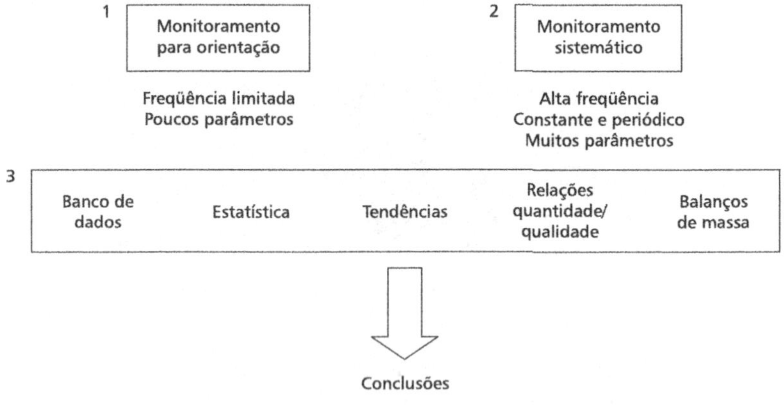

Figura 7.9 Características dos principais processos de monitoramento, por orientação e sistemático, e a organização hierárquica do banco de dados, estatísticas, tendências, relações quantidade/qualidade e balanços de massa (modificado de Straškraba *et al.*, 1993).

Metodologia e tecnologias avançadas

No século XX houve progresso considerável do ponto de vista metodológico. No século XXI, técnicas de automação serão muito mais utilizadas em razão da necessidade de obter respostas rápidas em tempo real. Sensores existentes já permitem a análise de 13 variáveis *in situ*. Os métodos de coleta e amostragem deverão ser substituídos, na maioria dos casos, por sistemas automáticos acoplados a computadores para transmissão de dados em tempo real, em curtos períodos de tempo. Um dos grandes avanços da Limnologia no século XX foi a conclusão de que as escalas espaciais e temporais em sistemas aquáticos são muito menores do que se conhecia e é necessário um avanço metodológico para aprofundar esse conhecimento (Imberger, 1994). O uso das imagens de satélite acopladas à "verdade lacustre" deverá ser extraordinariamente incrementado.

O tipo de organização mostrado na Figura 7.9 fornece credibilidade às informações e é fundamental para as ações de planejamento e gerenciamento (Biswas, 1991, 1993; Straškraba & Tundisi, 1999).

Os principais estágios do monitoramento que devem ser considerados são:

i) Definição de metas e das escalas espaciais horizontais e verticais do monitoramento (em bacias hidrográficas, reservatórios, rios, áreas alagadas).
ii) Plano para coleta de dados e informações, e como período e freqüência.
iii) Tipo de tratamento da amostra (armazenamento, transporte, preservação, métodos de análise).
iv) Análise dos dados – tipos de distribuição estatística, relações entre variáveis.
v) Interpretação dos resultados, apresentação das condições e recomendações.

Os seguintes tópicos devem ser considerados nas questões de monitoramento:

i) Seleção dos dados e informações necessárias, o que deverá estar relacionado com a definição dos objetivos da pesquisa e avaliação.
ii) As medidas de cada variável devem compreender níveis de *sensibilidade*, *detectabilidade* e *acuracidade*.
iii) A relação *custo-benefício* do monitoramento deve ser levada em conta (Figura 7.10). Por exemplo, pode-se colocar poucas variáveis em muitos pontos de amostragem ou aprofundar o número de variáveis em pontos estratégicos e selecionados de amostragem.
iv) Deve-se levar em conta o nível de informação proporcionado pelas amostras e pelo monitoramento, dependendo do rigor e da seleção dos melhores métodos de amostragem e avaliação.

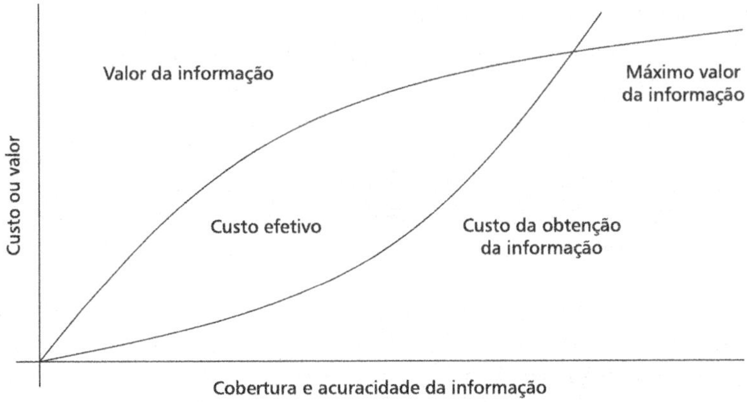

Figura 7.10 Relação entre custo ou valor do monitoramento, cobertura e acuracidade da informação (Biswas, 1990b).

Os fundamentos principais do monitoramento referem-se ainda aos seguintes tópicos, os quais necessitam de avaliação adequada quando se monta um projeto de monitoramento:

i) Rapidez na obtenção da informação.
ii) Baixos custos operacionais do monitoramento.
iii) Cobertura máxima para incorporação de todas as áreas críticas e as áreas-problema.
iv) Erro mínimo de amostragem.
v) Ausência de idéias predeterminadas.
vi) Identificação dos usuários da informação.

Para considerações práticas, o monitoramento deve levar em conta os seguintes componentes, os quais são indicadores das condições das massas de água, riscos à saúde humana e problemas de poluição e contaminação.

- Microorganismos indicadores da poluição orgânica e riscos à saúde humana.
- Matéria particulada em suspensão (concentração de indicadores de condições físicas das águas de superfície).
- Indicadores da poluição orgânica (relacionados à situação das águas de superfície e seu uso).
- Nutrientes orgânicos e inorgânicos (fatores fundamentais no crescimento de organismos).

- Salinidade e íons principais (fatores essenciais que determinam o uso das águas para diversas finalidades).
- Micropoluentes inorgânicos (com efeitos adversos em todos os usos não industriais).
- Micropoluentes orgânicos (com efeitos adversos na vida aquática e nos seres humanos).
- Acidez (impactos da precipitação em águas superficiais e subterrâneas).
- Nitrato (relacionado à saúde humana).

Exemplos de desenvolvimento sustentado e gerenciamento integrado

O desenvolvimento sustentado aplicado à reserva de Mamirauá no Instituto de Desenvolvimento Sustentável é um exemplo relevante de uso adequado de recursos naturais em reservas e equilíbrio na apropriação da biodiversidade e biomassa. A reserva de Mamirauá, com 2,5 milhões de hectares, tem um plano de gerenciamento e conservação considerado extremamente avançado e com reconhecimento internacional. A Figura 7.11 mostra as principais características do plano de manejo e conservação, que foi adotado pela comunidade e discutido amplamente com técnicos e cientistas e tem enorme repercussão no processo de gestão integrada dos recursos hídricos e dos recursos naturais da região. Há 200 famílias na reserva, que vivem basicamente de exploração pesqueira e da exploração dos recursos naturais – biodiversidade e ecoturismo.

Outro exemplo é o plano de gerenciamento e usos múltiplos aplicado à represa Luis Eduardo Magalhães, em Lajeado, Tocantins. Nessa região, o acoplamento de um conjunto de modelos aplicado a um projeto de desenvolvimento sustentado e de monitoramento em tempo real possibilita a antecipação de problemas e a implementação de ações preventivas de ampla repercussão regional e nacional. A construção do reservatório de grande porte na região do médio Tocantins (Lajeado, UHE Luis Eduardo Magalhães) deve desencadear uma série de projetos de usos múltiplos da represa, como navegação, irrigação, pesca, aquacultura e recreação. Para otimizar esses usos, montou-se um sistema de modelagem integrada, explicitado na Figura 7.12 (Tundisi *et al.*, 2003).[3]

---

3. Além desse sistema de gerenciamento, encadeou-se um conjunto de ações, tais como: reuniões de prefeitos da bacia do médio Tocantins, consórcio de municípios para gestão integrada, informações à população por meio de conferências e divulgação e treinamento de técnicos e gerentes para gestão das águas.

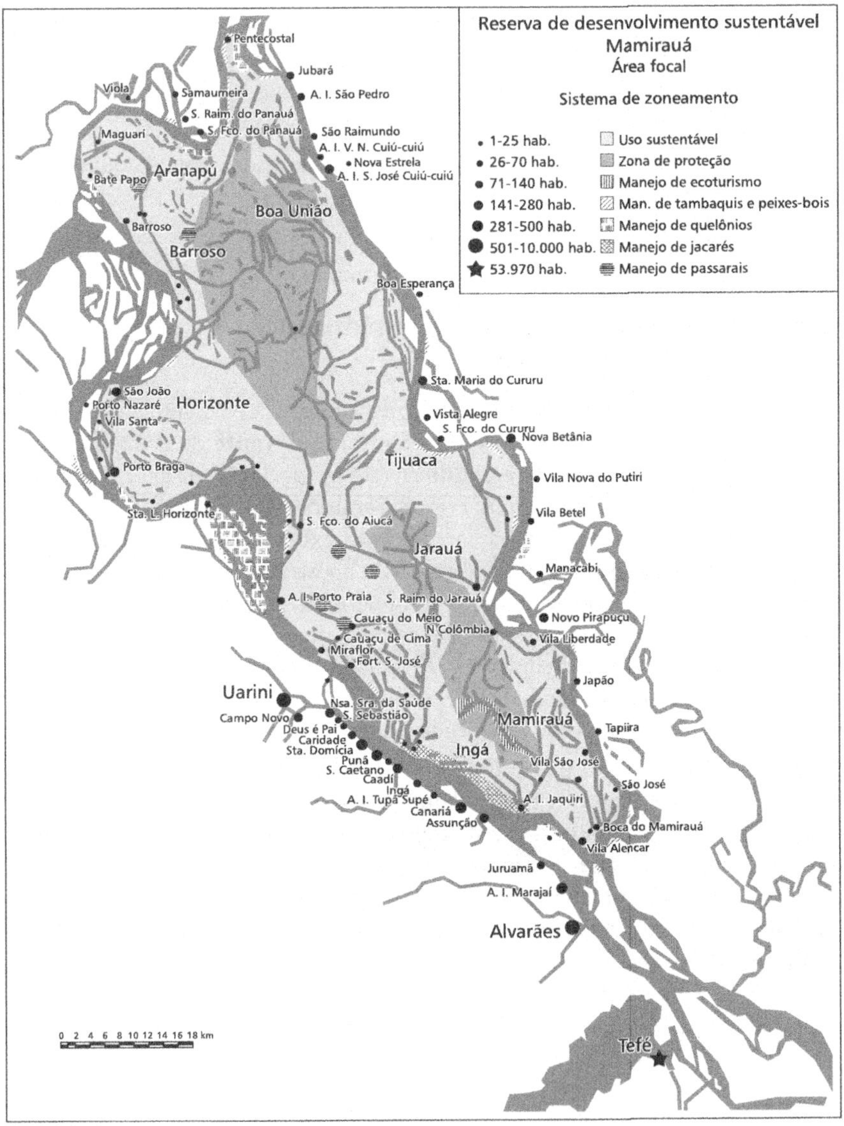

Figura 7.11 O zoneamento da reserva de Mamirauá (*Fonte*: Sociedade Civil Mamirauá, 1999).

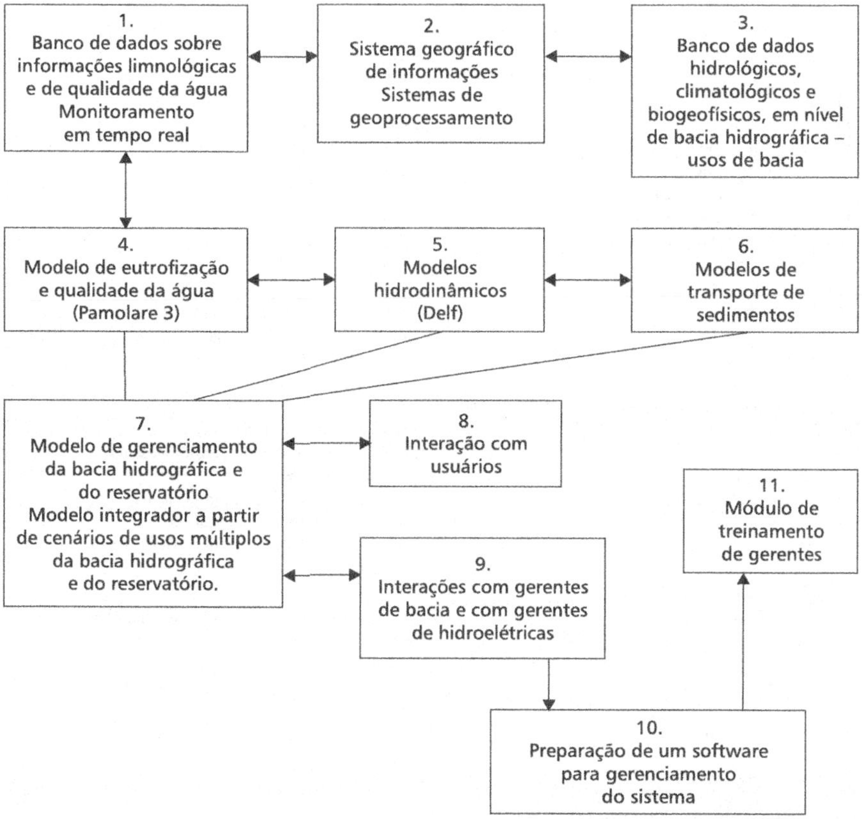

Figura 7.12 Síntese dos principais modelos em montagem para utilização no projeto de gerenciamento, da UHE Luis Eduardo Magalhães, Tocantins (original INVESTCO/IIE; Tundisi *et al.*, 2002, 2003).

A Tabela 7.3 apresenta os principais desenvolvimentos do sistema de gerenciamento e sua evolução durante a fase de transição.

Tabela 7.3 Evolução dos sistemas de gerenciamento e a fase de transição existente.

Passado/Presente/Futuro (desejado/esperado)	
(1) GERAIS	
Problemas locais	Escala aumentada
Resposta rápida, reversibilidade	Respostas retardadas
Número limitado de poluentes	Poluentes múltiplos
Limitado a um meio (água)	Múltiplos meios (solar/ar/água)
Estático, determinístico, previsto	Dinâmico, estocástico, incerto
Independência regional	Independência global
Fontes pontuais	Fontes não pontuais
(2) TIPO DE CONTROLE	
Final do processo	Controle da fonte, fechamento de ciclos da matéria, controle das bacias hidrográficas
Padrões para descarga	Uso e adaptação
Puramente técnico	Elementos não técnicos
(3) INFRA-ESTRUTURA E SISTEMAS DE TRATAMENTO	
Tecnologia tradicional	Métodos especiais de tratamento, ecotecnologias, tratamento natural e em pequena escala
Aterros sanitários	Reuso e reciclagem
Controle e exploração em larga escala	Desenvolvimento em pequena escala, gerenciamento integrado, conservação
Infra-estrutura urbana maciça	Infra-estrutura localizada, desenvolvimento de sistemas criativos
(4) MONITORAMENTO	
Determinações locais	Redes, sensoreamento remoto, medidas contínuas.
Parâmetros convencionais	Parâmetros especiais (micropoluentes, ecotoxicologia)
Monitoramento da água	Integração de monitoramento das fontes e dos efluentes
Dados pouco confiáveis	Melhora na confiabilidade, banco de dados, sistemas de informações
Dados não disponíveis	Fluxo aberto de informações
(5) MODELAGEM	
Tópicos limitados a gerações e processos	Integração GIS, sistemas de decisão
Resultados limitados numericamente	Cenários, estudos de casos, uso de multimídia
Uso somente pelos especialistas	Uso em administração e gerenciamento
(6) PLANEJAMENTO E AVALIAÇÃO DE PROJETOS	
Definição muito difusa dos objetivos	Objetivos bem definidos
Visão de curto prazo	Visão de longo prazo
Avaliação de custos	Avaliação global RIMAS, impactos políticos e sociais
Pouca preocupação com falhas ou ajustes necessários	Incertezas: adaptabilidade, resiliência, vulnerabilidade, robustez
Impactos positivos e negativos separados	Impactos positivos e negativos juntos
(7) CIÊNCIA E ENGENHARIA	
Ciência não dirige ações	Ciência para ação e combinação de ciência e engenharia
Isolamento do problema e soluções de engenharia	Planejamento mais eficiente
Barreiras e problemas interdisciplinares	Integração de qualidade, quantidade, hidrologia, economia, política, ciência, social e gerenciamento
Apenas um paradigma correto – uma disciplina	Muitos paradigmas aceitos dentro do conceito de disciplinas

Tabela 7.3 Evolução dos sistemas de gerenciamento e a fase de transição existente. (*Continuação.*)

Passado/Presente/Futuro (desejado/esperado)	
(8) LEGISLAÇÃO, INSTITUIÇÕES PARA GERENCIAMENTO E DESENVOLVIMENTO	
Regras gerais e rigidez	Regras especiais e flexibilidade
Implementação rápida	Exame e análise crítica dos processos
Pouco reforço legal	Aumento do reforço legal
Organização institucional confusa	Estruturas e responsabilidades claras, menos barreiras, mais comunicação*
Decisão por políticos e administradores	Políticas internacionais
Políticas nacionais	Desenvolvimento sustentável (como prosseguir)

*Participação do público e de ONGs e integração de especialistas, gestores e administradores (Somlyody *et al.*, 2001).

Quadro 7.2

Utilização consciente de água em residências

- Inspecionar a tubulação e prevenir vazamentos.
- Instalar sistemas capazes de controlar a quantidade de água nos chuveiros.
- Fechar o registro geral durante as férias ou quando a casa estiver vazia.
- Isolar as tubulações de água quente.
- Efetuar consertos imediatos.
- Diminuir a quantidade de água das descargas.
- Não utilizar pias como cestos de lixo.
- Esperar encher completamente a máquina de lavar roupas antes de acioná-la.
- Tomar uma "chuveirada" em vez de um "banho".
- Desligar a água do chuveiro enquanto estiver se ensaboando.
- Para ter água quente, ligar esse registro primeiro e depois misturar a água fria.
- Ao lavar pratos, utilizar uma esponja só para detergente e outra só para água.
- Planejar as atividades de jardinagem, no sentido de economizar água.
- Durante a construção ou reforma:
  i) instalar tubulações de diâmetro menor que as convencionais;
  ii) posicionar o aquecedor o mais próximo possível do local de consumo de água quente.

Fonte: Moore & Thornton (1988), simplificado por Straškraba & Tundisi (2000).

Quadro 7.3

A experiência da França em gestão de recursos hídricos por bacias hidrográficas

Na França, há seis comitês de bacias hidrográficas e seis agências de financiamento cujos territórios correspondem aproximadamente às seis bacias principais. Esses comitês são especializados em planejamento e macrogerenciamento, o que já vem sendo feito nos últimos 25 anos com eficiência. Entretanto, a tradição francesa de gerenciamento por bacias hidrográficas é bem mais antiga. Os comitês de bacia facilitam a coordenação entre os usuários e todos os responsáveis pelo gerenciamento. Esses comitês são o centro de negociações e implementação de políticas públicas no nível das bacias: formulam planos, reúnem metodologias e promovem avanços tecnológicos, sendo o centro de conhecimento e tecnologias em nível regional. Esses comitês aprovam os planos de longa duração (20 a 25 anos) para o desenvolvimento de recursos hídricos. A cada cinco anos, os planos são revisados a fim de melhorar a qualidade da água. Além disso, os comitês anualmente decidem sobre as taxas que devem ser pagas pelos usuários: uma taxa relacionada ao volume de água consumida e outra baseada no nível de poluição de cada fonte pontual.

Essas duas taxas estimulam melhoras na tecnologia de controle e conservação e são utilizadas como incentivos financeiros para a consecução dos planos qüinqüenais. Os comitês são compostos por 60 a 110 pessoas, em nível local, regional ou administração nacional: grupos de associações de indústrias, agricultores e usuários. As agências financeiras implementam a política estabelecida pelos comitês de bacia, propõem o valor das taxas e incentivos, financiam estudos, projetos e pesquisas, promovem seminários e reuniões técnicas e agregam e aperfeiçoam banco de dados.

Fonte: Banco Mundial (1993). Adaptado por J. G. Tundisi.

Conclusões

O gerenciamento *preditivo, integrado* e *adaptativo* de recursos hídricos implica um conjunto de *ações estratégicas* de planejamento, participação de usuários e organização institucional e a implementação de tecnologias diferenciadas, avançadas (ecotecnologias) e de baixo custo.

O gerenciamento de recursos hídricos efetua-se a partir da bacia hidrográfica, sendo mais efetivo à medida que a organização institucional incorpora participação de usuários, promoção de políticas públicas e treinamento de gerentes com visão sistêmica tecnológica de problemas sociais e econômicos. A gestão adequada dos recursos hídricos não pode prescindir de uma visão integrada da economia regional, local e global e das relações do desenvolvimento sustentável com a política pública de desenvolvimento. A gestão de recursos hídricos, atualmente, passa por um processo de transição no qual a descentralização, a gestão por bacias hidrográficas, o monitoramento permanente e a disponibilização de informações para a sociedade são pontos fundamentais. Novas tecnologias de gerenciamento e métodos de baixo custo que empregam tecnologias menos sofisticadas e mais efetivas estão em implementação em muitos países.

Só a ampliação do conhecimento dos principais processos e mecanismos poderá dar a fundamentação necessária para a recuperação dos ecossistemas e a proteção àqueles ainda não ameaçados pela deterioração da quantidade e da qualidade. As alterações na distribuição, quantidade e qualidade das águas representam uma ameaça estratégica à sobrevivência da humanidade e das demais espécies que habitam o planeta. É necessário esforço conjunto para aumentar a capacidade de predição e prognóstico e para integrar continuamente *ciência, planejamento* e *gerenciamento* na área de recursos hídricos, e, neste caso, a Limnologia, a Hidrologia e o gerenciamento de recursos hídricos ocupam posição central. A gestão estratégica e inovadora da água procura desenvolver processos cooperativos institucionais com enfoque *sistêmico, preditivo* e *adaptativo,* com igual ênfase em medidas estruturais e não estruturais.

Capítulo 8

Avanços na Legislação e Descentralização de Ações

No final do século XX, novas iniciativas na legislação de recursos hídricos e na organização institucional começaram a ser implementadas em muitos países em nível internacional. Essas ações decorreram do reconhecimento de que sem evolução na legislação e sem novas formas de administração e organização das instituições que planejam e gerenciam recursos hídricos é impossível implantar os avanços da tecnologia e da participação da comunidade.

O conhecimento acumulado em razão do fracasso e do sucesso de experiências de gerenciamento e organização contribuiu para alterações no processo de gestão.

Países como México, Chile, Argentina e Brasil implantaram mecanismos inovadores e criativos na gestão das águas, produzindo novos cenários e alternativas adequadas para uma gestão integrada, participativa, preditiva e descentralizada. Essa descentralização, hoje, é uma característica mundial. Países como Japão, Estados Unidos, Alemanha e França têm avançado na descentralização, especialmente na gestão de bacias hidrográficas, e nos instrumentos legais e regulatórios para diminuir desperdícios e estimular tratamentos de resíduos industriais e reuso da água em indústrias, municípios e residências.

O arcabouço legal também foi impulsionado por recomendações e iniciativas no plano internacional, como o Plano de Ação para o Desenvolvimento Sustentado das Américas e um conjunto de arcabouços institucionais locais e regionais que podem impulsionar a implementação de novas políticas públicas e de tecnologia adequada e reforçar as organizações em níveis nacional e regional.

A Lei Nacional para o Gerenciamento de Recursos Hídricos define a política de recursos hídricos no Brasil e cria o Sistema Nacional para o Gerenciamento de Recursos Hídricos.

A organização da legislação e da administração da bacia do Rio Ruhr na Alemanha é um exemplo ilustrativo e apresenta um grande conjunto de instrumentos tecnológicos a par dos processos de administração que envolvem, além disso, cooperação de governos locais, associações não-governamentais, indústrias, universidade e centros de pesquisas.

Quadro 8.1

Princípios básicos para o gerenciamento seguro dos recursos hídricos

A água é essencial à vida

a) A água doce é um recurso finito e vulnerável, essencial para a vida, o desenvolvimento e o meio ambiente.

Gerenciamento integrado dos recursos hídricos

b) O gerenciamento integrado dos recursos hídricos baseia-se na percepção da água como parte integral do ecossistema, recurso natural e bem social e econômico, cuja quantidade e qualidade determinam a natureza de sua utilização. Nesse sentido, os recursos hídricos necessitam de proteção, levando-se em consideração o funcionamento dos ecossistemas aquáticos e a perenidade do recurso, a fim de satisfazer e reconciliar as necessidades de água nas diversas atividades humanas. Durante o desenvolvimento do uso dos recursos hídricos, deve ser dada prioridade à satisfação das necessidades básicas e à proteção dos ecossistemas. Entretanto, além dessas demandas, os usuários devem ser adequadamente cobrados.

c) O gerenciamento integrado dos recursos hídricos, incluindo a integração de aspectos relacionados à terra e às águas, deve ser feito em nível de manancial ou submanancial (bacia hidrográfica).

d) Os governos são responsáveis pela criação de um gerenciamento hídrico integrado e por assegurar a conservação dos recursos e o papel social das águas.

Valor da água

e) Para cada pessoa deve ser destinada uma quantidade mínima de água, considerando-a como bem social e econômico.

f) A água tem valor econômico em todos os seus tipos de uso, devendo, portanto, ser reconhecida como tal.

g) Deve haver uma contabilidade do valor social, ambiental e econômico da água.

h) A água deve ser vista como um recurso finito com valor econômico e com significativas implicações sociais e econômicas, que refletem a importância de atender às necessidades básicas.

i) Durante a avaliação do valor econômico da água, além do valor de mercado, devem ser inclusos fatores externos associados à conservação ambiental e à sustentabilidade dos recursos naturais.

A água deve ser protegida

j) A terra e a água devem ser protegidas contra a degradação a longo prazo que ameaça a produção de alimentos, os sistemas aquáticos, a saúde humana e a biodiversidade.

k) Os recursos naturais da bacia devem ser protegidos a fim de conservar os recursos hídricos.

l) É responsabilidade do Estado estabelecer parâmetros quanti e qualitativos para as águas.

m) Todos os danos ao meio ambiente devem ser compensados e remediados pelo poluidor, o que, no entanto, não pode ser interpretado como direito de poluir (poluidor por princípio).

Participação dos interessados

n) As decisões devem ser tomadas no nível mais baixo indiciado, mediante consulta pública e envolvimento de usuários no planejamento e na implementação dos projetos sobre a água.

o) O desenvolvimento e o gerenciamento do uso da água devem basear-se em uma abordagem participativa que envolva usuários, planejadores e políticos em todos os níveis.

p) As mulheres desempenham papel central na provisão, no gerenciamento e na proteção das águas.

Fontes: Conferência Internacional sobre Desenvolvimento das Águas e do Meio Ambiente, 1992; Conferência das Nações Unidas, 1992; Conferência sobre Avaliação e Gerenciamento de Recursos Hídricos, 1996; OEA, 1996; Estudo Detalhado sobre os Recursos de Água Doce do Mundo, 1997; PNUMA/IETC, 2001.

A Agenda 21 e a gestão dos recursos hídricos

A Agenda 21 promoveu ampla alteração conceitual no processo de planejamento e gestão de recursos hídricos. Em primeiro lugar, o documento produzido pela Agenda 21 (Capítulo 4 – uso eficiente dos recursos) reconhece que a água doce é um recurso finito e indispensável para a sobrevivência de todas as espécies e do *Homo sapiens*. Nenhum desenvolvimento humano pode ocorrer sem o uso eficiente dos recursos hídricos; a reciclagem de água utilizada na indústria e o tratamento de esgotos municipais deveriam ser práticas correntes. A Agenda 21 propõe cinco pontos principais de organização de gestão de recursos hídricos:

a) Desenvolvimento e gerenciamento integrado de recursos hídricos:

Inclui considerações tecnológicas, sócio-econômicas, ambientais e de saúde humana integradas em uma perspectiva dinâmica, interativa, adaptativa e multissetorial, incluindo proteção e recuperação de fontes potenciais de suprimento de água.

b) Provisão de água potável de qualidade adequada e saneamento básico para toda a população:

Requer reformas institucionais, em níveis internacional, local e regional, e a adoção de tecnologias avançadas com cooperação internacional. Tratamento avançado de baixo custo é outra prioridade para melhorar a potabilidade da água.

c) Água para produção de alimento sustentável e desenvolvimento rural:

Inclui-se neste tópico todo o processo de uso eficiente da água, sistemas de microirrigação, controle de salinidade e drenagem em áreas irrigadas. Inclui-se também educação sanitária da população rural e acesso a saneamento básico e água de excelente qualidade, com mobilização permanente de mulheres e grupos de usuários de água. Inclui-se, ainda, o gerenciamento de pesca em águas interiores e o aumento da produção em aquacultura sem aumentar a poluição resultante.

d) Proteção dos recursos hídricos, dos ecossistemas aquáticos continentais e da qualidade da água:

Neste tópico, considera-se essencial promover novos padrões de qualidade da água, implementar programas de controle de setores e melhorar a capacidade técnica e a tecnologia para a proteção e conservação dos recursos hídricos. Considera-se essencial manter uma infra-estrutura adequada em níveis nacional, regional e local para implementar soluções técnicas, reforçar ações reguladoras e a legislação e mobilizar recursos.

e) Promoção de tecnologias e ações que integrem setores público e privado no desenvolvimento e na inovação tecnológica:

Neste tópico, recomendam-se a promoção de programas de modernização tecnológica e novas abordagens na gestão de recursos hídricos. Recomenda-se, ainda, a implementação de fundos que poderão apoiar a pesquisa e o desenvolvimento tecnológico. Esses fundos podem ser obtidos por meio de taxas, impostos sobre a quantidade de água utilizada (cobrança pelo uso da água) ou outros mecanismos. Os fundos poderão impulsionar programas locais ou regionais em bacias hidrográficas (fundos de bacias hidrográficas) para projetos de recuperação e proteção de mananciais, rios, lagos e represas (UNCED, 1992).

Arcabouço legal e diretrizes para a gestão das águas, União Européia – 2000

As diretrizes da União Européia referentes aos usos e gestão e legislação sobre recursos hídricos mostram claramente os avanços obtidos neste processo de evolução institucional (Water Framework Directive – European Union, 2000).

- *Sobre o gerenciamento de bacias hidrográficas*: Os Estados membros deverão identificar as bacias hidrográficas de seu território e colocá-las em distritos individuais de bacias hidrográficas. Todos os Estados membros devem assegurar que as bacias hidrográficas terão um Plano de Gerenciamento das Bacias em seu território (Artigo 3).
- *Sobre as questões ambientais*: Os Estados membros deverão proteger e restaurar seus ecossistemas aquáticos com o objetivo de proporcionar água de boa qualidade até 15 anos após a emissão destas diretrizes. A proteção de águas subterrâneas, bem como a sua restauração, fica incluída nestas diretrizes. Deve ser assegurado equilíbrio adequado entre a retirada das águas subterrâneas e a recarga do aqüífero (Artigo 13).
- *Sobre os custos da água*: Fica assegurado que, em 2010, o princípio da recuperação dos custos dos serviços de água, incluindo custos ambientais, deve estar implementado em todos os Estados membros, utilizando o princípio do poluidor pagador, a fim de promover incentivos adequados para os usuários que utilizam os recursos eficientemente (Artigo 9).
- *Sobre informação e consulta*: Os Estados membros devem encorajar a participação ativa de todas as partes interessadas na implementação destas diretrizes, em particular na produção, revisão e atualização dos Planos de Gerenciamento de Bacias. "... para cada bacia hidrográfica, deverão ser publicados os planos e estar disponíveis para comentários...". O cronograma de ações deve ser disponibilizado e revisões periódicas com adaptações do plano devem ser asseguradas (Artigo 14).
- *Sobre política integrada*: A integração da proteção e do gerenciamento sustentável de água deve considerar as interseções entre as várias políticas de gerenciamento das águas para a comunidade, como energia, transporte, agricultura, pesca, política regional e turismo (Parágrafo 16 do preâmbulo).
- *Sobre substâncias perigosas*: O Parlamento Europeu e o Conselho dos Estados Membros devem assegurar a adoção de medidas específicas para conter poluentes em grupos de poluentes que apresentam risco para substâncias tóxicas com a redução progressiva e acessão definitiva de descargas, emissões ou perdas (por desastre) (Artigo 16).

Essa legislação abrangente e extremamente integradora enfatiza a necessidade do controle desde os mananciais até as águas costeiras e, ao mesmo tempo, dá a cada país membro oportunidade de estabelecer sua própria legislação e mecanismo de controle dentro do padrão do arcabouço institucional considerado. A instituição de mecanismos de cobrança e incentivos na legislação aplica-se a todos os Estados membros e deve incentivar a participação dos cidadãos, uma vez que, tratando-se de dinheiro e recursos, "esta é uma linguagem que todos podem entender melhor" (Water 21, abril, 2001). A ausência de tratamento de esgotos em municípios de alguns Estados membros pode ser considerada um subsídio e, portanto, elevar as tarifas de importação de produtos agrícolas que usam água para irrigação. Essa legislação é, portanto, bem restritiva, não sendo um mero conjunto de enunciados para obter água de boa qualidade, mas permite atuações efetivas na proteção, restauração e tratamento de ecossistemas aquáticos e de águas superficiais e subterrâneas. A ênfase em bacias hidrográficas, princípios de incentivos e cobranças entre legislação descentralizadora deverá promover alterações substanciais na organização institucional da União Européia no que se refere à gestão das águas.

Quadro 8.2

Cobrança pelo uso da água

A cobrança pelo uso da água é um avanço institucional e legal muito importante para a gestão dos recursos hídricos. Recentemente, em 14 de março de 2002, o Conselho Nacional de Recursos Hídricos aprovou a cobrança pela utilização das água do rio Paraíba do Sul. Por essa nova legislação, indústrias e companhias de saneamento passarão a pagar R$ 0,02 por metro cúbico de água captada e devolvida sem tratamento e R$ 0,008 por metro cúbico de água tratada. Esta cobrança está prevista na Lei do Gerenciamento de Recursos Hídricos, que deverá também fixar outros valores para irrigadores, termoelétricas e hidroelétricas. No caso da bacia hidrográfica do Paraíba do Sul, 92,5% do valor arrecadado estará vinculado à recuperação da bacia: proteção de nascentes, tratamento de esgotos, recuperação de áreas degradadas e tratamento de esgoto e lixo. Esses recursos, injetados em programas ambientais, deverão recuperar os recursos hídricos do rio Paraíba do Sul, e um dos aspectos mais importantes é que serão investidos em sua maior parte na bacia hidrográfica do rio, pois 5.240.000 pessoas produzem, por dia, cerca de 800 milhões de litros de esgotos (150 litros/dia/pessoa) que retornam sem tratamento à bacia hidrográfica (Novais, 2002). Ainda quanto à cobrança pelos usos da água, Novais (2002) chama a atenção para os conflitos que podem se originar da relutância da indústria e agricultura em pagar pelo uso, embora estudos demonstrem que o custo ficará entre 0,3% e 0,4% do faturamento. A cobrança pelo uso da água é, portanto, o primeiro passo importante para regular e disciplinar o consumo que já chega a 55% da água doce disponível na bacia. Cerca de R$ 15 milhões anuais serão auferidos com a cobrança da água nessa bacia.

Fontes: DNAEE (1996); Rebouças (2002).

Quadro 8.3

Quotas e cobrança pelo uso da água de irrigação em Israel: um exemplo concreto de planejamento e gerenciamento de recursos hídricos

Um dos mecanismos para gerenciar a água de irrigação, utilizado por Israel, combina taxas pelo uso da água com a distribuição anual de águas. Neste sistema a água é alocada para os fazendeiros, que a usam para irrigação, anualmente (quota anual). Cada quota é calculada com base na área cultivada, no tipo de cultivo e nos gerenciamentos de água de cada cultivo. Este sistema de alocação de águas permite um incentivo para eficiência no uso (uma vez que os fazendeiros devem manter seus cultivos dentro dos volumes de água alocados), e práticas que levam ao desperdício podem reduzir as quotas anuais ou aumentar os custos da água por metro cúbico utilizado. As taxas para a água de irrigação são calculadas em função de uma estrutura de blocos progressiva e a taxa de consumo acima do limite é fixada em um determinado custo por metro cúbico. Os preços também são indexados de acordo com as condições estacionais: uma taxa de 40% a mais é atribuída a gastos durante os meses em que há picos de irrigação, para cobrir os gastos que resultam de perdas hidráulicas em tubulações sobrecarregadas. Esta combinação de políticas de gerenciamento resultou em maior eficiência no uso da água de irrigação e declínio no uso de água por hectare. Entre 1951 e 1985, o uso de águas por hectare caiu 36%, o que significa que mesmo com o incremento de 380% na área de irrigação a água utilizada aumentou somente 200%.

Fonte: Watson *et al.* (1998). Traduzido e adaptado por J. G. Tundisi.

A Legislação no Brasil

Em 8 de janeiro de 1997, o presidente Fernando Henrique Cardoso sancionou a Lei 9.433 que definiu a Política Nacional de Recursos Hídricos e criou o Sistema Nacional de Gerenciamento de Recursos Hídricos. Desde então, o País dispõe de um instrumento legal que, se efetivamente implementado, garantirá às gerações futuras a disponibilidade de água em condições adequadas.

Quadro 8.4

Política Nacional de Recursos Hídricos

A Política Nacional de Recursos Hídricos tem o objetivo de assegurar:

1. À atual e às futuras gerações a necessária disponibilidade de água, em padrões de qualidade adequados aos respectivos usos.
2. A utilização racional e integrada dos recursos hídricos, incluindo o transporte aquaviário, com vistas ao desenvolvimento sustentável.
3. A prevenção e a defesa contra eventos críticos, de origem natural ou decorrentes do uso integrado dos recursos hídricos.

O Sistema Nacional de Gerenciamento de Recursos Hídricos, estabelecido pela Lei 9.433, deve cumprir os seguintes objetivos:

- coordenar a gestão integrada das águas;
- arbitrar administrativamente os conflitos ligados ao uso da água;
- implementar a Política Nacional de Recursos Hídricos;
- planejar, regular e controlar o uso, a preservação e a recuperação dos recursos hídricos;
- promover a cobrança pelo uso da água.

Integram o Sistema Nacional de Gerenciamento de Recursos Hídricos:

- o Conselho Nacional de Recursos Hídricos;
- a Agência Nacional das Águas;
- os Conselhos de Recursos Hídricos dos Estados e do Distrito Federal;
- os comitês de bacia hidrográfica;
- os órgãos de governo cujas competências se relacionem com a gestão de recursos hídricos;
- as agências de água.

Outra característica relevante do sistema é a importância dada à participação pública. Garantiu-se a participação de usuários e da sociedade civil em todos os plenários constituídos pelo sistema, desde o Conselho Nacional de Recursos Hídricos até os comitês de bacia hidrográfica, como forma de legitimar a decisão e também garantir sua implementação. Nesse sentido, os Estados também avançaram rapidamente na criação dos comitês de bacia, e o Estado do Ceará criou seu primeiro Comitê de Bacia em 1998, num procedimento exemplar de trabalho com as comunidades de usuários.

Quadro 8.5

Política Nacional Brasileira para os Recursos Hídricos

A Lei Nacional para o Gerenciamento dos Recursos Hídricos define a Política Nacional de Recursos Hídricos Brasileira e cria o Sistema Nacional para o Gerenciamento de Recursos Hídricos.

A política nacional se baseia em seis princípios:

1. a água é um bem público;
2. a água é um recurso finito e tem valor econômico;
3. quando escassa, o abastecimento humano é prioritário;

4. o gerenciamento deve contemplar usos múltiplos;
5. o manancial representa a unidade territorial para fins gerenciais;
6. o gerenciamento hídrico deve se basear em abordagens participativas que envolvam o governo, os usuários e os cidadãos.

Dentre as principais inovações introduzidas pela Lei 9.433/97 está o estabelecimento claro dos instrumentos que devem ser utilizados para viabilizar a implantação da Política Nacional de Recursos Hídricos:

I – os Planos de Recursos Hídricos;

II – o enquadramento dos corpos de água em classes de usos preponderantes;

III – a outorga de direitos de uso dos recursos hídricos;

IV – a cobrança pelo uso dos recursos hídricos;

V – a compensação aos municípios;

VI – Sistema de Informações sobre Recursos Hídricos.

A Lei 9.433/97 é avançada e importante para a ordenação territorial do País, mas implica mudanças importantes dos administradores públicos e dos usuários, já que requer receptividade ao processo de constituição de parcerias.

O projeto de lei de criação da Agência Nacional de Águas (ANA) foi aprovado pelo Congresso Nacional em 20 de junho de 2000, resultando na Lei 9.984, que foi sancionada pelo presidente da República em exercício, Marco Maciel, em 17 de julho daquele ano. A ANA, vinculada ao Ministério do Meio Ambiente e dotada de autonomia administrativa e financeira, tem por objetivo disciplinar a utilização dos rios, de forma a controlar a poluição e o desperdício, a fim de garantir a disponibilidade das águas para as gerações futuras.

Para sua atuação, a ANA se subordina aos fundamentos, objetivos, diretrizes e instrumentos da Política Nacional de Recursos Hídricos e articula-se com órgãos e entidades públicas e privadas, integrantes do Sistema Nacional de Gerenciamento de Recursos Hídricos. Sua missão é complexa e a lista de tarefas é extensa.

Ao longo de 2001, a ANA definiu sua forma de operação para os anos vindouros. A tarefa de longo prazo pode ser classificada em quatro grupos de ações:

1. Implantação do Sistema de Gestão de Recursos Hídricos – instrumentos técnicos e de regulação: outorga, cobrança, fiscalização integrada, sistemas de informações de recursos hídricos, planos de recursos hídricos e uso múltiplo de reservatórios.

2. Implantação do Sistema de Gestão de Recursos Hídricos – instrumentos institucionais: ações de articulação para a implementação e operação de comitês de bacia hidrográfica, de capacitação de recursos humanos e de viabilização de novas tecnologias para ao gerenciamento de recursos hídricos.
3. Projetos Indutores: despoluição de bacias hidrográficas, controle de inundações, oferta sustentável de água no Nordeste e conservação e uso racional da água.
4. Descentralização da Gestão Integrada dos Recursos Hídricos: convênios de integração com Estados e agências de bacia para gestão integrada de recursos hídricos na bacia hidrográfica e convênios de cooperação com Estados, municípios e outras instituições públicas e privadas para fortalecimento institucional dos sistemas estaduais.

O papel das parcerias na descentralização de ações para a gestão de recursos hídricos

Já foi discutido neste capítulo o papel central que as novas ações na legislação e a descentralização podem desenvolver para gestões criativas e consolidadas de recursos hídricos. Nesse contexto, a organização de parcerias é fundamental na aplicação de novas tecnologias, especialmente as ecotecnologias de baixo custo.

Ecotecnologias, como definidas por Straškraba (1993), são "o uso de métodos tecnológicos para o gerenciamento de ecossistemas baseados no profundo conhecimento de princípios do funcionamento dos ecossistemas naturais, e a transferência deste conhecimento para o gerenciamento e aplicação de tal forma que os custos e os danos ambientais possam ser minimizados", ou seja, dá-se ênfase ao uso de tecnologias derivadas do conhecimento do próprio funcionamento dos ecossistemas, o que promove sustentabilidade de longo prazo.

Os princípios da ecotecnologia foram discutidos por Tundisi & Straškraba (1995). Os autores apresentaram em resumo 11 princípios gerais para o gerenciamento de bacias hidrográficas:

- considerar a dinâmica do ecossistema;
- reter as estruturas naturais;
- reter e proteger a biodiversidade;
- considerar a sensibilidade das bacias hidrográficas às entradas externas de material;
- utilizar o conhecimento das interações entre fatores abióticos e bióticos;

- respeitar a sustentabilidade do desenvolvimento;
- gerenciar a bacia hidrográfica como parte de um todo e adotar uma visão sistêmica;
- avaliar opções de longo prazo;
- avaliar efeitos globais do gerenciamento;
- confrontar usos conflitantes;
- determinar a capacidade assimilativa do sistema e não excedê-la.

Esses 11 princípios podem ser aplicados em parcerias entre as áreas de pesquisa, a comunidade e a iniciativa privada, o que já foi discutido no Capítulo 7. O desenvolvimento de parcerias no gerenciamento de bacias hidrográficas dá-se em dois níveis: abordagem sistêmica e articulada ao problema com a bacia hidrográfica como unidade e o objetivo de melhor qualidade de vida com desenvolvimento sustentável (SEMADS/GTZ, 2002).

Organização institucional para a gestão das águas

A discussão dos diferentes arranjos institucionais para a gestão das águas tem sido extremamente ativa nos últimos dez anos, na maioria dos países dos vários continentes e em fóruns nacionais e internacionais. Essas experiências foram discutidas por Lanna (2000, 2002), sendo apresentada nas Figuras 8.1, 8.2 e 8.3 uma síntese de vários tipos de organizações analisadas por esse autor. Deve-se considerar que essa organização institucional é dependente de leis já existentes, alterações destas leis, novas legislações, adaptações locais e regionais, participação e contribuição da sociedade, usuários, administradores e legisladores e contribuição dos poderes executivos locais, estaduais e nacionais.

A estrutura desse sistema de gestão está muito inter-relacionada com as avaliações econômicas dos recursos hídricos e com as tradições e inovações que se incorporam ao sistema de gestão. Deve-se também considerar a capacidade de previsão de longo prazo e de isenção das questões relativas aos recursos hídricos nos programas, projetos e organização do desenvolvimento sustentável nas diferentes regiões e países. Contribuem para isto as várias conferências internacionais de orientação.

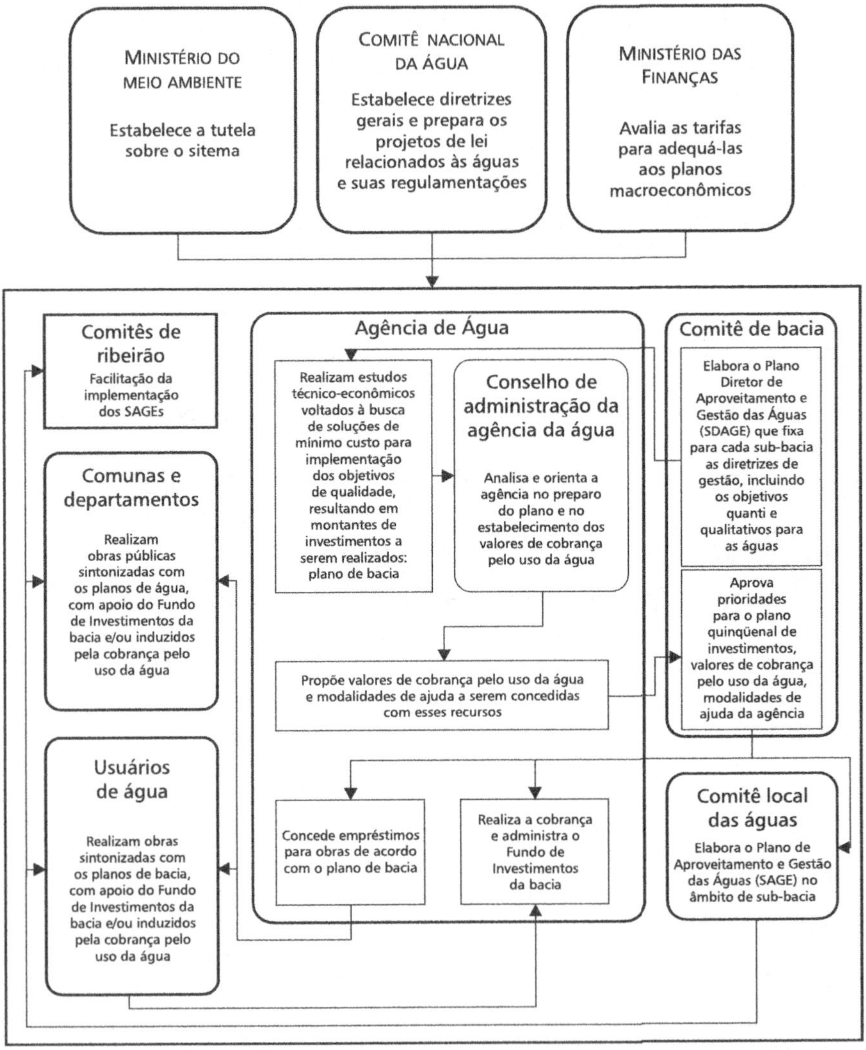

Figura 8.1 O sistema francês de gestão dos recursos hídricos (Lanna, 2000).

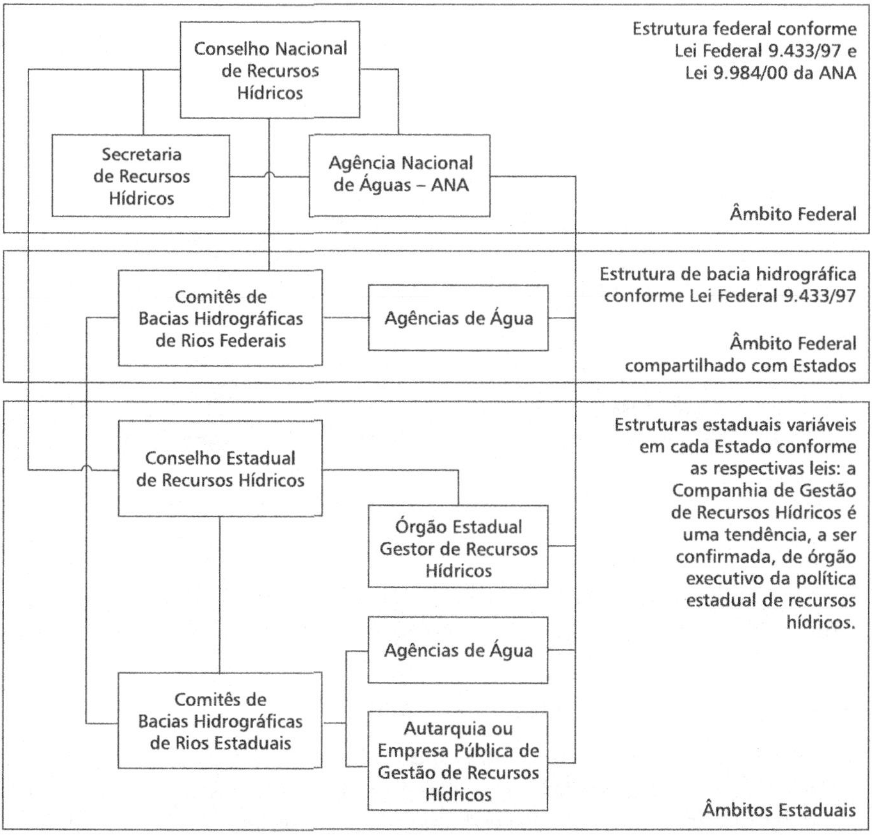

Figura 8.2 O sistema de gestão de recursos hídricos do Brasil (Lanna, 2000).

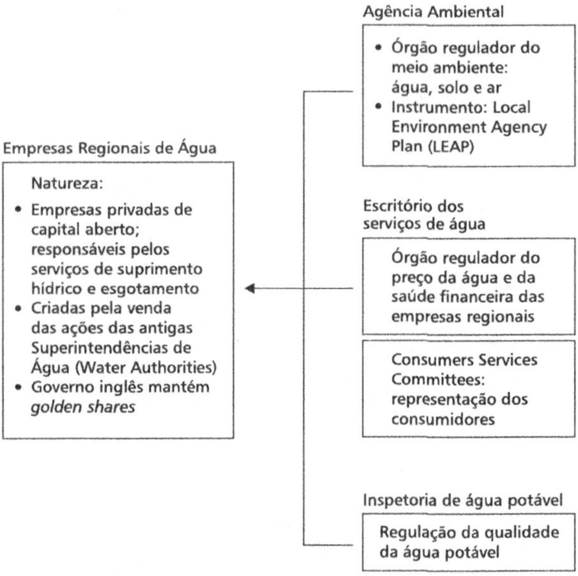

Figura 8.3 O sistema inglês de gestão de recursos hídricos (Lanna, 2000).

Experiências institucionais no Brasil

No Brasil, as experiências de organização institucional na gestão de recursos hídricos multiplicam-se rapidamente. Essas experiências, com base especificamente em modelos descentralizados na gestão por bacias hidrográficas,[1] estão descritas em vários trabalhos, como Rebouças *et al.* (2002), Monticelli *et al.* (1991, 1993), Monticelli (2002) e em outros documentos (Ciência e Ambiente, 2001 – Gestão das Águas) que descrevem o significado da descentralização, o processo de participação efetiva dos usuários como instrumento de gestão, o desenvolvimento de parcerias entre setor público e setor privado e as dificuldades de implantação de uma gestão inovadora que cria novos instrumentos legais, institucionais e tecnológicos para avanços na gestão das águas (Consórcio Intermunicipal das Bacias dos Rios Piracicaba e Capivari, 1992; Porto, 1998). As experiências em andamento e os processos de gestão implantados foram reforçados pela decisão da Agência Nacional de Águas, que elegeu quatro bacias hidrográficas como prioridade: Paraíba do Sul, São Francisco, Rio Doce e Piracicaba/Capivari/Jundiaí.

1. Os Comitês podem se organizar em uma bacia hidrográfica, ou em sub-bacia do tributário do curso de água principal da bacia ou em grupos de bacias (Lanna, 2000).

Algumas das bacias hidrográficas no Brasil em que há organização institucional em andamento são:

- Consórcio intermunicipal de gestão ambiental das bacias hidrográficas dos rios Macaé e Macabu, da lagoa Feia e da Zona Costeira Adjacente (Marinho, 2002).
- Sistema de gerenciamento dos recursos hídricos do Estado do Paraná baseado em associações de usuários, comitês de bacias hidrográficas e consórcios intermunicipais (da Costa, 2002).
- Gestão da bacia hidrográfica do rio Paraíba do Sul (Serrichio, 2002).
- Gestão da bacia hidrográfica do rio Itajaí (Frank & Bohm, 2002).
- Consórcio de municípios e comitês de bacia dos rios Piracicaba, Capivari e Jundiaí (Laloz & Moretti, 2002).
- Consórcio intermunicipal de gestão ambiental das bacias da região dos lagos São João e Zona Costeira (Pereira, 2002).
- Bacia do rio Piracicaba (SEMA, 1999).

Deve-se ainda considerar o processo de gestão das 22 bacias hidrográficas do Estado de São Paulo, os sistemas de gerenciamento por bacias hidrográficas nos Estados de Minas Gerais, Bahia, Ceará, Rio Grande do Sul, Rio de Janeiro e Mato Grosso do Sul e inúmeras experiências regionais de participação de usuários, organismos não-governamentais, instituições privadas e setor público na gestão das bacias hidrográficas. A Figura 8.4 mostra as 22 bacias hidrográficas para a gestão integrada dos recursos hídricos no Estado de São Paulo e a Figura 8.5 apresenta a concepção de organização da gestão da bacia hidrográfica (Kelman, 2002). O Estado do Ceará apresenta um sistema avançado de gestão por bacias hidrográficas (11 bacias com área de 151.293 km^2, volume de 10.540.835.032 m^3 e 188 açudes) (SRH, Estado do Ceará, 2000).[2] Em 2002, a SABESP, ao efetuar a transposição de águas do braço Taquacetuba da represa Billings para a represa Guarapiranga, a fim de resolver problemas de déficit hídrico nessa represa, por recomendação da Secretaria do Meio Ambiente, implantou um sistema de Auditoria Ambiental, constituído por técnicos e cientistas internacionais, que acompanhou todo o processo e desenvolveu um conjunto de avaliações sobre a metodologia de transposição, os impactos de transposição, a questão do tratamento das águas e o monitoramento dos três sistemas: braço Taquacetuba, área alagada e represa Guarapiranga. A implantação de auditorias no sistema de gestão das águas e na avaliação dos processos tecnológicos em funcionamento ou em fase de implementação é outro mecanismo institucional relevante e que pode promover novas idéias e avanços institucionais. A portaria 1469 deve promover este trabalho de auditoria com mais vigor (ver Apêndice).

---

2. Além da gestão por bacias hidrográficas, há um esforço em muitos Estados no Brasil em ampliar sua infra-estrutura de monitoramento quali e quantitativo e de tratamento de águas residuárias.

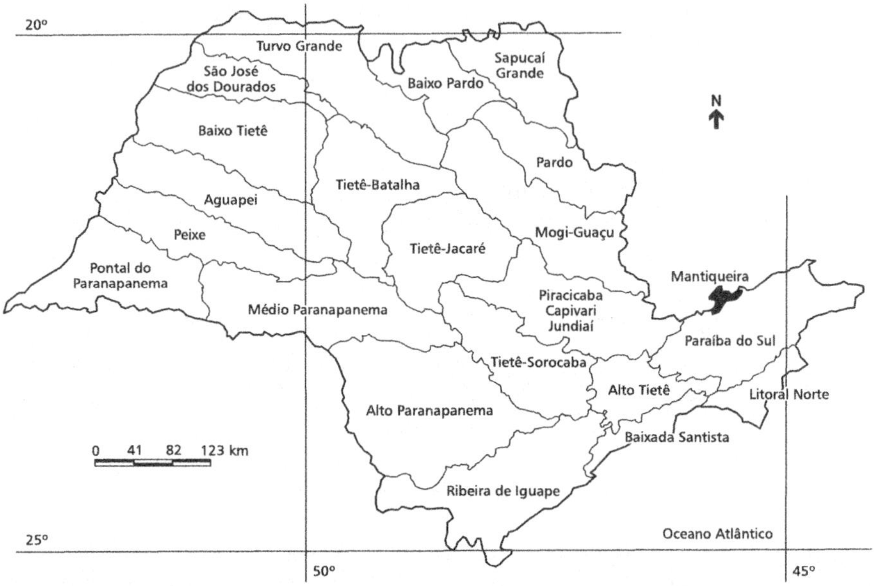

Figura 8.4 As 22 bacias hidrográficas para gestão integrada dos recursos hídricos no Estado de São Paulo. (*Fonte*: Projeto Biota-FAPESP, 1998.)

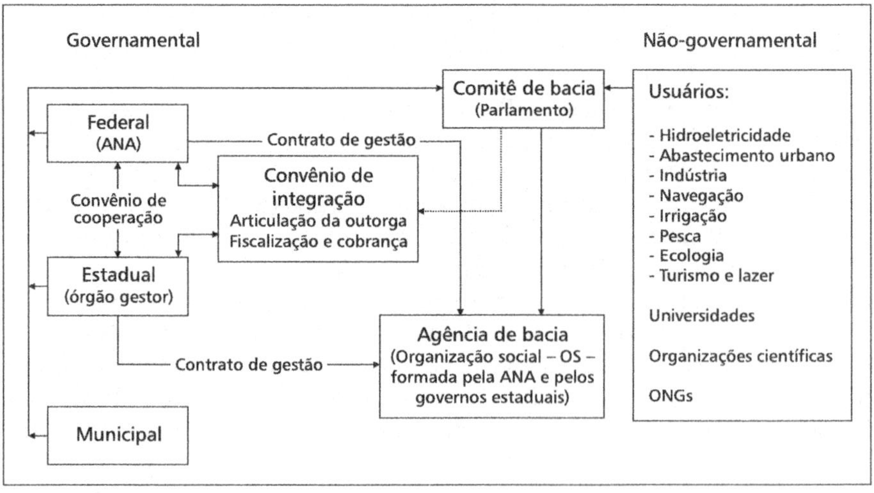

Figura 8.5 Organização da gestão de bacia hidrográfica (Kelman, 2002).

Quadro 8.6

Princípios de Dublin

- Águas doces são um recurso finito e vulnerável, essencial para manter a vida, o desenvolvimento e o meio ambiente.
- Desenvolvimento de recursos hídricos e gerenciamento devem ser baseados em uma abordagem participativa envolvendo planejadores, usuários e administradores em todos os níveis.
- As mulheres têm papel central no gerenciamento, provisão e conservação das águas.
- A água tem valor econômico em todos os seus usos competitivos e deveria ser reconhecida como um bem essencial.

Quadro 8.7

Plano de Ação para o Desenvolvimento Sustentado das Américas – Santa Cruz de la Sierra, 8 de dezembro de 1996

Recursos Hídricos e Áreas Costeiras

Iniciativas para Ações

Iniciativa 47 – Buscar estabelecer, fortalecer e implementar, onde indicados, programas específicos, leis e políticas que visem proteger a saúde pública, assegurando que a água potável esteja livre de microorganismos, metais pesados e contaminantes químicos perigosos para a saúde humana.

Iniciativa 48 – Implementar, em concordância com as leis e os costumes nacionais, ações integradas de gerenciamento dos recursos hídricos, utilizando, sempre que possível, mananciais e bacias dos rios como unidades para o planejamento. Essas ações devem incluir a avaliação das águas superficiais e subterrâneas, bem como a preparação de planos estratégicos para o gerenciamento dos recursos hídricos, com a utilização dos mananciais e o trabalho das autoridades responsáveis pelas bacias.

Iniciativa 49 – Desenvolver, fortalecer, implementar e coordenar em nível nacional, ou local, conforme for adequado, a política sobre recursos hídricos, leis e regulamentos que assegurem a proteção e conservação dos recursos hídricos.

Iniciativa 50 – Promover a cooperação hemisférica em todos os níveis, inclusive mediante o emprego de acordos e iniciativas internacionais existentes, para conservação, gerenciamento e uso sustentável dos recursos hídricos e da diversidade biológica. Isto inclui a troca de informações e experiências em assuntos relacionados às águas interiores, bacias de rios e sub-bacias.

Iniciativa 51 – Melhorar o acesso às tecnologias adequadas e ambientalmente corretas, inclusive mediante a cooperação entre os setores público e privado com mecanismos de mercado, promovendo a transferência de informações entre as políticas e estratégias que visem sistematizar a crescente demanda de recursos hídricos gerada por atividades rurais, urbanas, agrícolas e industriais.

Iniciativa 52 –Cooperar, de acordo com a legislação nacional e com os instrumentos internacionais de importância, com o desenvolvimento de programas para a melhoria da prevenção da poluição, além de outros para a mitigação, na origem, para a agricultura, aquiculutra e demais atividades urbanas e industriais, bem como para a integração desses esforços dentro das estratégias nacionais. Elas devem incluir ações para reduzir riscos para a saúde humana ou para o meio ambiente, representados pela poluição de produtos químicos e substancias tóxicas resistentes no meio ambiente.

Iniciativa 53 – Promover a participação do público no processo de planejamento e tomada de decisão referente aos recursos hídricos. A participação pública pode ser obtida por meio de educação e programas de conscientização em escolas e comunidades locais. Quando indicado, estabelecer parcerias entre o povo e o capital privado no sentido de promover programas que encorajem a obediência às leis e a adoção de medidas mitigadoras referentes aos recursos hídricos.

Fonte: PNUMA/IETC, 2001.

Conclusões

Os avanços na legislação e na organização institucional promovem novas perspectivas para o planejamento e a gestão das águas. Essas novas perspectivas apontam para processos de descentralização na gestão, utilizando-se a bacia hidrográfica como unidade, mecanismos adequados de financiamento descentralizados e arcabouços legais que permitem melhor gestão em níveis local, regional e internacional. Juntamente com os avanços tecnológicos e de gerenciamento referidos no Capítulo 7, a nova gestão das águas deverá ser aperfeiçoada com os instrumentos legais disponíveis e o conjunto de ações para proteção, recuperação e conservação de águas superficiais e subterrâneas, que incluem instrumentos legislativos e sistemas de taxação e incentivos adequados. Nesses avanços deve-se considerar como altamente eficientes na gestão integrada e descentralizada dos recursos hídricos a participação das comunidades e usuários, os mecanismos de negociação e resolução de conflitos, os sistemas de cobrança pelo uso da água a educação sanitária e ambiental da população e a introdução de planejamento estratégico e de longo prazo na gestão das bacias hidrográficas, com sustentabilidade.

Capítulo 9

Água e Economia

O valor econômico da água

O valor econômico da água só agora começa a ser melhor reconhecido pelos economistas e pelos gestores e administradores. O valor estimado de "serviços" promovidos anualmente por rios, lagos e represas apresentou-se como 1,7 x 10^{12} dólares por ano, três vez o valor total da produção mundial (Constanza *et al.*, 1997). Essa estimativa inclui custos diretos como a venda de água para consumo humano, serviços proporcionados pela autopurificação, produção de alimentos, transporte e outros usos. Novas análises econômicas incluem a depreciação produzida por obras, como reservatórios e canais, e os efeitos cumulativos de impactos na qualidade da água. Abordagens econômicas para valoração da água estão sendo analisadas e estudadas. O princípio do poluidor/pagador, auditorias ambientais e Avaliações de Impactos Ambientais são novos desenvolvimentos em aplicação em muitos países. Tecnologias limpas são abordagens também utilizadas pela indústria para melhorar os lucros e aumentar o controle sobre a poluição, principalmente levando-se em conta a cobrança pelo uso da água e os custos do tratamento de afluentes. Neste caso, o reuso de água tem relevante papel econômico a desempenhar.

As diferentes atividades humanas têm impacto econômico sobre os recursos hídricos superficiais e subterrâneos. Uma análise econômica dos benefícios produzidos pelos múltiplos usos de águas superficiais, subterrâneas, lagos, rios, represas, tanques e outros sistemas aquáticos deve avaliar as diversas atividades e também o custo da poluição e degradação, uma vez que usos múltiplos são comprometidos com a degradação de águas superficiais e subterrâneas. Danos irreversíveis produzem perdas econômicas também irreversíveis. Os esforços de recuperação devem considerar os componentes econômicos que envolvem a infra-estrutura sócio-econômica, os custos de tratamento e da recuperação e o valor agregado que consiste em água de excelente qualidade que proporciona múltiplas atividades. Também deve-se considerar que a visão econômica do Estado difere da visão econômica das comunidades locais quanto aos recursos hídricos e os seus usos pelas populações locais.

Qualquer sistema aquático, mesmo massas de água de pequenas dimensões, tem papel regional relevante. Há milhares de reservatórios e lagos de pequeno porte (de 5 milhões a 100 milhões de metros cúbicos e de 500 m^2 a 10 km^2) espalhados por todos os continentes do planeta. Esses sistemas aquáticos oferecem praticamente os mesmos serviços a populações urbanas e rurais próximas, da mesma forma que grandes rios ou lagos. Entretanto, os sistemas de pequeno porte (entre 500 m^2 e 10 km^2) são mais suscetíveis aos efeitos da poluição e contaminação e podem rapidamente deteriorar-se além dos limites de recuperação. Essa situação de degradação pode ter efeitos imediatos na economia local (Dinar *et al.*, 1994).

O impacto econômico dos usos da água

Nos capítulos anteriores deste livro foi destacada a importância da água nos ciclos biológicos e nos requerimentos para o desenvolvimento sustentável, para a manutenção da biodiversidade e para a própria sobrevivência da espécie humana, o *Homo sapiens*. Radiação solar, oxigênio, solo e água são os principais requerimentos essenciais à vida no planeta. As interações do ciclo da água com as economias, local, regional ou nacional e internacional, serão analisadas neste capítulo. As características da hidroeconomia podem ser sintetizadas nos seguintes tópicos:

- Suprimento de água doce: custos do fornecimento, transporte e tratamento de água doce para as necessidades humanas.
- Usos e custos da água na agricultura e nas indústrias.
- Tratamento da água residuária e seus custos.
- Custos do reuso e reciclagem da água e a economia relacionada.
- Custos decorrentes da perda de qualidade da água e investimentos necessários para a recuperação dessa qualidade.
- Perda de "serviços" dos ecossistemas aquáticos, rios, lagos e represas, e os custos econômicos dessas perdas.
- Conflitos internacionais referentes às perdas de qualidade da água, devido à poluição e à recuperação, e as perdas econômicas em águas internacionais resultantes dessa degradação.

Do ponto de vista do suprimento de água para o ciclo hidrossocial, as seguintes etapas são fundamentais (Merret, 1997):

1. retirada de água dos mananciais, superficiais ou dos aqüíferos subterrâneos, para fornecimento e abastecimento às zonas urbanas e rurais;
2. reserva de água;
3. tratamento de água;
4. distribuição de água;
5. coleta de águas residuárias (esgoto doméstico e industrial);
6. tratamento de águas residuárias;
7. disposição de águas residuárias;
8. reuso de águas tratadas;

Em cada uma dessas etapas, há um conjunto de investimentos necessários, os quais geralmente podem ser apresentados como:

a) Investimentos em infra-estrutura para retirada de água dos mananciais: sistemas coletores, como bombas e canalizações, e obras para transporte, reservas (como tanques e represas) e distribuição.

b) Investimentos nos sistemas de tratamento de água: estações de tratamento, equipamentos, material e substâncias químicas utilizadas no tratamento.

c) Investimentos nos sistemas de tratamento de águas residuárias, já utilizadas e resultantes dos usos domésticos, industriais ou agrícolas.

d) Investimentos nos sistemas de coleta e transporte de águas residuárias de regiões urbanas e rurais para as estações de tratamento (UNEP, 2000).

Em todo o ciclo, desde a coleta de águas dos mananciais até o tratamento e distribuição e a coleta das águas residuárias, e subseqüente tratamento, é fundamental considerar que a demanda de água varia estacionalmente, que as indústrias usam diferentes volumes de água, dependendo do processo industrial, e que a produção de águas de esgoto doméstico ou industrial também varia de região para região, de tal forma que os custos não são uniformes. Por exemplo, o suprimento de água dos mananciais de superfície ou dos aqüíferos subterrâneos depende de sua localização, assim, o custo do bombeamento depende da distância dos mananciais às estações de tratamento. Por outro lado, os vários processos industriais utilizam diferentes sistemas de tratamento e, conseqüentemente, os custos do tratamento de águas residuárias resultantes dos usos industriais, agrícola ou domésticos também variam. Na Tabela 9.1, retirada do PNUMA/IETC (2002), são apresentados os custos do tratamento de águas com resíduos urbanos e na Tabela 9.2, os dados fornecidos pela Agência Nacional de Águas (ANA, 2002) para os custos de estações de tratamento de esgotos com vários graus de eficiência.

O problema dos custos de tratamento para produção de águas de abastecimento está relacionado com a qualidade da água, e não somente com sua quantidade. Se os mananciais estiverem em excelente estado de conservação e a qualidade da água for muito boa, apenas poucas intervenções serão necessárias para produzir suprimento de água adequado. Neste caso, os custos do tratamento são muito mais baixos. Em muitos municípios brasileiros, com mananciais bem conservados e florestas ripárias mantidas com pouco ou nenhum grau de contaminação agrícola, o custo do tratamento da água é de R$ 0,50 a R$ 0,80/1.000 m^3. Em águas com mananciais deteriorados, contaminação química ou degradação pela decomposição de biomassa, aumento da toxicidade por florescimentos de cianofíceas e liberação de toxinas, os custos do tratamento podem atingir de R$ 35,00 a R$ 40,00/1.000 m^3. Portanto, os custos do tratamento estão diretamente relacionados à qualidade da água dos mananciais e das fontes de abastecimento.

O consumo da água e, conseqüentemente, as interações do ciclo hidrossocial com a economia dependem também dos usos, ou melhor, do consumo e da estrutura do consumo. Em muitos países, Kinnersley (1994) demonstrou que 4% é para consumo doméstico, 5%, para o setor industrial e 91%, para o setor agrícola. São países de baixa renda *per capita*, de U$ 200 a no máximo U$ 500 de renda *per capita* anual.

Tabela 9.1 Os custos do tratamento de águas com resíduos urbanos.

Método	Problema de poluição	Eficiência (máxima = 1,0)	Custo (US$ 100 m^3)
Tratamento mecânico	Matéria suspensa Redução da DBO_5	0,75-0,90 0,20-0,35	3-8
Tratamento biológico	Redução da DBO_5	0,70-0,95	25-40
Floculação	Remoção de fósforo Redução da DBO_5	0,30-0,60 0,40-0,60	6-9
Precipitação química $Al_2(SO_4)_3$ ou $FeCl_3$	Remoção de fósforo Redução das concentrações de metais pesados Redução da DBO_5	0,65-0,95 0,40-0,80 0,50-0,65	10-18
Precipitação química $Ca(OH)_2$	Remoção de fósforo Redução das concentrações de metais pesados Redução da DBO_5	0,85-0,95 0,80-0,95 0,50-0,70	12-18
Precipitação química e floculação	Remoção de fósforo Redução da DBO_5	0,90-0,98 0,60-0,75	12-18
Redução de amônia	Remoção de amônia	0,70-0,95	25-40
Nitrificação	Amônia-nitrato	0,80-0,95	20-30
Carvão ativado	DQO (substâncias tóxicas) Redução da DBO_5	0,40-0,95 0,40-0,70	60-90
Desnitrificação	Remoção de nitrogênio	0,70-0,90	15-25
Troca iônica	Remoção da DBO_5 (ex.: proteínas) Remoção de fósforo Remoção de nitrogênio Metais pesados	0,20-0,40 0,80-0,95 0,80-0,95 0,80-0,95	40-60 70-100 45-60 10-25
Oxidação química (ex.: com Cl_2)	Oxidação de compostos tóxicos	0,90-0,98	60-100
Extração	Metais pesados e outros compostos tóxicos	0,50-0,95	80-120
Osmose reversa	Remove poluentes com grande eficiência, porém é cara	0,80-0,95	100-200
Métodos de desinfecção	Microorganismos	Alta, não se pode indicar	6-30
Lagoas de estabilização	Microoganismos Redução da DBO_5 Remoção de nitrogênio	Elevada 70%-85% 50%-70%	2-8
Várzeas artificiais	Redução da DBO_5 Remoção de nitrogênio Remoção de fósforo	20%-50% 70%-90% 0%-80%	5-15

*Presume um pré-tratamento (DBO_5 = 75 mg/L).

**A remoção depende da capacidade de absorção do solo onde é aplicado e se as colheitas foram previstas.

Fonte: PNUMA/IETC (2001).

Tabela 9.2 Tabela de valores de referência. Implantação de Estações de Tratamento de Esgotos Sanitários – ETE.

Indicador[3]	Padrões de eficiência para tratamento de esgotos (em níveis mínimos de abatimento das cargas poluidoras afluentes)								
	A	B	C	D	E	F	G	H	I
DBO	30%	60%	75%	85%	85%	90%	90%	90%	90%
SST	40%	60%	75%/60%[1]	85%/60%[1]	85%/60%[1]	90%	90%	90%	90%
CF					99,999%		99,999%		99,999%
PT e/ou NTK								85% e/ou 80%	85% e/ou 80%
Pop. equivalente (hab.)[2]	**Valores *per capita* de referência (R$/hab.)**								
Até 10.000	20	35	55	80	85	100	105	120	125
De 10.001 a 20.000	20	30	50	70	75	90	95	110	115
De 20.001 a 50.000	15	25	45	60	65	80	85	100	105
De 50.001 a 100.000	10	20	40	55	60	75	80	95	100
De 100.001 a 200.000	10	20	40	55	60	75	80	95	100
Acima de 200.000	10	20	40	55	60	75	80	95	100

1. 60% somente para os tratamentos que contemplem lagoas produtoras de algas.
2. Carga média diária de DBO de projeto da ETE dividida por uma carga média *per capita* de 54 g DBO/dia.
3. DBO = demanda bioquímica de oxigênio, PT = fósforo total, SST = sólidos suspensos totais, NTK = nitrogênio total Kjeldahl, CF = coliformes fecais.

Fonte: Agência Nacional de Águas, Programa Despoluição de Bacias Hidrográficas – Prodes (2002).

Em países com alta renda *per capita* (entre US$% 5.000 e US$ 20.000) o consumo é de 14% para uso doméstico, 47% para uso industrial e 39% para a agricultura. Isso também reflete a disponibilidade da água para uso doméstico, representada por investimentos em captação e transporte que sempre foi muito mais eficiente e bem estruturado em países industrializados e de alta renda *per capita.*

O conhecimento das relações abastecimento/consumo/demanda é muito importante do ponto de vista econômico. Para os economistas, demanda efetiva de água é a "relação em um dado momento e em um determinado mercado definido entre o preço por unidade do produto ou serviço e a quantidade em determinado período de tempo, que consumidores estão interessados em adquirir por um certo preço" (Gibbons, 1987; Merret, 1997).

As condições da demanda efetiva estão relacionadas, evidentemente, a contextos econômicos e culturais relativos à água, aos hábitos e aos usos.

O *gerenciamento da demanda* pode ser um importante componente da administração do *ciclo hidrossocial.* Este gerenciamento pode incluir reuso e redirecionamento dos usos múltiplos para maior economia, *planejamento adequado* para impedir aumento do custo do tratamento de águas de abastecimento e, portanto, conservação dos mananciais, além de impedir o desequilíbrio suprimento-demanda, redirecionando o *desenvolvimento urbano* e também utilizando medidas *educacionais* e educação sanitária para reduzir a demanda e conservar a água. Outros componentes importantes do gerenciamento da demanda é a questão do preço da água e a cobrança pelo uso, o que pode redirecionar a demanda e melhorar o desempenho no consumo. A Tabela 9.3 mostra as tarifas de água e esgoto no Brasil.

Tabela 9.3 Tarifas de água e esgoto no Brasil.

Estado	Tarifa média de água e esgoto (US$/1.000 m^3)	Estado	Tarifa média de água e esgoto (US$/1.000 m^3)
Região Norte	**430**	***Região Centro-Oeste***	**410**
Acre	ND	Distrito Federal	300
Amapá	460	Goiás	460
Amazonas	820	Mato Grosso	540
Pará	270	Mato Grosso do Sul	500
Rondônia	470	***Região Sudeste***	**390**
Roraima	360	Espírito Santo	430
Região Nordeste	**420**	Minas Gerais	400
Alagoas	350	Rio de Janeiro	300
Bahia	640	São Paulo	500
Ceará	370	***Região Sul***	**540**
Maranhão	320	Paraná	570
Paraíba	270	Rio Grande do Sul	550
Pernambuco	410	Santa Catarina	470
Piauí	370		
Rio Grande do Norte	280		
Sergipe	500	**BRASIL**	420

Fonte: Banco Mundial (1992); Lanna (1999).

Hidroeletricidade e economia

A construção de usinas hidroelétricas alcançou grande desenvolvimento no século XX, especialmente durante as décadas de 1920 e 1930 e durante as décadas de 1950 e 1970. Na segunda metade do século XX, o volume de águas represadas para produção de hidroeletricidade aumentou consideravelmente. Em muitos países, a hidroeletricidade foi o principal sistema produtor de energia. No caso do Brasil, cerca de 85% da energia produzida é proveniente de usinas hidroelétricas. Nos Estados Unidos, a produção de energia a partir de hidroeletricidade atingiu 40% da produção total na década de 1930 (Gibbons, 1987) para declinar até 12% na década de 1980. É evidente que a construção de usinas hidroelétricas tem importante inserção nas economias locais, regionais e nacionais da água. Vantagens econômicas da produção de hidroeletricidade derivam da permanente renovação das reservas de água no ciclo hidrológico, a energia produzida é "limpa" em relação a combustíveis fósseis como carvão mineral e petróleo e os custos de manutenção são relativamente mais baixos. A despeito de impactos iniciais do reservatório nos sistemas terrestres e aquáticos (Tundisi, 1986), há revitalização da economia regional com a construção das represas e diversificação dos usos múltiplos, o que aumenta a abrangência econômica dos usos dos recursos hídricos (U. N., 1958).

Os investimentos iniciais são expressivos e a produtividade física da água para hidroeletricidade é relativamente constante. Os custos de manutenção das usinas variam, inclusive em razão das condições ambientais, da qualidade da água e dos usos da bacia hidrográfica. Os custos ambientais para a manutenção de usinas hidroelétricas e represas em áreas com usos múltiplos e condições iniciais relativamente desfavoráveis (como regiões não desmatadas na Amazônia que produzem rápida deterioração da qualidade da água) podem ser elevados e devem ser computados como custos operacionais de manutenção.[1] Recentemente, a Comissão Mundial de Barragens (2000) publicou extenso documento para revisão das efetividades das grandes represas dos pontos de vista ecológico, econômico e social e das possíveis alternativas para o desenvolvimento de recursos hídricos e energia e para promoção de critérios e padrões para planejamento, desenho, construção, operação e monitoramento de represas.

Do ponto de vista econômico, as principais conclusões sobre as represas construídas, principalmente para hidroeletricidade, consideram que o problema fundamental é a distribuição dos benefícios econômicos a números mais expressivos da sociedade, a fim de que possam utilizar adequadamente a prosperidade econômica gerada em investimentos, como eletrificação rural, e em expansão da infra-estrutura física, como escolas e rodovias. Esses benefícios justificam as hidroelétricas como a opção mais competitiva do ponto de vista econômico para a produção de energia.

A revisão realizada pela Comissão Mundial de Barragens considerou os seguintes problemas, os quais têm repercussão econômica no uso e aproveitamento dos recursos hídricos para hidroeletricidade:

- Aumentar a eficiência dos sistemas existentes.
- Evitar impactos nos ecossistemas.
- Desenvolver análises de multicritério para várias opções.
- Melhorar a qualidade de vida de reassentados.
- Conduzir monitoramento e avaliações regulares e periódicas.
- Desenvolver incentivos, sanções e vários estímulos econômicos especialmente nas áreas ambientais e sociais.

---

1. O autor tem apresentado inúmeras propostas desde 1980 para colocar os planos de monitoramento e gestão da hidroelétrica como parte dos custos da operação do sistema após o início da produção de hidroeletricidade. Isso promoveria a continuidade do sistema de monitoramento e gerenciamento em conjunto com a operação da hidroelétrica.

Há ainda recomendações para ênfase na abordagem de bacias hidrográficas para estudos de funcionamento dos sistemas, enfoque em problemas sociais e de saúde humana e estudos de opções para evitar impactos significativos sobre espécies em extinção ou ameaçadas de extinção. Recomenda-se, também, um conjunto de planejamentos consistentes articulados com ações estimuladas e coordenadas por instituições de financiamento. O planejamento hidroelétrico, não pode ser desconectado do planejamento ambiental integrado.[2]

A disponibilidade de água: custos da tecnologia não tradicional

A procura de novas fontes de abastecimento de água faz parte de novas metodologias e tecnologias de gestão dos recursos hídricos. Essas novas fontes não tradicionais têm custos, os quais são apresentados na Tabela 9.4.

Tabela 9.4 Tecnologias não tradicionais de incremento de disponibilidade de água.

Tecnologia	Usos indicados	Custo (US$/mil m³)	Observações
Coleta de água de chuva em telhados	Domésticos e em agricultura de menor escala	2.000-5.000	Varia dependendo da localização do armazenamento e do tipo de material utilizado.
Coleta de água a partir de cerrações (neblinas)	Doméstico, agricultura, pecuária e industrial	3.000	Valores do Chile; variam com a região.
Captação de escoamentos utilizando estruturas superficiais e subterrâneas	Agricultura, pecuária, doméstico, indústria e mineração	100-2.000 600-1.200 660	Valores do Equador. Valores da Argentina. Custo de projeto que armazenava 3.000 m³.
Transporte de água por navios	Geral	1.500, nas Bahamas	Custo geralmente alto que declina com a quantidade transportada.
Transporte de água com carros-pipa	Usos domésticos	910-11.140	Custo varia com distância percorrida.
Dessalinização por osmose reversa	Doméstico, industrial, mineração e agricultura	4.600-5.100, nas Bahamas; 120-370, no Brasil	Depende da localização, tamanho da planta e tipo de água a ser dessalinizada, sendo a água de mar a mais cara.
Dessalinização por destilação	Doméstico, industrial, mineração e agricultura	1.470 4.310	Valores do Chile. Valores das Antilhas Holandesas.
Tratamento de águas de esgoto	Agrícola, irrigação de jardins, indústrias e mineração	9-34 3-15 12-25	Estações de tratamento. Técnica: lagoas de estabilização. Técnica: disposição no solo.

Fonte: Lanna (2002).
Dados de OEA (1997), com exceção dos relativos a carros-pipa, que foram retirados de Campos *et al.* (1997).

2. N. A. Recentemente, na reunião de Kyoto, em março de 2003, 170 países reconheceram a importância da hidroeletricidade na economia mundial e enfatizaram a necessidade de esforços para o gerenciamento destes ecossistemas artificiais.

Água, agricultura e economia

Embora a expansão global da área cultivada não tenha aumentado muito nas últimas décadas, a intensificação das atividades agrícolas foi muito rápida, com aumentos significativos de produção em razão do desenvolvimento tecnológico que promoveu maior produção por hectare. Evidentemente, há relação direta entre a água e a economia agrícola, tanto da economia de pequeno porte e produção de subsistência quanto dos agroecossistemas de grande produção. A intensificação da produção resultou em uso da irrigação em larga escala, tendo como resultado a retirada de 70% da água disponível. Somente 30%-60% da água utilizada para irrigação retorna a jusante, tornando a irrigação o maior usuário da água doce globalmente. A área irrigada cresceu 72% entre 1966 e 1996.

A intensificação da irrigação em todos os continentes, associada à aplicação comercial de fertilizantes, produziu extensa degradação ambiental, principalmente nos sistemas hídricos, aumento da eutrofização, maior quantidade de material em suspensão na água e maior sedimentação de rios, lagos e represas. Essa degradação e a produção de efluentes com grande carga poluidora nas águas superficiais e subterrâneas são responsáveis por perdas econômicas elevadas com a deterioração dos sistemas.

Ao estresse produzido pela intensificação do uso do solo deve-se, também, sobrepor o estresse da contaminação e da degradação dos ecossistemas aquáticos. Salinização decorrente da irrigação e perda de áreas agrícolas devem ser contabilizadas em conjunto com os problemas de degradação dos recursos hídricos superficiais e subterrâneos. À medida que aumentam os usos competitivos da água para agricultura, indústria e abastecimento público, aumentam os custos da irrigação. Igualmente importante é o volume de águas residuárias produzido pelas atividades agrícolas em larga escala. Os diversos tipos de agronegócios produzem inúmeros e diversificados efluentes com impacto nos mananciais, nas bacias hidrográficas e nas águas superficiais e subterrâneas.

Os estudos relacionados à economia da água no agronegócio podem ser dirigidos para o seguinte grupo de questionamento (dados do Instituto Internacional de Ecologia e do Paraná Agroindustrial – estudo conjunto sobre o agronegócio paranaense):

1. Quanta água é usada na produção agrícola em larga escala?
2. Qual o custo dessa água para o produtor?
3. Qual o tipo e a especificação dos efluentes produzidos no agronegócio?
4. Qual o tipo e o custo de tratamento dos efluentes no agronegócio, incluindo as tecnologias disponíveis?
5. Qual a limitação imposta pela água na expansão do agronegócio?

Deve-se ainda acrescentar que o custo da água para o agronegócio inclui maior competitividade em relação à exportação. Barreiras não alfandegárias, introduzidas por países desenvolvidos para produtos agrícolas, podem incluir a qualidade da água dos efluentes produzidos como fator de novas taxas e impostos.[3]

A irrigação no Nordeste representa grande oportunidade econômica para o desenvolvimento, mas por outro lado, gera aumento de problemas ambientais que podem atravancar o desenvolvimento. Por exemplo, pode ocorrer salinização de áreas irrigadas: cada lâmina de 100 mm de água de irrigação com concentração de sais de 0,5 g/L conduz 500 kg/hectare de sal à área irrigada. É provavel que, aproximadamente, 30% das áreas irrigadas em projetos públicos do Nordeste estejam salinizadas (Bernardo, 1997).

São cinco os impactos ambientais decorrentes da irrigação, os quais geram impactos econômicos: a salinização do solo; a exaustão das disponibilidades hídricas por excesso de demanda; a contaminação dos recursos hídricos superficiais e subterrâneos; a intensificação de doenças de veiculação hídrica; e alterações ambientais, como degradação do solo, desmatamento e outras conseqüências. A cobrança pelo uso da água poderá ter papel relevante na formação de preços agrícolas. A Tabela 9.5 mostra, como exemplo, o custo/m^3 de água e o reflexo da cobrança no custo de produção do feijão irrigado.

Tabela 9.5 Reflexos da cobrança da água no custo de produção do feijão irrigado.

Custo por m^3 de água (em centavos de US$)	Reflexo da cobrança no custo de produção (%)
0,1	0,9
0,3	2,7
0,5	4,5
0,7	6,3
0,8	7,3
1,0	9,0
1,2	10,9
1,5	13,6
2,0	18,1
3,0	27,2

Fonte: Telles (1993).

3. N. A.: Na Comunidade Econômica Européia, taxação não alfandegária inclui águas poluídas e afluentes não tratados, o que é considerado subsídio à produção agrícola, obrigando as indústrias e o agronegócio dos países membros a tratar seus efluentes.

Água, indústria e economia

Os processos industriais requerem água para várias finalidades, como resfriamento e condensação, uso em têxteis, frigoríficos, curtumes, celulose e papel, conservas, cervejaria, laticínios, ferro e aço, galvanotécnica, petróleo, petroquímica e detergentes.

Todos os usos da água na indústria têm, evidentemente, um componente econômico, que é o custo do tratamento para utilizar a água em determinado processo, o tratamento dos efluentes. Há inúmeros componentes resultantes dos processos industriais que devem ser tratados a custos elevados. Estes custos do tratamento fazem parte, evidentemente, da formação do preço dos produtos industrializados.

A cobrança pelo uso da água na indústria introduz outro componente importante do ponto de vista econômico: o custo do consumo da água. O princípio do poluidor/pagador desencadeará um conjunto de sistemas inovadores de tratamento e, por outro lado, deverá incentivar o reuso da água para usos industriais, produzindo economias acentuadas relacionadas ao uso dos recursos hídricos (Tabela 9.6).

No futuro, análises econômicas dos custos da reciclagem e reuso da água deverão ser introduzidas e comparadas com o custo da água bruta retirada dos mananciais. Mas apenas a reciclagem da água e sua reutilização podem não contribuir para a diminuição do consumo total, o que é o mais importante para a sociedade (Gibbons, 1987).

Gibbons (1987) argumenta, entretanto, que o custo da água é muito menor do que os valores consumidos em energia, serviços e capital, e, portanto, há tendência em considerá-los muito baixos na formação dos preços dos produtos industrializados. Porém, o aumento dos custos da água relacionados com o uso, a cobrança e o princípio do poluidor/pagador pode aumentar esses dispendios e levam à consideração das indústrias os mesmos.

Experiências e desenvolvimentos na Alemanha, Japão, Estados Unidos, Inglaterra, Brasil e Israel demonstraram que uma combinação efetiva de preços da água para indústrias, controle das descargas de efluentes e regulação da poluição tem grande potencial para promover a economia do uso da água na indústria, estimulando investimento em reciclagem da água e tecnologias de conservação. Em Israel, o consumo da água industrial caiu 50% de 1962 a 1982 em razão do aumento da taxação por poluição e do desenvolvimento tecnológico com subsídios à economia da água industrial.

Tabela 9.6 DBO e sólidos em suspensão em processos industriais. Intensidade da poluição hídrica em relação ao valor agregado de diferentes segmentos industriais (kg/milhões US$).

Ramo industrial	DBO	Sólidos totais em suspensão
Alimentos	79,48	98,57
Laticínios	13.598,91	1.951,45
Conservas de frutas e vegetais	287,84	454,45
Derivados de peixe	932,64	1.589,97
Óleos de gorduras	310,95	351,32
Produtos de moinhos de grãos	0,01	0,10
Padarias e confeitarias	0,09	0,10
Indústrias sucareiras	3.420,72	4.904,52
Vinícolas	25,59	14,05
Indústrias fumageiras	1,01	1,23
Têxteis	102,45	159,10
Cortumes e acabamentos de couros	808,49	1.526,76
Couros	0,00	0,88
Calçados	87,41	85,71
Mobílias e acabamentos não metálicos	0,00	0,02
Polpa, papel e papelão	12.615,11	42.845,71
Caixas de papel	100,33	172,26
Indústrias químicas, exceto fertilizantes	3.988,81	6.165,45
Fertilizantes e pesticidas	37,83	7.362,28
Resinas sintéticas, materiais plásticos e fibras artificiais	217,85	703,98
Tintas	0,24	1,00
Sabão, material de limpeza e toalete	80,71	113,99
Refinarias de petróleo	596,76	2.994,95
Pneus e mangueiras	0,02	8,02
Produtos plásticos	468,31	10,12
Vidros e produtos de vidro	1,17	8,31
Ferro e aço	13,77	202.908,30
Metais não-ferrosos	4.294,68	62.079,92
Máquinas e equipamentos agrícolas	0,00	4,64
Veículos automotores	0,32	1,61
Artigos atléticos e esportivos	0,00	19.292,69

Fonte: Lanna (1999).

Quadro 9.1

Os valores dos serviços dos ecossistemas e o capital natural – uma nova dimensão na economia dos países e regiões

Os ecossistemas apresentam funções que podem ser qualificadas de "serviços" e benefícios à população humana. Por exemplo, a produção de alimentos e a reciclagem da água são funções que produzem um conjunto de benefícios que podem ser valorados e dimensionados. Constanza *et al.* (1997) agruparam os serviços proporcionados pelos ecossistemas em 17 categorias principais, que vão desde regulação climática até controle biológico, passando por recursos genéticos, recreação, controle da erosão, suprimento de água e regulação do ciclo hidrológico.

A valoração dos serviços dos ecossistemas pode ser feita em função do "capital natural", que pode ser a biodiversidade, o funcionamento de uma área alagada como promotor do saneamento de determinado volume de água ou a quantidade de alimento produzido. Para os ecossistemas aquáticos, Constanza e seus colaboradores avaliam que os 200×10^6 hectares de águas de lagos e rios do planeta têm serviços de suprimento de água, regulação de água, tratamento de resíduos, produção de alimentos e recreação, com valor anual de US$ 8.498 por hectare por ano e um total global do "fluxo de serviços" de US$ 1.700×10^9 por ano. Esta avaliação possibilita comparações entre o "capital natural" e o Produto Interno Bruto. Geralmente, a avaliação dos serviços é relacionada com a soma dos usos ou o suprimento de serviços pelos consumidores por unidade de área do ecossistema. Por exemplo, valores estéticos ou de recreação podem ser estimados pelo número de turistas que aportam no local por ano e pelo consumo diário *per capita* na região.

A valoração dos serviços produzidos pela disponibilidade de água e pelos ecossistemas aquáticos tem enorme importância prática em razão das possibilidades que se abrem para o cálculo da recuperação da função ou para a estimativa de danos ambientais produzidos pelos impactos ou, ainda, para estimar os gastos da sociedade a fim de manter os serviços dos ecossistemas funcionando adequada e continuamente. Por exemplo, os "serviços" do lago Kariba na África foram analisados considerando-se produção de energia elétrica, produção de biomassa e exploração de biodiversidade e dispêndios de turistas.*

* Informação pessoal ao autor dada por C. Magdza.

Lagos, represas e rios na economia regional – mudanças históricas no uso da água no lago Biwa, Japão, e os usos múltiplos

O lago Biwa é o maior lago do Japão, com área aproximada de 650 km^2. Desde tempos pré-históricos o lago tem sido utilizado para inúmeras atividades humanas, as quais foram sendo alteradas com o tempo e com a evolução e sofisticação da sociedade. As águas do lago, ao longo do tempo, foram sendo utilizadas para suprir alimentos e irrigar campos de arroz, seu sedimento foi utilizado como fertilizante e as plantas aquáticas que nele crescem, para a construção de casas, telhados e para o suprimento de material para pesca. O lago também foi utilizado para o transporte de mercadorias e pessoas. Atualmente é utilizado para lazer, recreação e contemplação. O lago sempre foi objeto de motivação simbólica e religiosa para budistas. A Tabela 9.7 mostra a evolução dos usos múltiplos do lago Biwa e a atividade predominante ao longo do tempo.

Tabela 9.7 Evolução dos principais usos do lago Biwa, Japão.

	Período					
	Pré-histórico (–6 a.C.)	**Antiguidade 6-12 era cristã**	**Medieval 13-16 era cristã**	**Feudal 16-19 era cristã**	**Moderno 10-1960**	**Atual 1960**
Uso do lago como recurso hídrico em geral	5	5	5	5	4	3-4
Recurso hídrico	3	3	3	3	4	5
Transporte	3	3	5	5	4	2
Reservatório para descarga de poluentes	1	1	1	1	3	3
Eletricidade	2	2	2	2	3	3
Beleza cênica	1	3	3	5	3	3
Lazer	1	1	1	1	3	4-5
Religião/ simbolismo	1	4	4	3	3	4-5
Controle de enchentes	1	1	1	3	5	4
Escala de 1 a 5, em que 5 é a atividade mais importante						

Fonte: Kada (1995).

Neste contexto econômico deve-se considerar os custos da água para populações de baixa renda. A Tabela 9.8 mostra as relações entre famílias, custos de água tratada e não tratada e impactos na saúde humana e medidas como mortalidade infantil e expectativa de vida.

Tabela 9.8 Residências de acordo com o número de conecções. Consumo diário familiar e por pessoa, tamanho da residência, renda mensal, preço da água, percentagem da renda gasta com água e mortalidade infantil (1996).

Descrição	Vizinhança (em termos de distribuição de água)			Total
	Boa	Regular	Má	
Número de conexões				
Casos	18.695	19.884	7.688	46.267
Doméstico	16.249	18.663	7.552	42.464
Não doméstico	2.446	1.221	136	3.803
% de consumo				
Doméstico	45%	38%	17%	100%
Não doméstico	59%	36%	5%	100%
Total	48%	38%	14%	100%
Consumo doméstico (litros diários)				
Por família	731	430	125	429
Por pessoa	165	99	22	95
Tamanho da casa	4,4	4,4	5,7	4,8
Renda por mês (em bolívares)	2.500	814	576	1.130
Preço da água (custo da água)	26,09	26,01	39,23	30,4
% da renda para pagar água	1%	3%	7%	3%
Expectativa de vida (anos)	67	57	47	58
Mortalidade infantil	45	105	146	97

Fonte: Ledo Carmen (2002).

Quadro 9.2

Os "serviços" proporcionados pela represa da UHE Carlos Botelho (Lobo-Broa), municípios de Itirapina e São Carlos

A represa da UHE Carlos Botelho (Lobo-Broa) é um reservatório de pequenas dimensões – 6,8 km^2 de área e volume de 22.000.000 m^3 – localizado nas cabeceiras do rio Jacaré-Guaçu, um afluente do rio Tietê. Além da produção de hidroeletricidade em pequena escala (2 MW), a represa é utilizada para recreação, turismo, lazer e pesca esportiva.

Os "serviços" proporcionados por esse ecossistema artificial são, portanto, múltiplos e variados e dependem essencialmente da qualidade da água e da paisagem. Em função dessas características, uma avaliação desses "serviços" foi realizada por Vergara (1996).

Essa avaliação incluiu todos os investimentos em construção de residências nos últimos 25 anos, o valor de recreação e lazer e a taxa de desnitrificação produzida pela área alagada no montante da represa, que corresponderia ao valor de uma estação de tratamento de água que tratasse 30% do nitrogênio que entra na represa através de seus tributários principais.

O valor calculado e atualizado corresponde a um investimento de R$ 225 milhões, incluindo também empregos e dispêndios diversos com manutenção. Esse cálculo dá uma idéia clara dos valores a proteger quando se estabelecem planos de conservação de ecossistemas aquáticos naturais e artificiais. Mostra, também, que a manutenção da qualidade da água é essencial para a sustentabilidade dos "serviços" e do investimento.

Fontes: Vergara (1996); Tundisi *et al.* (2000).

Quadro 9.3

Que valor as populações carentes pagam pela água?

Muitos estudos demonstram que as populações urbanas carentes pagam altos preços pelo fornecimento de água e dispendem grande proporção de seus rendimentos com a água. Por exemplo, em Port-au-Prince (Haiti), os usuários mais carentes às vezes gastam 20% de seus rendimentos com o pagamento da água; em Onitaha (Nigéria), calculou-se que os mais carentes gastam 18% de seus rendimentos com água na época da seca, enquanto os usuários com rendimentos mais altos gastam de 2% a 3%; e em Addis Abeba (Etiópia) e em Ukunda (Quênia), as populações urbanas carentes dispendem até 9% de seus rendimentos com água. Em Jakarta (Indonésia), dos 7,9 milhões de habitantes, apenas 14% recebem água diretamente do sistema municipal.

Outros 32% adquirem a água por intermédio de vendedores nas ruas, que cobram cerca de US$ 1,5 a US$ 5,2 por metro cúbico de água, dependendo da distância da fonte pública. Em alguns casos, os usuários que adquirem água de vendedores pagam 25 a 50 vezes mais que os usuários conectados ao sistema municipal. Alguns exemplos são encontrados em Karachi (Paquistão), Port-au-Prince, Jakarta, Nouakchott (Mauritânia), Dacca (Bangladesh), Tegucigalpa (Honduras) e Onitcha, Cochabamba e muitas metrópoles. da América Latina. Deve-se acrescentar que a qualidade da água adquirida dos vendedores é inferior àquela distribuída na rede e que os volumes de água adquiridos no mercado da água são menores que o uso "per capita" de populações não carentes.

Fonte: Banco Mundial (1998). Modificado.

Quadro 9.4

Aumento dos custos de abastecimento de água*

Muitas cidades transportam água a longas distâncias e utilizam intensamente o bombeamento de alto custo. Além disso, o uso intensivo da água criou a necessidade de tratamento adicional, em razão da perda de sua qualidade ou da rejeição de fontes existentes, resultante de prejuízos irreversíveis causados a sua qualidade.

Amman (Jordânia): Quando o sistema de fornecimento de água era baseado na exploração da água subterrânea, o custo médio incremental era estimado em US$ 0,41 por metro cúbico de água, mas faltas crônicas subterrâneas levaram ao uso de fontes de água de superfície. Isso provocou o aumento do custo médio incremental para US$ 1,33 por metro cúbico de água. As obras mais recentes incluem o bombeamento de água até 1.200 metros de altura de um local a cerca de 40 quilômetros de distância da cidade. O próximo esquema contempla a construção de uma barragem e um canal condutor, a um custo estimado de US$ 1,5 por metro cúbico de água, o que corresponde, aproximadamente, ao custo da dessalinização da água do mar, de US$ 1 a US$ 2 por metro cúbico de água.

Shenyang (China): O custo de novos abastecimentos de água aumentaria, entre 1988 e 2000, de US$ 0,04 para US$ 0,11 por metro cúbico de água, aumento de quase 200%. A principal razão é que a água subterrânea do Aluvião do Vale do Hun, atual fonte de água, teve de ser rejeitada como fonte de água potável em razão da má qualidade da mesma. Como conseqüência, a água terá de ser transportada até Shenyang, por gravidade, de uma fonte de água de superfície a 51 quilômetros da cidade. Em YingKuo, o custo incremental médio da água desviada do rio Daliao, próximo à cidade, é de cerca de US$ 0,16 por metro cúbico de água. Entretanto, em razão da forte poluição, essa fonte não pode ser utilizada para fins domésticos. Como conseqüência, a água, atualmente, está sendo transportada até a cidade a partir do rio Ki Lui, mais distante, a um custo de US$ 0,30 por metro cúbico de água.

Lima (Peru): Durante 1981, o custo médio incremental de um projeto para satisfazer as necessidades a curto e a médio prazos, com base tanto na água de superfície do rio Rimac como nos suprimentos subterrâneos, era de US$ 0,25 por metro cúbico de água. O aqüífero tem sido severamente explorado, assim as fontes de água subterrânea não conseguirão satisfazer as necessidades de água além do início da década de 1990. Para satisfazer as necessidade urbanas a longo prazo está sendo planejada a transferência de água da bacia hidrográfica Atlântica, cujos custos médios incrementais foram estimados em US$ 0,53 por metro cúbico de água.

Cidade do México: Atualmente, a água está sendo bombeada de uma elevação superior a 1.000 metros até o Vale do México, a partir do rio Cutzamala, por uma tubulação de cerca de 180 quilômetros de comprimento. O custo médio incremental da água dessa fonte é de US$ 0,82 por metro cúbico, quase 55% a mais do que a fonte anterior, o aqüífero do Vale do México. Essa fonte foi restringida em conseqüência de problemas de acomodações de terreno, rebaixamento do lençol freático e deterioração da qualidade da água. Espera-se que o projeto de fornecimento de água, recentemente planejado para a cidade, tenha custo ainda mais alto, já que inclui uma adutora mais longa, e a água será bombeada a uma elevação superior a 2.000 metros. Essas informações mostram que os custos de abastecimento podem ter impacto relevante na economia municipal efetiva e na economia familiar.

* Os custos excluem o tratamento e a distribuição.
Fonte: Banco Mundial (1998).

A Tabela 9.9 compara o preço da água em países desenvolvidos.

Tabela 9.9 Comparação de preço da água em diferentes países desenvolvidos.

País	$ US$/m^3
Alemanha	1,91
Dinamarca	1,64
Bélgica	1,54
Países Baixos	1,25
França	1,23
Reino Unido da Grã-Bretanha e Irlanda do Norte	1,18
Itália	0,76
Finlândia	0,69
Irlanda	0,63
Suécia	0,58
Espanha	0,57
Estados Unidos	0,51
Austrália	0,50
Sul da África	0,47
Canadá	0,40

Fonte: UNESCO (2003).

Conclusões

A água e as economias local, regional e global estão diretamente relacionadas, uma vez que o desenvolvimento econômico, a produção agrícola e todas as atividades humanas dependem da disponibilidade de água e do acesso a água cuja qualidade seja adequada. A escassez de água impede o desenvolvimento econômico e limita alternativas econômicas. Poluição e contaminação de rios, lagos e represas produzem impactos econômicos em razão da perda de atividades promovida pelos usos dos recursos hídricos e pelos efeitos diretos e indiretos.

Além desses aspectos fundamentais na gestão das águas, deve-se considerar o valor econômico total dos "serviços" proporcionados pelos ecossistemas aquáticos e os custos da perda desses serviços. A gestão das águas será mais eficiente à medida que instrumentos econômicos, como a cobrança pelo uso da água e o princípio do poluidor/pagador, forem introduzidos na legislação. Água abundante, de boa qualidade, amplia as perspectivas econômicas e as alternativas para o desenvolvimento local e regional. Águas despoluídas revitalizam as economias local, regional e internacional.

Os custos da recuperação de rios, lagos e represas têm impacto econômico sobre municípios, estados e países. A despoluição dos grandes lagos norte-americanos demandou um investimento de US$ 20 bilhões em 20 anos. Um dos grandes desafios atuais é calcular os custos de recuperação de sistemas aquáticos degradados e produzir tecnologias e novas iniciativas institucionais para baixar os custos. A apropriação de águas de várias bacias hidrográficas pode gerar conflitos institucionais e econômicos entre vários municípios.

Capítulo 10

Formação de Recursos Humanos: Passado, Presente, Tendências e Perspectivas

Limnologia e as bases científicas para o gerenciamento de águas

Limnologia é uma ciência interdisciplinar que integra estudos biológicos, químicos, físicos e geológicos para a compreensão científica dos mecanismos de funcionamento de águas continentais (lagos, rios, represas, áreas alagadas, pequenos tanques, águas temporárias e lagos salinos no interior dos continentes). O desenvolvimento científico da Limnologia nos últimos cem anos foi muito intenso, culminando com a compreensão de que os sistemas continentais estão submetidos a permanentes impactos a partir das bacias hidrográficas, cada sistema é único em seu funcionamento e a resposta de cada ecossistema de água doce aos diferentes impactos depende da morfometria da bacia hidrográfica e dos lagos, do clima, dos usos de bacia hidrográfica, do tempo de retenção e da história da ocupação humana na bacia.

Como escreveu Falhenmark (1999):

> *"A menos que os princípios gerais de comportamento de lagos sejam bem conhecidos, qualquer ação para o desenvolvimento sustentável fica muito distante."*

e

> *"Lagos não são ilhas isoladas em uma paisagem, mas geograficamente estão inseridos em um sistema hidrográfico como pérolas em um colar. Se quisermos fazer realmente desenvolvimento sustentável deveremos compreender as interações do lago com sua bacia hidrográfica e os impactos na zona litoral. A implicação disto é que o desenvolvimento sustentável do lago só é possível se for parte de um processo sistêmico, integrado, de gerenciamento da bacia hidrográfica."*

Esses conceitos enfatizam o caráter multidisciplinar e integrador da Limnologia como "ciência das águas continentais". Por muito tempo no século XX, Limnologia e gerenciamento de recursos hídricos permaneceram como abordagens isoladas e com poucas interfaces. Limnologia originou-se, em muitos casos, a partir de departamentos de biologia nas universidades, e estudos zoológicos, botânicos e geológicos em lagos foram dirigidos essencialmente por professores e alunos disciplinarmente, sem preocupação integradora e de abordagem sistêmica.

O gerenciamento de recursos hídricos ficou a cargo da Engenharia Civil e das escolas de engenharia. Portanto, as duas abordagens, a científica e a tecnológica, permaneceram até certo ponto paralelas durante muito tempo, com pouca interação.

A questão da qualidade da água também teve relativamente menos peso na abordagem de engenharia, uma vez que quantidade era a preocupação maior em razão dos esforços corretos e necessários para abastecimento público e saneamento.

No início da última década do século XX essa visão disciplinar e fracionada da Limnologia começou a mudar graças aos esforços e à visão de muitos pesquisadores, como H. Odum, E. Odum, M. Straškraba, S. E. Jørgensen, R. Wetzel, J. F. Talling, C. S. Reynolds, R. Margalef e W. T. Edmondson Gene Likens. Essa mudança também ocorreu em razão da constatação de que era necessário profundo conhecimento básico em Limnologia para recuperar lagos e represas ameaçados pela poluição e pelo declínio do nível da água. A necessidade de integração entre educação e formação de recursos humanos, pesquisa em Limnologia e gerenciamento de recursos hídricos também se deve a uma visão integradora do processo de gerenciamento, particularmente enfatizada por Vollenweider (1968, 1975, 1976) e Schindler (1977, 1985). Outro biólogo, ecólogo e limnólogo com visão interdisciplinar, G. Evelyn Hutchinson (1957), também contribuiu decisivamente para a mudança de paradigma em Limnologia. E por fim, nos últimos 20 anos do século XX, o trabalho realizado por limnólogos tchecos, especialmente Milan Straškraba e colaboradores, contribuiu decisivamente para uma mudança de paradigma na visão de aplicação da Limnologia (Straškraba, 1995) e suas interações com sistemas e metodologias de gerenciamento e processos de engenharia.

A compreensão dos mecanismos de funcionamento dos sistemas aquáticos é complexa em razão da interdependência dos fatores físicos, químicos e biológicos, tornada ainda mais complexa pela interação com a bacia hidrográfica e a climatologia como função de força. Os impactos das atividades humanas nos sistemas continentais e seus efeitos dificultaram ainda mais o diagnóstico. Compreender cientificamente, portanto, como sistemas continentais naturais e com pouca influência das ações humanas respondem a impactos, evidentemente, é tarefa primordial da Limnologia. Portanto, a formação de recursos humanos em Limnologia deve conter alguns conceitos fundamentais:

i. Fornecer visão integrada e integradora do ecossistema aquático e suas relações com as bacias hidrográficas nas quais se inserem.

ii. Destacar aspectos comparativos de funcionamento de lagos, rios, represas e áreas alagadas de forma a mostrar a hierarquia de fatores envolvidos nos processos.

---

1. É claro que nas ações de saneamento tradicionalmente desenvolvidas na área de engenharia sempre houve preocupação com a qualidade da água. Entretanto, *qualidade* e *quantidade*, consideradas em conjunto, constituem importante inovação. Os pesos para a gestão são iguais atualmente.

iii. Além disso, a descrição regional é essencial para destacar aspectos comparativos, reconhecendo lagos e represas como sistemas complexos organizados segundo hierarquias estabelecidas pela interação entre funções de força, variáveis de estado e processos.

iv. A utilização de lagos como sistemas experimentais deve fazer parte do treinamento em Limnologia como base para manipulação e aplicação de técnicas de gerenciamento.

v. Portanto, o desenvolvimento de uma perspectiva de ecossistema, o acoplamento de todos os subcomponentes, como a bacia hidrográfica e as interfaces sistema terrestre–sistemas aquáticos e entre as comunidades de zona litoral e da zona limnética de lagos e represas devem ser considerados.

vi. A formação de recursos humanos em Limnologia deve dar condições para uma intervenção efetiva em questões de gerenciamento e decisões reguladoras e de legislação.

vii. A exposição permanente a condições de campo, ao trabalho prático e aos vários mecanismos de funcionamento dos rios, lagos, represas e áreas alagadas, por intermédio de observações controladas, experimentação e comparações posteriores, deve ser estimulada.

Segundo Wetzel (1996), um curso completo de pós-graduação na área de Limnologia deve ser composto pelas seguintes bases:

> Hidrologia Avançada, Limnologia Física, Biologia Aquática (Botânica e Zoologia Aquáticas, Microbiologia), Química e Bioquímica de Sistemas Aquáticos, Genética e Biologia Molecular, Ecologia de Ecossistemas (com conceitos de termodinâmica e fluxo de energia), Matemática e Estatística, Modelagem Ecológica e Matemática.

Esse tipo de formação permitirá aos limnólogos não só desenvolver programas de pesquisa científica, mas também contribuir e participar de equipes multidisciplinares de gerenciamento de ecossistemas aquáticos, de planejamento ambiental e de planejamento regional centrado em águas.

A formação de gerentes

A formação de recursos humanos em gerenciamento de recursos hídricos segue linhas de atuação semelhantes às anteriores. A mudança de paradigma que ocorreu em gerenciamento de ecossistemas em geral se deve particularmente a Howard Odum e Bernard Patten, introdutores da visão sistêmica e análise de sistemas ao processo de gerenciamento, dando a este condições de diagnóstico quantitativo mais avançado e capacidade preditiva. Outro pesquisador que contribuiu decisivamente para alterar conceitos nessa área foi Van Dyne (1971).

O gerenciamento de sistemas ecológicos também passou por mudanças fundamentais de paradigma no final do século XX. Em vez de setorial, localizado e reativo, no século XXI ele passará a ser **integrado, ecossistêmico** e **preditivo**, como já foi enfatizado neste livro. Para fazer frente a essa demanda, a formação de especialistas deve considerar a integração da ciência básica (Limnologia) com a tecnologia e a engenharia de recursos hídricos, promovendo, portanto, melhor capacidade gerencial, especialmente preditiva. Por exemplo, toda a questão do monitoramento, principalmente do biomonitoramento, e da avaliação da qualidade da água, para fins de gerenciamento e manipulação dos sistemas, depende em grande parte da interação entre a pesquisa básica em Limnologia e a aplicação tecnológica para recuperação de lagos, represas e rios. Todos os programas de conservação de ecossistemas aquáticos dependem evidentemente de conhecimento básico em Limnologia. Um curso de gerenciamento de recursos hídricos deve, portanto, ter por base os seguintes fundamentos:

i. Bases científicas de funcionamento dos ecossistemas aquáticos.
ii. Visão regional de funcionamento dos ecossistemas aquáticos e mecanismos de integração bacia hidrográfica–lagos, rios, represas. Água e a economia regional e mundial.
iii. Hidrologia e aspectos quantitativos do ciclo da água com exemplos regionais, locais e continentais.
iv. Visão econômica dos usos múltiplos da água e sua degradação. Custos e sistemas de tratamento. Visão econômica das bacias hidrográficas.
v. Técnicas de recuperação e gerenciamento, e saneamento.
vi. Técnicas de gerenciamento integrado, georeferenciamento uso da SIG.
vii. Legislação ambiental e organização institucional pertinente.
viii. Estudos de caso e exemplos de gerenciamento bem-sucedidos e malsucedidos para exame de falhas e limitações.
ix. Técnicas para educação sanitária e ambiental do grande público.
x. Modelagem matemática e ecológica de sistemas aquáticos (rios, represas, áreas alagadas, lagos).
xi. Técnicas de auditoria ambiental.
xii. Problemas sociais e econômicos relacionados aos usos da água, às culturas locais e tradicionais, às práticas agrícolas e aos impactos sobre a quantidade e qualidade das águas.

As modernas "Ciências da Águas" necessitam de vasta gama de especialidades e áreas de atuação. Cientistas, professores e gerentes precisam de treinamento integrado nessas áreas e de conhecimento da complexidade e da magnitude das questões. Isso inclui capacidade interdisciplinar para promover e participar da cooperação entre cientistas, engenheiros, gerentes e a comunidade de usuários das águas continentais (Rigler & Peters, 1995).

Implementar programas de treinamento com visões interdisciplinares e capacidade de predição integradas, gerenciamento e pesquisa básica não é fácil e é uma ação de longo prazo. Entretanto, há ampla necessidade dessa implementação em razão dos vários e acumulados impactos sobre as águas continentais. A ação interdisciplinar na formação de recursos humanos qualificados deve dar condições para efetivo gerenciamento e recuperação de recursos hídricos e provavelmente antecipar impactos diretos e indiretos, por intermédio da implementação de novas metodologias, visão sistêmica e estratégias inovadoras que dependem da análise conjunta de processos ecológicos, sociais, econômicos e biogeofísicos.

Um dos aspectos mais importantes que tem sido destacado pelos especialistas na formação de recursos humanos – pesquisadores e gerentes em recursos hídricos – é a necessidade cada vez mais reconhecida de trabalho prático que envolva pesquisas de campo e trabalho em contato direto com os problemas.

Embora haja cada vez mais necessidade de uso de sistemas computacionais para a elaboração de modelos, o georreferenciamento de bacias hidrográficas e o uso de imagens de satélite é fundamental, assim como reconhecer a importância de trabalhos práticos avançados que possibilitem a obtenção de medidas adequadas com metodologia moderna que inclua monitoramento em tempo real. O trabalho de campo, que inclui visitas, observações e medições em ecossistemas aquáticos selecionados, permite formação mais realista e integra a formação teórica e as hipóteses com as determinações, possibilitando análises avançadas e decisões adequadas para escolha tanto de linhas de pesquisa como de gerenciamento.

Também é necessário integrar de forma decisiva os mecanismos de obtenção da informação com o processamento e o gerenciamento, de modo a promover avanço na metodologia de tratamento dos resultados obtidos. Uma visão da abordagem necessária e dos métodos de estudo que podem ser úteis para a formação de pesquisadores e gerentes é apresentada na Figura 10.1.

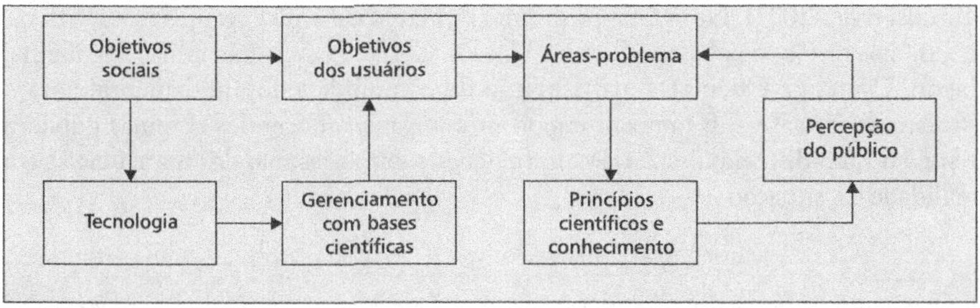

Figura 10.1 Princípios estratégicos para o treinamento em gerenciamento de recursos hídricos.

Capacitação e mobilização do público em geral

A mobilização do grande público e a necessidade de ampliar a percepção da população sobre os problemas críticos das águas e suas soluções é outro tópico de fundamental importância na capacitação de recursos humanos e no treinamento. Essa mobilização e capacitação inicialmente podem ser elaboradas em relação aos problemas locais de água.

Ela deve utilizar meios populares de comunicação (no Brasil, o meio de comunicação mais popular ainda é o rádio; em muitos municípios, mais de 90% das pessoas ouvem rádio durante o dia). Além disso, a comunicação deve se dar em torno de problemas econômicos, sociais e de saúde da população associados à água. Essa visão integrada sempre deve ser parte do processo; deve incentivar iniciativas que produzam alterações no comportamento das pessoas diante dos usos múltiplos da água. A utilização da bacia hidrográfica mais próxima como unidade de treinamento e para manter o interesse da população também é fundamental. Freqüentemente, também é necessário um interlocutor que tenha condições de decodificar adequadamente a informação para o grande público (Tundisi, 1990, 1999, 2001).[1]

Os programas necessitam de orientação prática e devem ser apropriados para cada comunidade, enfatizando sempre os problemas e processos locais. É importante também registrar os dados e informações sobre o ciclo da água e a quantidade e a qualidade da água disponíveis para a população. A disponibilidade técnica das informações para a população, em geral, tem efeito extremamente importante e pedagógico. A estrutura político-social-econômica local deve ser envolvida no processo, pois, conseqüentemente, essa visão amplia a capacidade de decisão e de interferência da comunidade no processo de gerenciamento das bacias hidrográficas e dos recursos hídricos.

A criação de redes de comunicação por intermédio de internet, rádio, televisão e jornais também possibilita ampliar a capacidade de compreensão dos problemas pela comunidade e, sem dúvida, permitirá atingir o grande público de forma permanente, criando movimento de grande repercussão (Matsumura Tundisi *et al.*, 2001). Nos vários programas de gerenciamento e recuperação de lagos, em muitas regiões do planeta (Estados Unidos, China, França, Inglaterra, Alemanha, Japão, Uganda e Quênia), a participação da comunidade foi fundamental para o sucesso da iniciativa. É também importante a transparência dos sistemas públicos e privados na disponibilização de informações sobre o "estado dos mananciais" e a realidade da situação.

1. Em muitos países, o decodificador para a comunidade é o professor de 1º e 2º graus. No Japão este decodificador é o agente da saúde pública, que no Brasil pode corresponder ao agente da vigilância sanitária.

As várias formas de comunicação nesses casos foram: seminários, publicações (cartilhas, livros), audiovisuais, meios eletrônicos, painéis, teatro, trabalho e visitas de campo e à realidade local, conferências de imprensa, exploração de áreas com motivação ambiental e reuniões de bairro e com associações de classe.

A mobilização do grande público é fundamental para a sustentação do processo de conservação da água e para enfrentar a escassez. O uso e a divulgação do conhecimento tradicional existente pode ser outra importante contribuição para a capacitação e para o aumento da percepção do grande público (Likens, 1992).

Treinamento: destaques especiais

- Deve-se ressaltar a promoção de novas abordagens e o desenvolvimento de parcerias.
- Deve ser articulado com contexto ocupacional de planejadores, gerentes, tomadores de decisão e administradores.

As principais abordagens na formação de recursos hídricos tanto para a pesquisa como para o gerenciamento são:

- Visão sistêmica dos processos.
- Visão integrada e integradora.
- Integração entre experimentação (observação)-síntese.
- Trabalho de campo em unidade real e próxima.
- Interação entre problemas biogeofísicos econômicos e sociais e demonstrações em estudo de caso.

Os principais métodos de estudo podem ser sintetizados em:

- Excursões de campo e observações.
- Técnicas para a mensuração de índices.
- Técnicas de laboratório.
- Uso de mapas e imagens de satélite.
- Uso de Sistema de Informação Geográfica (SIG).
- Uso de sistemas georreferenciados.
- Uso de técnica de informação e de informática.
- Usos e análises do banco de dados.
- Integração de bases de dados e montagem de sistema de informação.
- Reuniões e seminários de avaliação e de análise crítica.
- Reuniões e seminários com usuários e administradores para avaliação crítica e discussão de alternativas.

Quadro 10.1

Ferramentas, mecanismos e metodologia para alertar a população para os problemas ambientais

- Entrevistas com a comunidade, encontros e seminários
- Reuniões informais
- Palestras
- Mesas de trabalho
- Audiências públicas
- Painel de discussão
- Mala direta
- Notícias ao público
- Questionários
- Contatos telefônicos
- Linha quente (telefone)
- Pesquisa de porta em porta
- Quadros de aviso
- Pôsteres
- Excursões por instalações
- Viagens a campo
- Locais de preservação ambiental (visitas e seminários)
- Eventos especiais, ritos tradicionais
- Rádio
- Televisão
- Filmes e vídeos
- Painéis
- Videogames
- Internet (por exemplo "A água na Web")
- Cartas informativas e inserções em jornais
- Divulgação de notícias
- Notas para a imprensa

Modificado do PNUMA/IETC (2001).

Quadro 10.2

Centros Internacionais de Treinamento em Limnologia e Recursos Hídricos

Para resolver os problemas de treinamento especializado e de alto nível oferecido a pesquisadores e gerentes de recursos hídricos, há propostas concretas de estabelecer, em diferentes continentes, Centros Especializados de Treinamento Internacional (Tundisi, 2000). Esses centros, com participação de várias instituições, iniciativa privada e empresas de tratamento e distribuição de águas, estabelecidos em diferentes continentes e em rede, devem promover treinamento técnico e científico de alto nível em programas de curta duração (2 a 3 meses) que tenham enfoque interdisciplinar e utilizem dados e informações regionais sobre o ciclo hidrológico, água e saúde humana, água e economia regional. Os cursos terão avanços na qualidade da informação disponibilizada e deverão dar condições para discussão e apresentação de problemas relativos a tecnologias, organização institucional e trabalho prático. Tais cursos, localizados fora do sistema tradicional de mestrado e doutorado das universidades, devem promover rápidos progressos no treinamento para gerentes e pesquisadores.

A proposta já aprovada pela Sociedade Internacional de Limnologia Teórica e Aplicada e 13 Academias de Ciências do IAP (Inter Academy Panel) produziu importantes resultados. A idéia é estabelecer tais Centros na América Latina, África, China e Índia, promovendo uma rede mundial de treinamento avançado. Um dos centros já estabelecido e em funcionamento é o ITC (International Training Center) de São Carlos/SP, coordenado pelo Instituto Internacional de Ecologia, com apoio internacional, e que já ministrou dois cursos internacionais em 2001 e 2002 para 35 pesquisadores e gerentes de recursos hídricos de dez países (parceria com IBAMA/CEPTA).

Original Tundisi.

Conclusões

O treinamento de cientistas, gerentes e administradores deve promover integração entre as ciências básicas de pesquisa da água (Limnologia, Biologia Aquática, Química das Águas) e as áreas de Engenharia e Tecnologia (Hidráulica e Saneamento, Tratamento de Águas, Economia das Águas, Modelagem Matemática), com a finalidade de formar especialistas com visão sistêmica e integrada (e não generalistas). Além disso, deve ser incorporada visão social e econômica dos processos, a fim de promover capacidades de análise e gestão adaptativa e preditiva. Para o grande público, é necessário empregar vasto arsenal de técnicas e tecnologias no estímulo à participação e interesse dos usuários de água nas bacias hidrográficas. A disponibilização de informações relevantes para os usuários é fundamental.

Capítulo 11

Água no Terceiro Milênio: Perspectivas e Desafios

"*A água é a mãe de todas as coisas.*"
Píndaro

"*A magia do mundo está na água: a água guarda o passado e prepara o futuro.*"
Provérbio indígena

Como ficou demonstrado nesta obra, água é um recurso natural, distribuído desigualmente pela superfície e aqüíferos do planeta, e sua disponibilidade, uso e gerenciamento adequado são fundamentais para o futuro sustentável da humanidade. Algumas perspectivas e desafios são considerados neste capítulo para mostrar que há soluções que podem ser desenvolvidas com criatividade e inovação, colocando-se sempre a informação científica, a tecnologia, a disseminação dos problemas relativos à água e a resolução dos conflitos e otimização dos usos múltiplos como pontos fundamentais.

Primeiro, é extremamente importante persistir no levantamento de informações e na elaboração de bancos de dados mundial sobre balanços hídricos – em níveis global, regional e local. A continuidade desses programas, iniciados de forma mais organizada após 1967, a partir da Conferência Internacional "Água para a Paz", deverá fornecer informações cada vez mais precisas sobre a quantidade de água doce no planeta, os ciclos globais e as alterações produzidas pelas mudanças globais e pela intervenção do homem. Essas informações mostram também reservas substanciais em aqüíferos subterrâneos. A água como recurso natural apresenta algumas características essenciais (*Fontes*: Speidel *et al.*, 1988; Postel, 1997; Tundisi, 2001):

- *A água é ubíqua* – está em quase todas as regiões do planeta, principalmente onde há concentração humana, conseqüência natural da disponibilidade de água. A presença de água é constante no planeta, e onde não há água não há vida.
- *A água é um recurso heterogêneo* – a água existe nas formas líquida, sólida e gasosa, sendo a forma líquida a mais utilizada. Varia em composição química dependendo da hidrogeoquímica regional e local. A qualidade da água líquida deve atender aos requerimentos da demanda. A água não está igualmente distribuída por todo o planeta.
- *A água é um recurso renovável* – o ciclo da água implica permanente renovação do estoque de água e da sua qualidade. Tecnologias modernas têm interferido no ciclo natural (dessalinização, alteração nos padrões de precipitação, construções de canais, diques e represas).

- *A água é uma propriedade comum* – ainda não há definição clara dos direitos de propriedade da água em muitos países. Os custos de tomada de água, tratamento e transporte são reconhecidos, mas os custos de disponibilidade de água não.
- *A água é usada em grandes volumes* – a quantidade de água utilizada excede consideravelmente as quantidades de outros recursos naturais usados pelo homem.
- *A água doce é muito barata* – os vários processos econômicos associados ao tratamento e distribuição da água, além das economias de escala relacionadas ao suprimento de água, fazem com que todos os custos da água sejam relativamente baratos. Águas municipais custam menos de US$ 0,30 por tonelada métrica, enquanto areia, provavelmente o *commodity* mineral mais barato, custa US$ 3 a tonelada, o ferro, US$ 30 a tonelada. No Brasil, a água municipal, cujo custo varia, está em torno de R$ 0,40 para R$ 35/1.000 m^3 para uso doméstico (custo do tratamento).

Essas questões estão promovendo novos e importantes progressos na resolução dos vários problemas de suprimento, abastecimento e tratamento de água. O primeiro tópico importante é o da questão econômica e a necessidade de tratar a água como uma reserva de recurso natural, cujos uso e tratamento têm custos. A escala da poluição é uma fração da taxa da atividade econômica, e os custos e tratamento dessa poluição têm valor considerável do ponto de vista econômico e como parte do produto interno bruto (PIB). As questões relacionadas à hidroeconomia são:

a) *Suprimento e retirada de água*: regulação das taxas pagas por monopólios ao Estado.
b) *Distribuição*: regulação e desenvolvimento tecnológico para diminuição das perdas.
c) *Usos da água*: regulação das taxas pagas por usuários (monopólios ou não) pelo uso da água.
d) *Usos do solo*: regulação das taxas pagas pela população local e os serviços proporcionados pelo solo (urbanização, agricultura e outros usos).
e) *Tratamento de esgotos e efluentes*: regulamentação dos tratamentos de esgotos e efluentes e seu uso. Taxação efetiva das descargas industriais e o princípio do poluidor/pagador.
f) *A regulamentação dos setores privados e dos monopólios* relativamente ao uso, distribuição e tratamento da água. (Merret, 1997)

Do ponto de vista gerencial, é fundamental persistir na proposta do gerenciamento integrado, preditivo em nível de ecossistema. Outra característica importante é o gerenciamento adaptativo da bacia hidrográfica como um mecanismo básico de gestão do solo e das águas. A formação de recursos humanos e a preparação de gerentes e técnicos de recursos hídricos, sem dúvida, é outro desafio importante. Em nível gerencial e técnico, há grande deficiência tanto mundial como no Brasil, o que, sem dúvida, deve promover grande demanda de treinamento nos próximos anos. Em nível municipal, este é um dos grandes desafios na gestão e tratamento das águas.

As missões mais importantes relativas à gestão das águas e à política de gerenciamento das águas devem ser:

i) Fornecer água adequada e com qualidade e quantidades suficientes para uso doméstico, indústrias e agricultura.
ii) Promover e proporcionar suprimentos adequados a todos.
iii) Gerenciar adequadamente a água, seu uso e seu suprimento.
iv) Proteger a periódica capacidade de renovação da água superficial e subterrânea.
v) Conservar a biodiversidade dos sistemas aquáticos.
vi) Reduzir conflitos internacionais, locais e regionais sobre o uso das águas.
vii) Proteger comunidades rurais e urbanas de enchentes.
viii) Purificar e tratar água de esgoto e de efluentes.
ix) Proteger os mananciais.

Os princípios de sustentabilidade para o uso da água e sua permanente renovação no planeta são:[1]

- Proteção do hidrociclo e dos mananciais.
- Purificação e tratamento da água.
- Conservação da biodiversidade e dos habitats. Manutenção dos *hotspots*.[2]
- Gerenciamento da quantidade e da qualidade.
- Suprimento eficiente de água doce a todas as pessoas independentemente de classe e posição econômica.
- Proteção do solo e prevenção da contaminação e poluição da eutrofização.
- Gerenciar os usos múltiplos e adequá-los à economia regional.
- *Promover orientações estratégicas para a prospecção.*
- Promover avaliações adequadas da distribuição e tratamento de águas e esgotos por sistemas públicos ou privados.

O suprimento de água, a questão tecnológica do tratamento e da purificação e a proteção dos mananciais, bem como a manutenção do hidrociclo e do ciclo

---

1. *Fontes*: Merret (1997); Rebouças *et al.* (1999); Tundisi (2001); UNEP (1999).
2. *Hotspots* de biodiversidade – regiões com alta biodiversidade aquática ou terrestre ou ambas (N.A.).

hidrossocial e sua otimização e a gestão dos conflitos e dos usos múltiplos, são a grande vocação e motivação do terceiro milênio. Novas estratégias para o gerenciamento e para o desenvolvimento sustentável de recursos hídricos devem prevalecer no século XXI.

Os desafios referentes à escassez da água devem ser enfrentados com vigoroso gerenciamento do suprimento e da demanda, com a inclusão de novas fontes, como exploração sustentada dos aqüíferos subterrâneos, reflorestamento intensivo para proteger recargas e proteção e recuperação dos solos para melhor gestão da qualidade da água. O reuso da água deve ser um fator cada vez mais preponderante no século XXI. Este reuso pode desempenhar papel econômico fundamental. Na Califórnia, por exemplo, o Estado com a maior taxa de reutilização da água nos Estados Unidos, a água de efluentes domésticos e industriais tem sido reutilizada para irrigação de parques e campos de golfe, resfriamento industrial, barreira como intrusão de águas costeiras e salobras e aplicação em certos tipos de agricultura. Entretanto, mesmo nesse Estado, o reuso da água de efluentes ainda é de 1% do suprimento da água (Rosegrant, 1996).

Além do reuso, a captura da água de precipitação ou enchentes para suprir cultivos irrigados, prática muito comum em regiões semi-áridas da Índia e do Paquistão, deve ser intensificada em outras regiões áridas e semi-áridas. Na Índia, 800.000 hectares do solo agrícola são irrigados dessa forma (Clarke, 1993). A captura e reserva de água pode, também, melhorar o padrão de conservação do solo, evitando a erosão.

Um movimento institucional importante, por intermédio da descentralização, deverá ocorrer. A integração dos municípios no sistema de conservação, tratamento de esgotos, reuso da água e monitoramento avançado depende de um conjunto de tecnologias que poderá ser colocado à disposição em função de treinamentos especializados, equipamento e metodologias adequados com custos acessíveis. As questões legais e de regulamentação também deverão prevalecer. As experiências no Japão, nos Estados Unidos e no Brasil demonstraram que o aumento dos custos da água e dos impostos sobre poluição por meio de taxas adequadas resultaram em medidas efetivas de controle de poluição industrial.

Estratégias de sobrevivência para escassez da água

Uma série de estratégias têm sido propostas para enfrentar a escassez e aumentar a disponibilidade de água (Shiklomanov, 1998; DeVilliers, 2000; PNUMA/IETC, 2001; Rebouças, 2002).

a) *Estratégia para obtenção de mais água*: Aumentar as reservas, proteger os aqüíferos subterrâneos e desenvolver sistemas de transporte de água para onde há escassez. Há três sistemas de transporte de água em funcionamento em larga escala na Califórnia, em Israel e na Líbia. Esses sistemas transportam água do interior para a costa! Proteção dos mananciais de águas superficiais. A *dessalinização* pode ser um importante instrumento para a obtenção da água doce no futuro. Por exemplo, no caso do Oriente Médio, a dessalinização pode ser uma das saídas para a obtenção de mais água. Para produzir 100 milhões de m^3 de água, o custo é de US$ 100 milhões, ou seja, US$ 1,00 por m^3. Alguns experimentos recentes com osmose reversa produzem água dessalinizada com preço mais acessível: US$ 0,45 por tonelada.[3] A dessalinização de água salobra, de estuários, mais barata e acessível, seria outra tecnologia com potencial de utilização nos próximos 20 anos. O problema da dessalinização é o custo da energia despendida no sistema. Por exemplo, para produzir 9,25 milhões de metros cúbicos de água em Santa Bárbara (Califórnia), o gasto de energia é de 50 milhões de quilowatts. A transposição da mesma quantidade de água do rio Colorado para a região metropolitana de Los Angeles exige entre 15 milhões e 26 milhões de quilowatts. A transposição de águas pode ser um fator decisivo em muitas regiões e aliviar a pressão sobre determinados recursos e mananciais (De Villiers, 2000). Por exemplo, a transposição de águas da represa Billings para a represa Guarapiranga na região metropolitana de São Paulo foi fundamental para o suprimento de água da zona sul, uma vez que os estoques estavam completamente deplecionados e necessitavam de recarga. Transposição em regiões metropolitanas e em larga escala pode ser uma saída para a escassez. No entanto, a transposição em qualquer escala espacial deve ser acompanhada de um processo permanente de auditoria, cuja finalidade é avaliar o impacto da transposição e seus efeitos posteriores. O *monitoramento* é essencial para enfrentar a escassez e detectar fontes de água não poluída, além de servir como um sistema de diagnóstico precoce.

b) *Estratégias para diminuir o consumo e reciclar água*: É fundamental reduzir a demanda de água, colocando preços adequados no fornecimento de água, taxando a poluição ou tornando o consumo de água mais eficiente, com técnicas mais baratas, educação da população e uma nova *ética da água*. Técnicas inovadoras de irrigação (muitas em operação em Israel, como irrigação por gotejamento, irrigação de aspersão em baixa pressão, hidrocultura com água reciclada e captura de água em umidade do ar) podem ser introduzidas com muitos benefícios para a conservação.

c) *Estratégias para o gerenciamento integrado*: Estabelecer bases sólidas para o gerenciamento integrado significa desenvolver capacidades institucionais adequadas, integrar sistemas federais, estaduais e municipais,

---

3. Experiências bem-sucedidas de dessalinização de lagos salobros no Nordeste do Brasil, empregando equipamento de baixo custo, devem ser retomadas e estimuladas.

implantar e consolidar os comitês de bacias hidrográficas, dar atenção para as questões relacionadas à proteção dos mananciais e aos usos múltiplos da água e educar a população. Significa, também, organizar bases sólidas para a sustentação econômica do uso, tratamento e conservação da água e resolver conflitos sobre os usos múltiplos.

d) *Estratégias para a conservação da água em nível internacional e entre fronteiras estaduais*: Atualmente, há 200 bacias internacionais cujos usos múltiplos de água têm gerado conflitos. A escalada desses conflitos é devida, em grande parte, ao problema de usos múltiplos da água, a montante e a jusante, produzindo efeitos no volume de água (enchentes) e grandes perdas econômicas em razão da poluição e da eutrofização e do uso excessivo de grandes volumes de água. A conservação de água em nível internacional, a recuperação de rios, lagos e represas, o controle da irrigação e do volume de represas e o controle da poluição só podem ser realizados se grupos internacionais puderem administrar os recursos hídricos com legislação apropriada, internacional, novas tecnologias e investimentos compartilhados, como foi feito nos grandes lagos norte-americanos e como está sendo paulatinamente implementado na bacia do Prata pela RIGA (Rede Integrada do Gerenciamento de Águas). No Brasil, o gerenciamento de água por comitês de bacia, como o caso do rio São Francisco ou do rio Paraíba do Sul, ou muitas outras em vários estados, pode ser uma das soluções que estão acima das divisões estaduais e políticas e, portanto, acelerar o processo de gestão e otimizar o controle.

Um problema adicional muito importante, que deve ser considerado ao enfrentar a escassez de água, é *reduzir o desperdício*. Há enormes desperdícios no uso da água e as perdas no transporte podem ser de até 40% em muitas áreas urbanas de todo o planeta. Esse desperdício da água ocorre nos usos domésticos, na irrigação, nos usos industriais e em quase todas as atividades humanas que utilizam água para múltiplas finalidades. Expansão e aprofundamento das novas técnicas de irrigação deverá ser regra comum no século XXI. Os métodos de irrigação serão cada vez mais adaptados ao tipo de solo, ao tipo de cultura e ao clima.[4] Técnicas de injeção de nutrientes com a água melhorarão muito a eficiência da irrigação e da fertilização. A irrigação em pequena escala, mais eficiente, será mais utilizada do que a irrigação em grandes complexos agroindustriais. O desperdício em áreas urbanas deve ser resolvido com a implantação de sistemas automáticos de distribuição, melhoria nos sistemas de transporte de água com tubulações mais eficientes e um conjunto de processos de educação que podem facilitar os usos múltiplos,

---

4. Análises da suscetibilidade de solos à irrigação e seu potencial para degradação de águas superficiais podem contribuir com a prospeção de futuras possibilidades regionais e com o zoneamento de bacias hidrográficas (Tundisi *et al.*, 2003).

preservar a água e reduzir o desperdício. A educação para controle da qualidade e quantidade deve fazer parte de um conjunto de informações ao grande público.

O panorama internacional

Um dos grandes desafios do século XXI deverá ser a resolução e o acompanhamento de conflitos internacionais resultantes da disputa pela disponibilidade de água. Regiões de grande turbulência internacional relativa aos usos compartilhados da água são as bacias dos rios Jordão, Tigre-Eufrates e Nilo, todos no Oriente Médio. Por exemplo, a Turquia está construindo 21 represas no rio Eufrates (GAP – Greater Anatólia Project, Projeto da Grande Anatólia) ao custo de US$ 21 bilhões. Essas represas deverão produzir hidroeletricidade e irrigar 1.500.000 hectares. O projeto pode reduzir em 40% o suprimento de água à Síria e em 90% o suprimento de água ao Iraque. O governo da Turquia comprometeu-se em manter um fluxo de 500 m^3/s a jusante, a fim de proporcionar água de irrigação e outros usos ao Iraque. O rio Nilo tem 3.030.300 km^2 da bacia hidrográfica em nove países e é fonte potencial de disputas futuras. A Figura 11.1 mostra as principais bacias hidrográficas do Oriente Médio que são fontes potenciais de problemas e de potenciais conflitos relativos aos usos múltiplos da água e compartilhamento dos recursos hídricos (Biswas & Uitto, 2001; Grover & Howarth, 1991).

Outras bacias internacionais com problemas são a do Indus (Paquistão e Índia), com 2.900 km de extensão, a do rio Ganges (Índia e Bangladesh) e a bacia do rio do Prata (Paraná, Uruguai, Paraguai), que é compartilhada por cinco países. Nesta última, a implementação da RIGA possibilitou um mecanismo institucional de gerenciamento de águas adequado e avançado que promoverá a integração do gerenciamento das águas na bacia do Prata.

Uma nova ética para a água

Quando a água é abundante e o volume *per capita* é muito alto, como nas regiões da bacia amazônica ou em alguns lagos africanos, os vários aspectos dos usos múltiplos podem coexistir sem graves problemas. Entretanto, é na escassez que os conflitos sobre a água emergem e a competição se acirra.

Essa escassez pode ser resultado de avidez no uso e de desequilíbrio permanente no ciclo hidrológico ou pode resultar do excesso de poluição e contaminação que limita os usos múltiplos e somente permite certos tipos de usos. Por exemplo, águas eutróficas podem ser utilizadas, até certo ponto, para geração de energia elétrica ou irrigação, mas não podem ser utilizadas para abastecimento público ou recreação – necessitam de tratamento. O desafio para a sociedade do futuro é justamente o gerenciamento dos conflitos e a capacidade de acomodar os usos múltiplos cada vez com mais eficiência. A competição para os diversos usos será sempre maior e cada vez mais presente neste século XXI.

Uma nova ética para a água deve ser considerada. Ela está acima das questões da água como fator econômico ou de que os "sistemas da água" são canais, adutoras, medidores e plantas de tratamento (Postel, 1997). É muito importante que os aspectos centrais do abastecimento e da distribuição de água sejam controlados pelos governos, uma vez que esses aspectos devem considerar a água e os ecossistemas aquáticos como "provedores de serviços". Concentração de poder para alguns monopólios privados, como tem ocorrido nas privatizações em Buenos Aires, Casablanca, Cidade do México e Adelaide, pode não ser totalmente desejável nesta nova ética (Postel, 1997; NRC, 1999; Tundisi *et al.*, 2000a).

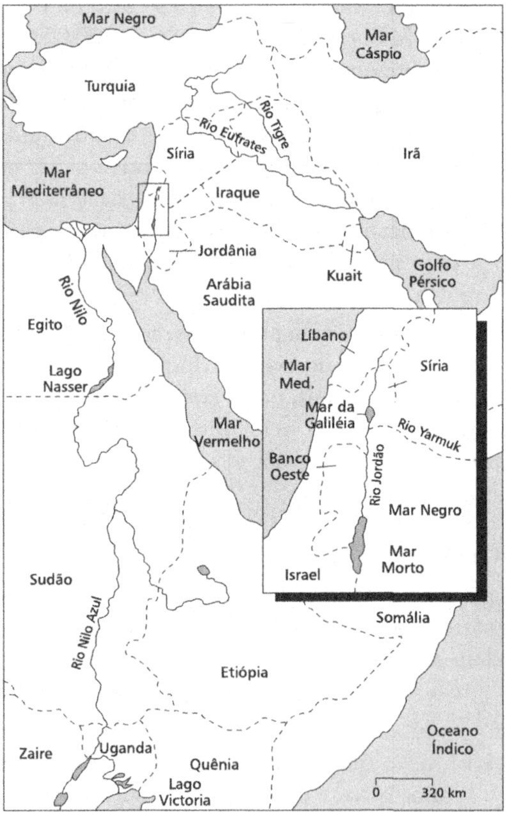

Figura 11.1 Principais bacias hidrográficas do Oriente Médio que são fontes de problemas e conflitos nos usos dos recursos hídricos (Postel, 1997).

A conservação dos recursos hídricos é também outro aspecto fundamental do problema. A conservação de mananciais e de fontes de águas subterrâneas deve fazer parte de um processo contínuo e de uma atitude permanente. Nessa conservação, a educação sanitária e ambiental do público como um todo, especialmente de políticos (prefeitos a governadores e legisladores), é fundamental. Há ausência quase total de apoio técnico a prefeitos de pequenos municípios no que diz respeito à água: desde o manancial até a torneira, desde a bacia hidrográfica até a estação de tratamento. Nesta ética da água, as articulações institucionais são fundamentais. A participação da comunidade de usuários associada à tecnologia disponível pode produzir alterações substanciais na situação atual.

Altos níveis de perda são intoleráveis e representam, em muitos países, bilhões de dólares de investimentos que poderiam resolver problemas de abastecimento e tratamento para milhões de pessoas. Se o gerenciamento contar com a participação ativa da comunidade, as perdas poderão ser substancialmente reduzidas. Por exemplo, no Nepal, onde atualmente 70% dos programas de irrigação são controlados pela comunidade de fazendeiros, há desempenho muito melhor e mais eficiente na distribuição e usos da água para irrigação (Banco Mundial, 1993).

A nova ética da água, que inclui a conservação, deve considerar os aspectos fundamentais da biodiversidade dos ecossistemas aquáticos e de sua proteção e manutenção. É esta biodiversidade que mantém os sistemas funcionando, que supre o homem com alimento e remédios e que pode, por fim, manter o planeta funcionando ainda por um longo tempo (Chapin *et al.*, 1997). Na busca de melhores padrões de vida e crescimento econômico, a sociedade atual tem considerado a água somente como um *commodity* ou recurso, sem atentar para o fato de que os sistemas aquáticos são dinâmicos, contêm surpreendente e espetacular diversidade de formas de vida e organismos e mantêm a harmonia e os processos fundamentais de funcionamento dos sistemas ecológicos e, em último caso, do planeta (Chichilnisky & Heal, 1998). De acordo com Klessig (2001), a sociedade tem um conjunto de requerimentos para ser sustentável que, no caso da água, envolve *valores estéticos, segurança coletiva, oportunidade cultural, oportunidade educacional, segurança emocional, segurança ambiental, liberdade individual e variedade, segurança individual, oportunidade recreacional* e *espiritualidade* (ver Figuras 11.2 e 11.3).

Essas bases proporcionam o arcabouço para as parcerias e articulações entre os profissionais e os cidadãos. Uso estético de lagos e represas é parte da vida comum de muitos cidadãos do Japão, Estados Unidos e Europa. "Solidão e beleza" foram as duas principais razões para a aquisição de propriedade em um lago no Estado de Wisconsin (Klessig, 2001). Por outro lado, serviços educacionais proporcionados por lagos, represas e rios representam enorme oportunidade para estudantes de todos os graus e para o público em geral.[5]

---

5. O autor tem utilizado, há muito tempo, rios, lagos e represas como laboratórios para ensino de Ciências Biológicas e Limnologia e para treinamento prático de gerentes de recursos hídricos. Tem também estimulado a implementação das "Escolas da Água" em muitos municípios e zonas periurbanas de regiões metropolitanas.

Os gerentes de recursos hídricos podem, portanto, mudar seus conceitos em relação ao gerenciamento de águas superficiais e subterrâneas. É muito bom e importante prevenir a eutrofização e proporcionar oportunidade adequada para pesca esportiva e outras atividades, mas, por outro lado, devem-se reconhecer valores estéticos, valores que incluam as presentes e futuras gerações e valores que incluam água, ar, solo, plantas e animais (Leopold, 1940; Klessig, 2002).

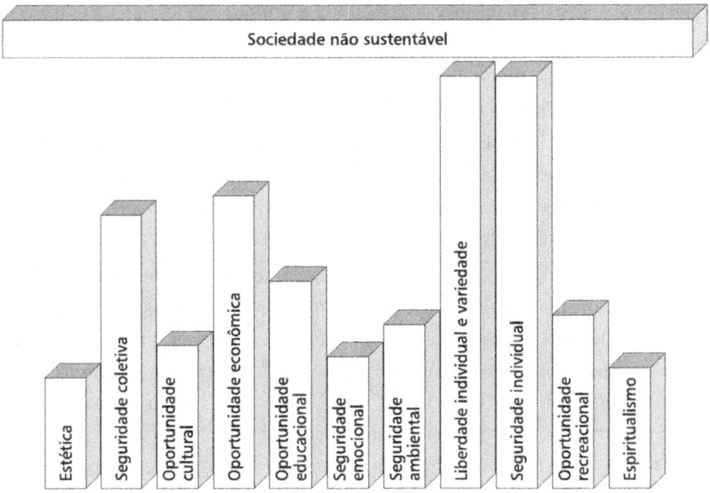

Figura 11.2 Características de uma sociedade não sustentável relacionada a recursos hídricos (Klessig, 2001).

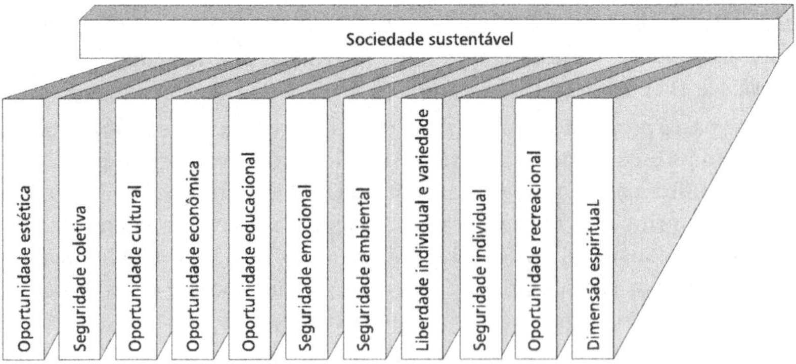

Figura 11.3 Uma sociedade sustentável e os valores relativos a recursos hídricos (Klessig, 2001).

Na Tabela 11.1 são descritas algumas tecnologias utilizadas para aumentar a disponibilidade de água, que incluem aumento da reserva, conservação de águas, aumento da eficiência e técnicas de gerenciamento mais adequadas e inovadoras. Já a Tabela 11.2 compara a disponibilidade de água *per capita* em 1990 com a prevista para 2025 em alguns países.

Tabela 11.1 Tecnologias para aumentar a disponibilidade de água.[6]

Efeito	Tecnologia	Comentários
Aumento da reserva de águas superficiais	Mudanças na reserva de água da superfície (mais represas)	Aumento das reservas e dos reservatórios de água sólida (neve)
	Gerenciamento das bacias hidrográficas	Ampliação da revegetação. Proteção da vegetação nativa
	Modelos de fluxo hidrológico em rios	Melhor uso da água de acordo com os ciclos hidrológicos
	Dessalinização	Altos custos são limitantes
Conservação das águas de superfície	Liberação flexível da água	Liberação relacionada com a demanda (para população agrícola, por exemplo)
	Controle das perdas	Limitação das perdas com tecnologias especiais
	Controle da evaporação	Limitação das superfícies, reflexão da luz solar, cobertura de represas de pequeno porte, mecânica ou quimicamente
	Gerenciamento da vegetação	Remoção de vegetação que causa evaporação excessiva
	Gerenciamento da água de superfície	Renovação da superfície do solo, mudança de propriedades do solo para conservar água da precipitação
	Irrigação	Há muitas técnicas disponíveis. Salinização do solo é um dos principais problemas
Aumento da eficiência no uso da água	Uso adequado de plantas e animais	Limitação do estresse de água. Utilização de água para produção agrícola em pequena escala
	Biotecnologia	Introdução de modificações genéticas para limitar o estresse de água
	Introduzir e desenvolver técnicas de reuso	Estímulo à inovação para reuso
Conservação dos aqüíferos subterrâneos	Recarga dos aqüíferos	Depende da disponibilidade de águas superficiais
	Controle da poluição	Manutenção da qualidade das águas subterrâneas é difícil. Recuperação da qualidade tem altos custos
Técnicas de gerenciamento	Gerenciamento da informação	Uso intensivo da informática
	Gerenciamento adequado do solo e da agricultura (por exemplo, plantio direto)	Agricultura alternativa, usos múltiplos do solo
	Gerenciamento integrado e preditivo	Compreensão das peculiaridades e dos componentes do hidrociclo. Compreensão do potencial e das limitações do hidrociclo

6. Tabela produzida e adaptada a partir de dados e informações em Speidel *et al.* (1988) e do Office of Tecnology Assessment, 1983 (EUA).

Quadro 11.1

Uma agenda para mudanças: aperfeiçoando a gestão das águas

A disponibilidade de águas doces está relacionada com todas as atividades da existência humana, desde a saúde das populações até a produção de alimento e de energia. Somente na última década do século XX a percepção sobre a complexidade do problema e as diversas interações entre os componentes do sistema tornou-se mais clara, gerando ações internacionais e iniciativas nacionais mais efetivas para o controle e gestão das águas.

À medida que o crescimento populacional aumenta e o nível de desenvolvimento econômico melhora, cresce a necessidade de mais água. Muitos aspectos e componentes do ciclo hidrológico já foram modificados pela ação humana para fazer frente a essas demandas. Construção de reservatórios, transposição de águas, exploração dos aqüíferos subterrâneos e vasta exploração de mananciais de superfície foram implementados a fim de suprir as demandas da água para uma crescente população urbana e economias em expansão. Mesmo com os avanços tecnológicos produzidos em tratamento e saneamento básico, substancial contingente da população humana ainda não conta com água de boa qualidade nem saneamento adequado. Contaminação das águas superficiais e subterrâneas, aumento das doenças de veiculação hídrica e ameaças ambientais permanentes (como eutrofização e contaminação) aos ecossistemas aquáticos colocam em riscos reservas de água em todos os continentes e bacias hidrográficas de muitas regiões do planeta.

São necessários enormes recursos em investimentos para a proteção e recuperação de ecossistemas aquáticos continentais. Estimativas recentes calculam em US$ 600 bilhões os investimentos exigidos nos próximos 10 anos para dar condições mínimas de saneamento básico e água disponível a 2 bilhões de pessoas. Evidentemente, para mudar essa agenda é necessário inovar na gestão das águas, aumentar a eficiência dos sistemas de transporte de águas, incentivar o reuso e ampliar a informatização dos sistemas de distribuição de águas e do gerenciamento. A participação da comunidade, a educação sanitária e ambiental, o uso de técnicas tradicionais de gerenciamento e experiências positivas de gestão das águas devem ser incentivados. Por outro lado, as questões legal e institucional necessitam de avanços adequados para tornar o gerenciamento mais efetivo e flexível; novas tecnologias para uso industrial, comercial e residencial de água precisam ser introduzidas. As questões internacionais devem ocupar também parte importante dos fóruns de decisão sobre a questão compartilhada das águas e seus usos múltiplos. A palavra-chave em todos os casos é: *mobilização em todos os níveis e ampliação da compreensão das diversas conexões e interações entre os sistemas aquáticos e as condições econômicas e sociais.*

A capacidade de resolver conflitos em níveis municipal, estadual, nacional e internacional faz parte do processo de gestão integrada de recursos hídricos a partir de agências de várias abrangências e de portes diversos.

Tabela 11.2 Disponibilidade *per capita* de água em 1990 e em 2025 em alguns países:

Países	Disponibilidade *per capita* de água em 1990 (m^3 por pessoa por ano)	Disponibilidade *per capita* de água projetada para 2025 (m^3 por pessoa por ano)
África		
Argélia	750	380
Burundi	660	280
Cabo Verde	500	220
Comoros	2040	790
Djibuti	750	270
Egito	1070	620
Etiópia	2360	980
Quênia	590	190
Lesoto	2220	930
Líbia	160	60
Marrocos	1200	680
Nigéria	2660	1000
Ruanda	880	350
Somália	1510	610
África do Sul	1420	790
Tanzânia	2780	900
Tunísia	530	330
América do Norte e América Central		
Barbados	170	170
Haiti	1690	960
América do Sul		
Peru	1790	980
Ásia/Médio Leste		
Chipre	1290	1000
Irã	2080	960
Israel	470	310
Jordânia	260	80
Kuait	< 10	<10
Líbano	1600	960
Omã	1330	470
Qatar	50	20
Arábia Saudita	160	50
Singapura	220	190
Emirados Árabes	190	110
Iêmen	240	80
Europa		
Malta	80	80

Fonte: Gleick (1998).

Água e desenvolvimento sustentável

Desenvolvimento sustentável prevê manutenção dos recursos naturais e sua disponibilização às próximas gerações. A água ocupa papel central nesse desenvolvimento sustentável dando condições para a renovação dos ciclos e para a sustentabilidade da vida no planeta. O conceito de desenvolvimento sustentável deve apoiar-se em um conjunto de informações confiáveis – banco de dados – e em um *sistema de informações* de qualidade derivado desse banco de dados. Os tópicos fundamentais para a elaboração de um banco de dados, vital para a implementação de projetos de desenvolvimento sustentável, são (Banco Mundial, 1998):

- Biodiversidade
- Recursos hídricos
- Dinâmica populacional
- Mudanças globais
- Degradação do solo
- Recursos humanos
- Poluição e contaminação
- Integração econômica

Os bancos de dados em cada região devem partir dessa base, cujos itens são distribuídos em 29 tópicos individuais. As combinações dos tópicos individuais são:

Biodiversidade e biocomplexidade[7]

- Impactos da densidade populacional
- Uso do solo/cobertura do solo
- Desmatamento
- Suprimento de água
- Valor das espécies

Recursos hídricos

- Hidrologia
- Desmatamento
- Qualidade da água
- Águas de superfície/águas subterrâneas
- Usos do solo/cobertura do solo

7. O termo biocomplexidade é recente e tem sido utilizado com freqüência para indicar as interações biológicas entre os organismos e entre os fatores abióticos. A biodiversidade seria produto da biocomplexidade.

- Densidade populacional
- Disposição de resíduos
- Biomassa
- Eutrofização

Dinâmica populacional

- Migração
- Taxa de natalidade/mortalidade
- Idade/distribuição por sexo
- Distribuição geográfica

Mudanças globais

- Desmatamento
- Biomassa
- Biodiversidade
- Hidrologia
- Clima
- Poluição
- Uso do solo/cobertura do solo
- "Saúde" (estado) humana
- "Saúde" (estado) do ecossistema
- Saúde da vida selvagem

Degradação do solo

- Cobertura do solo/usos do solo
- População
- Solos
- Produtividade
- Hidrologia
- Desmatamento
- Clima
- Poluição

Recursos humanos

- Saúde
- Educação
- Igualdade de renda
- Oportunidades
- População

Poluição e contaminação

- População
- Uso do solo/cobertura vegetal
- Indústria
- Transporte de resíduos
- Pesticidas no solo

Integração econômica

- População
- Recursos humanos
- Recursos financeiros
- Convênios e cooperações

A sustentabilidade de processos econômicos, sociais e ambientais, como sugere a Figura 11.4, deve apoiar-se em uma integração de ciências.

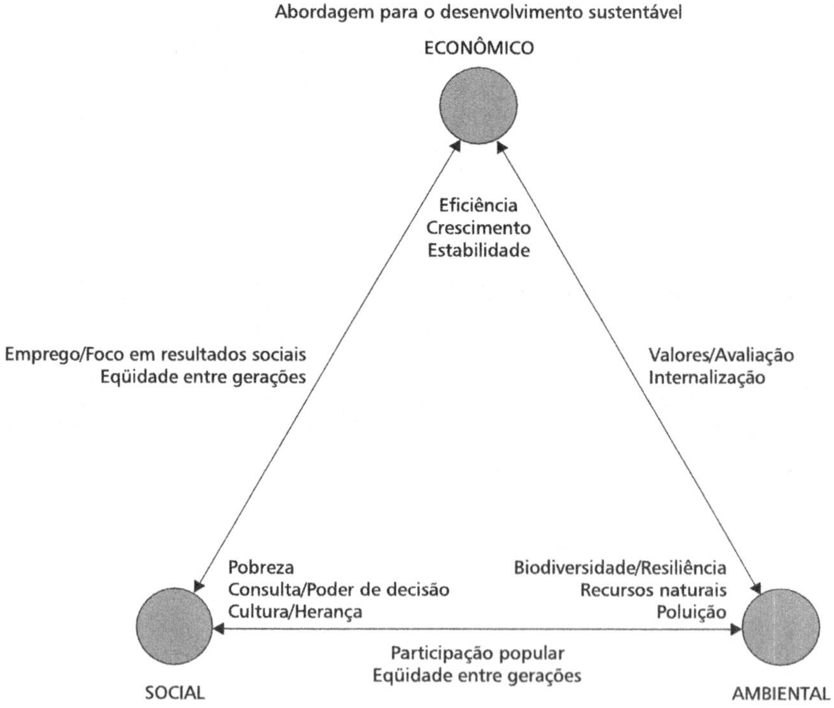

Figura 11.4 O desenvolvimento sustentável deve promover a integração dos componentes econômico, social e ambiental (Munasingle & Sleaver, 1995).

Conclusões

As estratégias para enfrentar a escassez da água devem considerar tecnologias para a obtenção de mais água, diminuição do desperdício e do consumo excessivo, técnicas de reuso e técnica para conservação e proteção de mananciais e reservas superficiais e subterrâneas em níveis local, regional e global. O conceito de sustentabilidade deve promover a integração de todos os componentes biogeofísicos, econômicos e sociais para enfrentar a escassez e promover nova ética para a água, com base em considerações sociais, otimização dos usos múltiplos, controle do desperdício e recuperação de sistemas degradados. Os arcabouços legais e institucionais recentes implicam descentralização da gestão, conceito de "serviços" de sistemas aquáticos e uma revisão de valores para os recursos hídricos, que inclui valores estéticos, educacionais, recreacionais, liberdades individuais e coletivas e segurança coletiva e individual. Esses conceitos, articulados com os conceitos de sustentabilidade dos recursos naturais e especificamente dos recursos hídricos, devem promover nova ética para a água, a qual, a par de novas tecnologias, produzirá avanços consistentes e consolidados na gestão das águas e no enfrentamento da escassez atual e futura.

Conclusões e Considerações Finais

Neste livro, foram apresentados e discutidos inúmeros e complexos problemas referentes à distribuição, usos e interações das águas doces com problemas econômicos, sociais e processos ambientais. A história da água no planeta está diretamente relacionada com a abundância, a variedade e diversidade da vida e a produção biológica. Embora a água seja um recurso renovável, em razão das características do ciclo hidrológico e de suas peculiaridades como substância, muitas ações do *Homo sapiens* podem ocasionar alterações permanentes no ciclo hidrológico e comprometer o desenvolvimento sustentável. A competição pelos usos diversificados e complexos dos recursos hídricos tem aumentado nos últimos 20 anos, produzindo impactos adicionais e cumulativos em águas superficiais e subterrâneas. Água e desenvolvimento econômico estão estreitamente relacionados, e uma das grandes falhas da economia no século XX foi a incapacidade de distribuí-la adequadamente e com saneamento satisfatório para todos os habitantes do planeta. Essa falha causa entre 5 milhões e 10 milhões de mortes por ano, por doenças relacionadas à qualidade da água e às más condições sanitárias. Na transição para a sustentabilidade, os usos da água devem ser racionalizados e mais eficientes, a prevenção da contaminação e a proteção dos mananciais devem ser muito mais adequadas e os ciclos, mais fechados e controlados. Descentralização das ações, legislação mais avançada e preços e taxas adequados a realidades locais e regionais são alguns dos mecanismos em implementação em muitas regiões e países de vários continentes. A aplicação e a pesquisa de novas tecnologias devem apoiar essas iniciativas. Uma das questões graves é: como garantir água de boa qualidade a milhões de pessoas nos grandes centros urbanos do planeta e evitar catástrofes decorrentes de epidemias, contaminação e poluição? Como suprir essa água com qualidade a **todos** os habitantes de São Paulo, Rio de Janeiro, Buenos Aires, México, Calcutá, Bangcoc, Pequim, Daca e Caracas, para citar algumas das megacidades do planeta Terra.

A qualidade da água apresentou sensíveis melhoras em países industrializados graças a investimentos em tratamento da água, com tecnologias avançadas e saneamento básico. O mesmo não ocorreu em muitos países em desenvolvimento ou emergentes. Nunca, na história da humanidade, impactos da magnitude dos que ocorrem atualmente foram observados. Os incidentes de degradação ambiental local e global multiplicam-se com conseqüências severas no ciclo e ameaças reais à sobrevivência da vida. Qual a melhor forma de enfrentar a escassez? Este autor tem afirmado permanentemente que não há fórmula global e definitiva e receita única para resolver o problema da escassez da água, seja ela em razão de desequilíbrios no ciclo hidrológico ou como conseqüência de poluição excessiva, tornando-a inadequada para múltiplos usos (Tundisi, 1992, 2001, 2002, 2003).

A solução está relacionada a ações locais e regionais diversificadas, que usam a cultura local sobre a água e o ciclo hidrossocial e que influenciam processos globais e estimulam novos procedimentos e atitudes em nível nacional e internacional. Há muitos exemplos de sucesso na gestão das águas que devem ser utilizados. Jornalistas, instituições, cientistas, técnicos, organizações, educadores, professores e população em geral podem contribuir para a compreensão efetiva do problema e ajudar a solucioná-lo. Como sempre ocorre em questões de desenvolvimento sustentável – e a crise da água é um exemplo muito concreto desse problema –, a educação, a formação de novos valores e uma ética social voltada para a proteção e a recuperação dos recursos hídricos são fundamentais. Essa ética pode contribuir muito ao promover uma revolução no comportamento de pessoas e instituições diante da escassez da água e sua degradação. Quando a compreensão do problema for mais profunda e estiver disseminada por toda a sociedade, a segurança coletiva e a segurança individual relacionada à água estarão garantidas, proporcionando alternativas de melhor qualidade de vida e maior capacidade produtiva a milhões de pessoas. Também estimulará melhores oportunidades de trabalho, renda e prosperidade coletiva e individual.

A solução para os problemas da água está, por um lado, nos avanços tecnológicos necessários (soluções científicas e de engenharia) e, por outro, nos avanços políticos, gerenciais e de organização institucional em nível de bacias hidrográficas, consórcios de municípios, bacias interestaduais e bacias internacionais. Haverá tempo para todas essas ações e mudanças efetivas? Sobre a água, recurso e fonte de belezas naturais de rios, lagos, oceanos e riachos, escreveram-se muitas linhas, livros e poesias. Entretanto, as duas frases que abrem este capítulo definem claramente a importância da água na história da vida e na história da humanidade, e a urgente necessidade de integrar-se ao ciclo, protegendo as fontes, recuperando os mananciais e dando ênfase ao papel econômico e social do suprimento de água para todos os habitantes do planeta.

No início deste século, as questões relativas à contaminação de recursos hídricos e à escassez têm sido discutidas em fóruns locais, regionais e globais. O ano de 2003 foi denominado o "Ano Internacional da Água" pelas Nações Unidas e a recente Conferência Mundial das Águas em Kyoto, no Japão, tratou de problemas fundamentais discutidos neste volume. O documento aqui sintetizado, "Água para todos", das Nações Unidas, com contribuições da UNESCO, UNDESA, PNUDE, ONUDI, PNUMA e UNICEF, ilustra muito bem as preocupações atuais e os desafios existentes em nível local, regional, nacional e internacional.

Quadro C.1

Desafios Diante da Vida e Bem-Estar

Desafio 1 – Satisfazer as necessidades humanas básicas

Resolver problemas fundamentais de doenças de veiculação hídrica e de distribuição de água de qualidade e melhorar o comportamento higiênico de 2 bilhões de pessoas.

Desafio 2 – Proteger os ecossistemas para benefício das populações e do planeta

Assegurar a sustentabilidade do ciclo da água e a manutenção da qualidade e quantidade das reservas, proteger e recuperar as bacias hidrográficas. Desenvolver visão estratégica para a recuperação e proteção dos recursos hídricos.

Desafio 3 – Água nas cidades e regiões urbanas

Ampliar a capacidade de distribuição de água a todos nas áreas urbanas e periurbanas e ampliar a implantação de serviços sanitários.

Desafio 4 – Assegurar a disponibilidade de alimentos para uma população mundial crescente

A produção de alimentos depende da água da chuva ou de irrigação. O suprimento de água adequado pode resolver definitivamente problemas da fome e subnutrição.

Desafio 5 – Promover uma indústria mais limpa em benefício de todos

A matéria-prima água é fundamental para a indústria. O aumento previsto da demanda industrial da água poderá ser atendido com a articulação de uma oferta corretamente analisada e uma gestão nacional da demanda. Maior influência no uso e no reuso e redução das contaminações dos efluentes são fundamentais.

Desafio 6 – Utilizar a energia para cobrir as necessidades de desenvolvimento

Ampliar o acesso de energia hidroelétrica a populações carentes e melhorar a capacidade de uso dessa energia, contribuindo para diminuir a produção de gases de efeito estufa.

Desafio 7 – Reduzir os riscos e fazer frente à incerteza

Melhorar a gestão dos riscos, prevenir desastres naturais como as inundações, reforçar a segurança coletiva e familiar diante de desastres naturais e ampliar a capacidade de predição climática.

DESAFIO 8 – COMPARTILHAR A ÁGUA: DEFINIR O INTERESSE COMUM

Integrar diferentes usos da água, promover gestão de bacias hidrográficas de forma integrada e considerar as águas superficiais e subterrâneas.

DESAFIO 9 – IDENTIFICAR E VALORIZAR AS MÚLTIPLAS FACETAS DA ÁGUA

Compreender a natureza múltipla dos recursos hídricos, como valor econômico, social, religioso, ambiental e cultural, e ter consciência de que esses valores são interdependentes.

DESAFIO 10 – ASSEGURAR A DIFUSÃO DOS CONHECIMENTOS BÁSICOS: UMA RESPONSABILIDADE COLETIVA

Promover a difusão de conhecimentos e aumentar a transparência sobre o "estado das águas" em todos os níveis (local, regional, continental, global).

DESAFIO 11 – ADMINISTRAR A ÁGUA DE MODO RESPONSÁVEL PARA ASSEGURAR O DESENVOLVIMENTO SUSTENTÁVEL

Assegurar o desenvolvimento sustentável por meio da proteção e conservação do ciclo hidrológico e manter em funcionamento os ciclos do planeta.

Fonte: Nações Unidas (2003).

E, finalmente, como um dos objetivos do Desenvolvimento do Milênio, todos os Estados membros das Nações Unidas concordaram que até 2015 devem:

> ***"Reduzir pela metade a proporção de pessoas que não têm acesso à água potável de qualidade."***

E na reunião de Johannesburgo (Earth Sunmit) concordou-se que até 2015:

> ***"Deverão ser reduzidas à metade a proporção de pessoas sem acesso ao saneamento básico."***

Apêndice

Considerações sobre a Portaria nº 1469

A Portaria nº 1469 promoveu avanços relevantes na gestão das águas no Brasil. Esses avanços podem ser destacados nos seguintes aspectos:

- Disponibilização dos resultados e controle da qualidade da água por intermédio do monitoramento pelas secretarias da Saúde dos Estados e municípios; e vinculação às autoridades de saúde pública.
- Controle das condições tóxicas da água do manancial, destacando-se cianobactérias, cianotoxinas, microcistinas, cilindrospemopsina, saxitoxinas e substâncias químicas que representam riscos à saúde.
- Transparência e direitos do consumidor no acesso a todas as informações relativas à qualidade e potabilidade da água.
- Controle efetivo da qualidade da água das fontes de abastecimento, mantendo registros atualizados e sistematizados para informes permanentes à população. Informações à população sobre qualquer anomalia na qualidade da água das fontes de abastecimento.
- Estabelecimento de padrões avançados de potabilidade para substâncias químicas que representam danos à saúde humana.
- Vinculação da qualidade da água à saúde humana e vinculação do monitoramento às secretarias da saúde de Estados e municípios.

Análises críticas e avaliações da portaria foram feitas por: Cintra Filho (2001) e Pires *et al.* (2001).

Portaria nº 1469/GM de 29 de dezembro de 2000

Aprova a Norma de Qualidade da Água para Consumo Humano, que dispõe sobre procedimentos e responsabilidades inerentes ao controle e à vigilância da qualidade da água para consumo humano, estabelece o padrão de potabilidade da água para consumo humano e dá outras providências.

O Ministro de Estado da Saúde, no uso das atribuições que lhe confere o artigo 2º do Decreto nº 79.367, de 9 de março de 1977, resolve:

Art. 1º Aprovar a Norma de Qualidade da Água para Consumo Humano, na forma do Anexo desta Portaria, de uso obrigatório em todo o território nacional.

Art. 2º Fica estabelecido o prazo máximo de 24 meses, contados a partir da publicação desta Portaria, para que as instituições ou órgãos aos quais esta Norma se aplica promovam as adequações necessárias a seu cumprimento.

§ 1º No caso de tratamento por filtração de água para consumo humano suprida por manancial superficial e distribuída por meio de canalização e da obrigação do monitoramento de cianobactérias e cianotoxinas, este prazo fica aumentado para até 36 meses.

§ 2º No período de transição deverão ser observadas as normas estabelecidas na Portaria nº 36/GM, de 19 de janeiro de 1990.

Art. 3º É de responsabilidade da União, dos Estados, do Distrito Federal e dos municípios a adoção das medidas necessárias para o fiel cumprimento desta Portaria.

Art. 4º O Ministério da Saúde promoverá a revisão da Norma de Qualidade da Água para Consumo Humano estabelecida nesta Portaria no prazo de 5 anos ou a qualquer tempo mediante solicitação devidamente justificada por órgãos governamentais ou não governamentais de reconhecida capacidade técnica nos setores objeto desta regulamentação.

Art. 5º Esta Portaria entra em vigor na data de sua publicação.

JOSÉ SERRA

* Republicada por ter saído com incorreção do original no DO nº 1-E, de 2/1/2001, Seção 1, página 19.

Anexo

Norma de qualidade da água para consumo humano

CAPÍTULO I

Das Disposições Preliminares

Art. 1º A presente Norma dispõe sobre procedimentos e responsabilidades inerentes ao controle e à vigilância da qualidade da água para consumo humano, estabelece o padrão de potabilidade da água para consumo humano e dá outras providências.

Art. 2º Toda a água destinada ao consumo humano deve obedecer ao padrão de potabilidade e está sujeita à vigilância da qualidade da água.

Art. 3º Esta Norma não se aplica às águas envasadas e a outras, cujos usos e padrões de qualidade são estabelecidos em legislação específica.

CAPÍTULO II

Das Definições

Art. 4º Para os fins a que se destina esta Norma, são adotadas as seguintes definições:

I. água potável – Água para consumo humano cujos parâmetros microbiológicos, físicos, químicos e radioativos atendam ao padrão de potabilidade e que não ofereça riscos à saúde;

II. sistema de abastecimento de água para consumo humano – Instalação composta por conjunto de obras civis, materiais e equipamentos, destinada à produção e à distribuição canalizada de água potável para populações, sob a responsabilidade do poder público, mesmo que administrada em regime de concessão ou permissão;

III. solução alternativa de abastecimento de água para consumo humano – Toda modalidade de abastecimento coletivo de água distinta do sistema de abastecimento de água, incluindo, entre outras, fonte, poço comunitário, distribuição por veículo transportador, instalações condominiais horizontal e vertical;

IV. controle da qualidade da água para consumo humano – Conjunto de atividades, exercidas de forma contínua pelo(s) responsável(is) pela operação de sistema ou solução alternativa de abastecimento de água, destinadas a verificar se a água fornecida à população é potável, assegurando a manutenção desta condição;

V. vigilância da qualidade da água para consumo humano – Conjunto de ações adotadas continuamente pela autoridade de saúde pública para verificar se a água consumida pela população atende à presente Norma e para avaliar os riscos que os sistemas e as soluções alternativas de abastecimento de água representam para a saúde humana;

VI. coliformes totais (bactérias do grupo coliforme) – Bacilos gram-negativos, aeróbios ou anaeróbios facultativos, não formadores de esporos, oxidase-negativos, capazes de desenvolver na presença de sais biliares ou agentes tensoativos que fermentam a lactose com produção de ácido, gás e aldeído a 35,0 ± 0,5°C em 24-48 horas, e que podem apresentar atividade da enzima ß-galactosidase. A maioria das bactérias do grupo coliforme pertence aos gêneros Escherichia, Citrobacter, Klebsiella e Enterobacter, embora vários outros gêneros e espécies pertençam ao grupo;

VII. coliformes termotolerantes – Subgrupo das bactérias do grupo coliforme que fermentam a lactose a 44,5 ± 0,2°C em 24 horas; tendo como principal representante a *Escherichia coli*, de origem exclusivamente fecal;

VIII. *Escherichia coli* – Bactéria do grupo coliforme que fermenta a lactose e manitol, com produção de ácido e gás a 44,5± 0,2°C em 24 horas, produz indol a partir do triptofano, oxidase negativa, não hidroliza a uréia e apresenta atividade das enzimas ß-galactosidase e ß-glucoronidase, sendo considerada o mais específico indicador de contaminação fecal recente e de eventual presença de organismos patogênicos;

IX. contagem de bactérias heterotróficas – Determinação da densidade de bactérias capazes de produzir unidades formadoras de colônias (UFC), na presença de compostos orgânicos contidos em meio de cultura apropriado, sob condições preestabelecidas de incubação: 35,0, ± 0,5°C por 48 horas;

X. Cianobactérias – Microrganismos procarióticos autotróficos, também denominados de cianofíceas (algas azuis), capazes de ocorrer em qualquer manancial superficial, especialmente naqueles com elevados níveis de nutrientes (nitrogênio e fósforo), podendo produzir toxinas com efeitos adversos à saúde; e

XI. Cianotoxinas – Toxinas produzidas por cianobactérias que apresentam efeitos adversos à saúde por ingestão oral, incluindo:

a) Microcistinas – Hepatotoxinas heptapeptídicas cíclicas produzidas por cianobactérias, com efeito potente de inibição de proteínas fosfatases dos tipos 1 e 2A e promotoras de tumores;

b) Cilindrospermopsina – Alcalóide guanidínico cíclico produzido por cianobactérias, inibidor de síntese protéica, predominantemente hepatotóxico, apresentando também efeitos citotóxicos nos rins, baço, coração e outros órgãos; e

c) Saxitoxinas – Grupo de alcalóides carbamatos neurotóxicos produzido por cianobactérias, não sulfatados (saxitoxinas) ou sulfatados (goniautoxinas e C-toxinas) e derivados decarbamil, apresentando efeitos de inibição da condução nervosa por bloqueio dos canais de sódio.

CAPÍTULO III

Dos Deveres e das Responsabilidades

Art. 5º Cabe ao Ministério da Saúde e às autoridades de saúde pública dos Estados, do Distrito Federal e dos municípios, representadas pelas respectivas Secretarias de Saúde ou órgãos equivalentes, fazer observar o fiel cumprimento desta Norma, nos termos da legislação que regulamenta o Sistema Único de Saúde – SUS.

Art. 6º Cabe ao(s) responsável(is) pela operação de sistema ou solução alternativa de abastecimento de água exercer o controle da qualidade da água.

§ 1º Em caso de administração, em regime de concessão ou permissão, do sistema de abastecimento de água, é a concessionária ou a permissionária a responsável pelo controle da qualidade da água.

§ 2º Incumbe à autoridade de saúde pública definir responsabilidade pelo controle da qualidade da água de solução alternativa na ausência da definição desse responsável.

Art. 7º Cabe às autoridades de saúde pública da União, dos Estados, do Distrito Federal e dos municípios exercer a vigilância da qualidade da água, de forma harmônica entre si e com os responsáveis pelo controle da qualidade da água, nos termos da legislação que regulamenta o SUS.

Art. 8º Nos termos do Código de Defesa do Consumidor, é direito do consumidor o acesso a todas as informações relativas à qualidade e potabilidade da água, à apresentação de queixas referentes às suas características e à obtenção de informações sobre as respectivas providências tomadas.

Art. 9º Ao(s) responsável(is) pela operação de sistema de abastecimento de água incumbe:

I. operar e manter sistema de abastecimento de água potável para a população consumidora que esteja em conformidade com as normas técnicas aplicáveis publicadas pela ABNT (Associação Brasileira de Normas Técnicas) e com outras normas e legislações pertinentes;

II. manter e controlar a qualidade da água produzida e distribuída, por meio de:

a) controle operacional das unidades de captação, adução, tratamento, reservação e distribuição;

b) exigência do controle de qualidade, por parte dos fabricantes de produtos químicos utilizados no tratamento da água e de materiais empregados na produção e distribuição que tenham contato com a água;

c) capacitação e atualização técnica dos profissionais encarregados da operação do sistema e do controle da qualidade da água; e

d) análises laboratoriais da água, em amostras provenientes das diversas partes que compõem o sistema de abastecimento, nos termos deste Anexo.

III. manter avaliação sistemática do sistema de abastecimento de água, sob a perspectiva dos riscos à saúde, com base na ocupação da bacia contribuinte ao manancial, no histórico das características de suas águas, nas características físicas do sistema, nas práticas operacionais e na qualidade da água distribuída;

IV. encaminhar à autoridade de saúde pública, para fins de comprovação do atendimento a esta Norma, relatórios mensais com informações sobre o controle da qualidade da água, segundo modelo estabelecido pela referida autoridade;

V. promover, em conjunto com os órgãos ambientais e gestores de recursos hídricos, as ações cabíveis para a proteção do manancial de abastecimento e de sua bacia contribuinte, assim como efetuar controle das características das suas águas, nos termos do artigo 20 deste Anexo, notificando imediatamente a autoridade de saúde pública sempre que houver indícios de risco à saúde ou sempre que amostras coletadas apresentarem resultados em desacordo com os limites ou condições da respectiva classe de enquadramento, conforme definido na legislação específica vigente;

VI. fornecer informações a todos os consumidores sobre a qualidade da água distribuída, mediante envio de relatório, dentre outros mecanismos, com periodicidade mínima anual e contendo pelo menos as seguintes informações:

a) descrição dos mananciais de abastecimento, incluindo informações sobre sua proteção, disponibilidade e qualidade da água;

b) estatística descritiva dos valores de parâmetros de qualidade detectados na água, seu significado, origem e efeitos sobre a saúde; e

c) ocorrência de não conformidades com o padrão de potabilidade e as medidas corretivas providenciadas.

VII. manter registros atualizados sobre as características da água distribuída, sistematizados de forma compreensível aos consumidores e disponibilizados para pronto acesso e consulta pública;

VIII. comunicar, imediatamente, à autoridade de saúde pública e informar, adequadamente, à população a detecção de qualquer anomalia operacional no sistema ou não conformidade na qualidade da água tratada, identificada como de risco à saúde, adotando-se as medidas previstas no artigo 27 deste Anexo; e

IX. manter mecanismos para recebimento de queixas referentes às características da água e para a adoção das providências pertinentes.

Art. 10. Ao responsável por solução alternativa de abastecimento de água, nos termos do parágrafo § 2 do Artigo 6º deste Anexo, incumbe:

I. requerer, junto à autoridade de saúde pública, autorização para o fornecimento de água apresentando laudo sobre a análise da água a ser fornecida, incluindo os parâmetros de qualidade previstos nesta Portaria, definidos por critério da referida autoridade;

II. operar e manter solução alternativa que forneça água potável e que esteja em conformidade com as normas técnicas aplicáveis, publicadas pela ABNT (Associação Brasileira de Normas Técnicas), e com outras normas e legislações pertinentes;

III. manter e controlar a qualidade da água produzida e distribuída, por meio de análises laboratoriais, nos termos desta Portaria e, a critério da autoridade de saúde pública, de outras medidas conforme inciso II do artigo anterior;

IV. encaminhar à autoridade de saúde pública, para fins de comprovação, relatórios com informações sobre o controle da qualidade da água, segundo modelo e periodicidade estabelecidos pela referida autoridade, sendo no mínimo trimestral;

V. efetuar controle das características da água da fonte de abastecimento, nos termos do artigo 20 deste Anexo, notificando, imediatamente, à autoridade de saúde pública sempre que houver indícios de risco à saúde ou sempre que amostras coletadas apresentarem resultados em desacordo com os limites ou condições da respectiva classe de enquadramento, conforme definido na legislação específica vigente;

VI. manter registros atualizados sobre as características da água distribuída, sistematizados de forma compreensível aos consumidores e disponibilizados para pronto acesso e consulta pública;

VII. comunicar, imediatamente, à autoridade de saúde pública competente e informar, adequadamente, à população a detecção de qualquer anomalia identificada como de risco à saúde, adotando-se as medidas previstas no artigo 27; e

VIII. manter mecanismos para recebimento de queixas referentes às características da água e para a adoção das providências pertinentes.

Art. 11. São deveres e obrigações da autoridade de saúde pública responsável pela vigilância da qualidade da água:

I. em relação às características da água nos mananciais, sistematizar e interpretar os dados gerados pelo responsável pela operação do sistema ou solução alternativa de abastecimento de água, assim como pelos órgãos ambientais e gestores de recursos hídricos, sob a perspectiva da vulnerabilidade do abastecimento de água quanto aos riscos à saúde da população;

II. efetuar, sistemática e permanentemente, avaliação de risco à saúde humana de cada sistema de abastecimento ou solução alternativa, por meio de informações sobre:

a) a ocupação da bacia contribuinte ao manancial e o histórico das características de suas águas;

b) as características físicas dos sistemas, práticas operacionais e de controle da qualidade da água;

c) o histórico da qualidade da água produzida e distribuída, e da vulnerabilidade do sistema; e

d) a associação entre agravos à saúde e situações.

III. estabelecer mecanismos de apoio e referência laboratorial, por meio de uma rede de laboratórios, para dar suporte às ações de vigilância da qualidade da água para consumo humano;

IV. auditar o controle da qualidade da água produzida e distribuída e as práticas operacionais adotadas;

V. garantir à população informações sobre a qualidade da água e riscos à saúde associados, nos termos do artigo 8 deste Anexo;

VI. manter registros atualizados sobre as características da água distribuída, sistematizados de forma compreensível à população e disponibilizados para pronto acesso e consulta pública;

VII. manter mecanismos para recebimento de queixas referentes às características da água e para a adoção das providências pertinentes;

VIII. informar ao responsável pelo fornecimento de água para consumo humano sobre anomalias e não conformidades detectadas, exigindo as providências para as correções que se fizerem necessárias.

CAPÍTULO IV

Do Padrão de Potabilidade

Art. 12. A água potável deve estar em conformidade com o padrão microbiológico, conforme Tabela A.1.

Tabela A.1 Padrão microbiológico de potabilidade da água para consumo humano.

Parâmetro	VMP[1]
Água para consumo humano[2]	
Escherichia coli ou coliformes termotolerantes[3]	Ausência em 100 ml
Água na saída do tratamento	
Coliformes totais	Ausência em 100 ml
Água tratada no sistema de distribuição (reservatórios e rede)	
Escherichia coli ou coliformes termotolerantes[3]	Ausência em 100 ml
Coliformes totais	Sistemas que analisam 40 ou mais amostras por mês: ausência em 100 ml em 95% das amostras examinadas no mês. Sistemas que analisam menos de 40 amostras por mês: apenas uma amostra poderá apresentar mensalmente resultado positivo em 100 ml

Notas: (1) Valor máximo permitido. (2) Água para consumo humano em toda e qualquer situação, incluindo fontes individuais como poços, minas, nascentes, dentre outras. (3) A detecção de *Escherichia coli* deve ser preferencialmente adotada.

§ 1º No controle da qualidade da água, quando forem detectadas amostras com resultado positivo para coliformes totais, mesmo em ensaios presuntivos, novas amostras devem ser coletadas em dias imediatamente sucessivos até que as novas amostras revelem resultado satisfatório. Nos sistemas de distribuição, a recoleta deve incluir, no mínimo, três amostras simultâneas, sendo uma no mesmo ponto e duas outras localizadas a montante e a jusante.

§ 2º Amostras com resultados positivos para coliformes totais devem ser analisadas para *Escherichia coli* e, ou, coliformes termotolerantes, devendo, neste caso, ser efetuada a verificação e confirmação dos resultados positivos.

§ 3º O percentual de amostras com resultado positivo de coliformes totais em relação ao total de amostras coletadas nos sistemas de distribuição deve ser calculado mensalmente, excluindo as amostras extras (recoleta).

§ 4º O resultado negativo para coliformes totais das amostras extras (recoletas) não anula o resultado originalmente positivo no cálculo dos percentuais de amostras com resultado positivo.

§ 5º Na proporção de amostras com resultado positivo admitidas mensalmente para coliformes totais no sistema de distribuição, expressa na Tabela A.1, não são tolerados resultados positivos que ocorram em recoleta, nos termos do § 1º deste artigo.

§ 6º Em 20% das amostras mensais para análise de coliformes totais nos sistemas de distribuição, deve ser efetuada a contagem de bactérias heterotróficas e, uma vez excedidas 500 unidades formadoras de colônia (UFC) por ml, devem ser providenciadas imediata recoleta, inspeção local e, se constatada irregularidade, outras providências cabíveis.

§ 7º Em complementação, recomenda-se a inclusão de pesquisa de organismos patogênicos, com o objetivo de atingir, como meta, um padrão de ausência, dentre outros, de enterovírus, cistos de *Giardia* spp. e oocistos de *Cryptosporidium* sp.

§ 8º Em amostras individuais procedentes de poços, fontes, nascentes e outras formas de abastecimento sem distribuição canalizada, tolera-se a presença de coliformes totais, na ausência de *Escherichia coli* e, ou, coliformes termotolerantes, nesta situação devendo ser investigada a origem da ocorrência, tomadas providências imediatas de caráter corretivo e preventivo e realizada nova análise de coliformes.

Art. 13. Para a garantia da qualidade microbiológica da água, em complementação às exigências relativas aos indicadores microbiológicos, deve ser observado o padrão de turbidez expresso na Tabela A.2.

Tabela A.2 Padrão de turbidez para água pós-filtração ou pré-desinfecção.

Tratamento da água	VMP[1]
Desinfecção (água subterrânea)	1,0 UT[2] em 95% das amostras
Filtração rápida (tratamento completo ou filtração direta)	1,0 UT[2]
Filtração lenta	2,0 UT[2] em 95% das amostras

Notas: (1) Valor máximo permitido. (2) Unidade de turbidez.

§ 1º Dentre os 5% dos valores permitidos de turbidez superiores aos VMP estabelecidos na Tabela A.2, o limite máximo para qualquer amostra pontual deve ser de 5,0 UT, assegurado, simultaneamente, o atendimento ao VMP de 5,0 UT em qualquer ponto da rede no sistema de distribuição.

§ 2º Com vistas a assegurar a adequada eficiência de remoção de enterovírus, cistos de *Giardia* spp. e oocistos de *Cryptosporidium* sp., recomenda-se, enfaticamente, que, para a filtração rápida, se estabeleça como meta a obtenção de efluente filtrado com valores de turbidez inferiores a 0,5 UT em 95% dos dados mensais e nunca superiores a 5,0 UT.

§ 3º O atendimento ao percentual de aceitação do limite de turbidez, expresso na Tabela A.2, deve ser verificado, mensalmente, com base em amostras no mínimo diárias para desinfecção ou filtração lenta e a cada quatro horas para filtração rápida, preferivelmente, em qualquer caso, no efluente individual de cada unidade de filtração.

Art. 14. Após a desinfecção, a água deve conter um teor mínimo de cloro residual livre de 0,5 mg/L, sendo obrigatória a manutenção de, no mínimo, 0,2 mg/L em qualquer ponto da rede de distribuição, recomendando-se que a cloração seja realizada em pH inferior a 8,0 e tempo de contato mínimo de 30 minutos.

§ 1º Admite-se a utilização de outro agente desinfetante ou outra condição de operação do processo de desinfecção, desde que fique demonstrado pelo responsável pelo sistema de tratamento uma eficiência de inativação microbiológica equivalente à obtida com a condição definida no artigo 14 deste Anexo.

Art. 15. A água potável deve estar em conformidade com o padrão de substâncias químicas que representam risco para a saúde, expresso na Tabela A.3.

Tabela A.3 Padrão de potabilidade para substâncias químicas que representam risco à saúde.

Parâmetro	Unidade	Vmp[1]
	Inorgânicas	
Antimônio	mg/L	0,005
Arsênio	mg/L	0,01
Bário	mg/L	0,7
Cádmio	mg/L	0,005
Cianeto	mg/L	0,07
Chumbo	mg/L	0,01
Cobre	mg/L	2
Cromo	mg/L	0,05
Fluoreto[2]	mg/L	1,5
Mercúrio	mg/L	0,001
Nitrato (como N)	mg/L	10
Nitrito (como N)	mg/L	1
Selênio	mg/L	0,01
	Orgânicas	
Acrilamida	μg/L	0,5
Benzeno	μg/L	5
Benzo[a]pireno	μg/L	0,7
Cloreto de Vinila	μg/L	5
1,2 Dicloroetano	μg/L	10
1,1 Dicloroeteno	μg/L	30
Diclorometano	μg/L	20
Estireno	μg/L	20
Tetracloreto de Carbono	μg/L	2
Tetracloroeteno	μg/L	40

Tabela A.3 (*Continuação.*)

Parâmetro	Unidade	Vmp[1]
	Orgânicas	
Triclorobenzenos	µg/L	20
Tricloroeteno	µg/L	70
	Agrotóxicos	
Alaclor	µg/L	20,0
Aldrin e Dieldrin	µg/L	0,03
Atrazina	µg/L	2
Bentazona	µg/L	300
Clordano (isômeros)	µg/L	0,2
2,4 D	µg/L	30
DDT (isômeros)	µg/L	2
Endossulfan	µg/L	20
Endrin	µg/L	0,6
Glifosato	µg/L	500
Heptacloro e Heptacloro epóxido	µg/L	0,03
Hexaclorobenzeno	µg/L	1
Lindano (γ-BHC)	µg/L	2
Metolacloro	µg/L	10
Metoxicloro	µg/L	20
Molinato	µg/L	6
Pendimetalina	µg/L	20
Pentaclorofenol	µg/L	9
Permetrina	µg/L	20
Propanil	µg/L	20
Simazina	µg/L	2
Trifluralina	µg/L	20
	Cianotoxinas	
Microcistinas[3]	µg/L	1,0
	Desinfetantes e produtos secundários da desinfecção[4]	
Bromato	mg/L	0,025
Clorito	mg/L	0,2
Cloro livre	mg/L	5
Monocloramina	mg/L	3
2,4,6 Triclorofenol	mg/L	0,2
Trihalometanos total	mg/L	0,1

Notas: (1) Valor máximo permitido. (2) Os valores recomendados para a concentração de íon fluoreto devem observar a legislação específica vigente relativa à fluoretação da água, em qualquer caso devendo ser respeitado o VMP desta tabela. (3) É aceitável a concentração de até 10 µg/L de microcistinas em até 3 (três) amostras, consecutivas ou não, nas análises realizadas nos últimos 12 (doze) meses. (4) Análise exigida de acordo com o desinfetante utilizado.

§ 1º Recomenda-se que as análises para cianotoxinas incluam a determinação de cilindrospermopsina e saxitoxinas (STX), observando, respectivamente, os valores-limite de 15,0 μg/L e 3,0 μg/L de equivalentes STX/L.

§ 2º Para avaliar a presença dos inseticidas organofosforados e carbamatos na água, recomenda-se a determinação da atividade da enzima acetilcolinesterase, observando os limites máximos de 15% ou 20% de inibição enzimática, quando a enzima utilizada for proveniente de insetos ou mamíferos, respectivamente.

Art. 16. A água potável deve estar em conformidade com o padrão de radioatividade expresso na Tabela A.4.

Tabela A.4 Padrão de radioatividade para água potável.

Parâmetro	Unidade	VMP[1]
Radioatividade alfa global	Bq/L	0,1[2]
Radioatividade beta global	Bq/L	1,0[2]

Notas: (1) Valor máximo permitido. (2) Se os valores encontrados forem superiores aos VMP, deverão ser feitas a identificação dos radionuclídeos presentes e a medida das concentrações respectivas. Nesses casos, deverão ser aplicados, para os radionuclídeos encontrados, os valores estabelecidos pela legislação pertinente da Comissão Nacional de Energia Nuclear (CNEN), para concluir sobre a potabilidade da água.

Art. 17. A água potável deve estar em conformidade com o padrão de aceitação de consumo expresso na Tabela A.5.

Tabela A.5 Padrão de aceitação para consumo humano.

Parâmetro	Unidade	VMP[1]
Alumínio	mg/L	0,2
Amônia (como NH_3)	mg/L	1,5
Cloreto	mg/L	250
Cor aparente	uH[2]	15
Dureza	mg/L	500
Etilbenzeno	mg/L	0,2
Ferro	mg/L	0,3
Manganês	mg/L	0,1
Monoclorobenzeno	mg/L	0,12
Odor	–	Não objetável[3]
Gosto	–	Não objetável[3]
Sódio	mg/L	200
Sólidos dissolvidos totais	mg/L	1.000

Tabela A.5 (*Continuação.*)

Parâmetro	Unidade	VMP[1]
Sulfato	mg/L	250
Sulfeto de hidrogênio	mg/L	0,05
Surfactantes	mg/L	0,5
Tolueno	mg/L	0,17
Turbidez	UT[4]	5
Zinco	mg/L	5
Xileno	mg/L	0,3

Notas: (1) Valor máximo permitido. (2) Unidade Hazen (mg Pt–Co/L). (3) Critério de referência. (4) Unidade de turbidez.

§ 1º Recomenda-se que, no sistema de distribuição, o pH da água seja mantido na faixa de 6,0 a 9,5.

§ 2º Recomenda-se que o teor máximo de cloro residual livre, em qualquer ponto do sistema de abastecimento, seja de 2,0 mg/L.

§ 3º Recomenda-se a realização de testes para detecção de odor e gosto em amostras de água coletadas na saída do tratamento e na rede de distribuição de acordo com o plano mínimo de amostragem estabelecido para cor e turbidez nas Tabelas A.6 e A.7.

Art. 18. As metodologias analíticas para determinação dos parâmetros físicos, químicos, microbiológicos e de radioatividade devem atender às especificações das normas nacionais que disciplinem a matéria, da edição mais recente da publicação Standard Methods for the Examination of Water and Wastewater, de autoria das instituições American Public Health Association (APHA), American Water Works Association (AWWA) e Water Environment Federation (WEF), ou das normas publicadas pela ISO (International Standartization Organization).

§ 1º Para análise de cianobactérias e cianotoxinas e comprovação de toxicidade por bioensaios em camundongos, até o estabelecimento de especificações em normas nacionais ou internacionais que disciplinem a matéria, devem ser adotadas as metodologias propostas pela Organização Mundial da Saúde (OMS) em sua publicação Toxic cyanobacteria in water: a guide to their public health consequences, monitoring and management.

§ 2º Metodologias não contempladas nas referências citadas no § 1º e "caput" deste artigo, aplicáveis aos parâmetros estabelecidos nesta Norma, devem, para ter validade, receber aprovação e registro do órgão responsável pela vigilância da qualidade da água para consumo humano do Ministério da Saúde.

§ 3º As análises laboratoriais para o controle e a vigilância da qualidade da água podem ser realizadas em laboratório próprio ou não que, em qualquer caso, deve manter programa de controle de qualidade interna ou externa ou ainda ser acreditado ou certificado por órgãos competentes para esse fim.

Tabela A.6 Número mínimo de amostras para o controle da qualidade da água de sistema de abastecimento, para fins de análises físicas, químicas e de radioatividade, em função do ponto de amostragem, da população abastecida e do tipo de manancial.

Parâmetro	Tipo de manancial	Saída do tratamento (número de amostras por unidade de tratamento)	Sistema de distribuição (reservatórios e rede)		
			População abastecida		
			< 50.000 hab.	50.000 a 250.000 hab.	> 250.000 hab.
Cor Turbidez pH	Superficial	1	10	1 para cada 5.000 hab.	40 + (1 para cada 25.000 hab.)
	Subterrâneo	1	5	1 para cada 10.000 hab.	20 + (1 para cada 50.000 hab.)
CRL[1]	Superficial	1	(Conforme § 3º do artigo 19)		
	Subterrâneo	1			
Fluoreto	Superficial ou subterrâneo	1	5	1 para cada 10.000 hab.	20 + (1 para cada 50.000 hab.)
Cianotoxinas	Superficial	1 (Conforme § 5º do artigo 19)	–	–	–
Trihalometanos	Superficial	1	1[2]	4[2]	4[2]
	Subterrâneo	–	1[2]	1[2]	1[2]
Demais parâmetros[3]	Superficial ou subterrâneo	1	1[4]	1[4]	1[4]

Notas: (1) Cloro residual livre. (2) As amostras devem ser coletadas, preferencialmente, em pontos de maior tempo de detenção da água no sistema de distribuição. (3) Apenas será exigida obrigatoriedade de investigação dos parâmetros radioativos quando da evidência de causas de radiação natural ou artificial. (4) Dispensada análise na rede de distribuição quando o parâmetro não for detectado na saída do tratamento e/ou no manancial, à exceção de substâncias que potencialmente possam ser introduzidas no sistema ao longo da distribuição.

CAPÍTULO V

Dos Planos de Amostragem

Art. 19. Os responsáveis pelo controle da qualidade da água de sistema ou solução alternativa de abastecimento de água devem elaborar e aprovar, junto à autoridade de saúde pública, o plano de amostragem de cada sistema, respeitando os planos mínimos de amostragem expressos nas Tabelas A.6, A.7, A.8 e A.9.

Tabela A.7 Freqüência mínima de amostragem para o controle da qualidade da água de sistema de abastecimento, para fins de análises físicas, químicas e de radioatividade, em função do ponto de amostragem, da população abastecida e do tipo de manancial.

Parâmetro	Tipo de manancial	Saída do tratamento (freqüência por unidade de tratamento)	Sistema de distribuição (reservatórios e rede)		
			População abastecida		
			< 50.000 hab.	50.000 a 250.000 hab.	> 250.000 hab.
Cor Turbidez pH Fluoreto	Superficial	A cada 2 horas	Mensal	Mensal	Mensal
	Subterrâneo	Diária			
CRL[1]	Superficial	A cada 2 horas	(Conforme § 3º do artigo 19)		
	Subterrâneo	Diária			
Cianotoxinas	Superficial	Semanal (Conforme § 5º do artigo 19)	–	–	–
Trihalometanos	Superficial	Trimestral	Trimestral	Trimestral	Trimestral
	Subterrâneo	–	Anual	Semestral	Semestral
Demais parâmetros[2]	Superficial ou subterrâneo	Semestral	Semestral[3]	Semestral[3]	Semestral[3]

Notas: (1) Cloro residual livre. (2) Apenas será exigida obrigatoriedade de investigação dos parâmetros radioativos quando da evidência de causas de radiação natural ou artificial. (3) Dispensada análise na rede de distribuição quando o parâmetro não for detectado na saída do tratamento e/ou no manancial, à exceção de substâncias que potencialmente possam ser introduzidas no sistema ao longo da distribuição.

Tabela A.8 Número mínimo de amostras mensais para o controle da qualidade da água de sistema de abastecimento, para fins de análises microbiológicas, em função da população abastecida.

Parâmetro	Sistema de distribuição (reservatórios e rede)			
	População abastecida			
	< 5.000 hab.	5.000 a 20.000 hab.	20.000 a 250.000 hab.	> 250.000 hab.
Coliformes totais	10	1 para cada 500 hab.	30 + (1 para cada 2.000 hab.)	105 + (1 para cada 5.000 hab.) Máximo de 1.000

Tabela A.9 Número mínimo de amostras e freqüência mínima de amostragem para o controle da qualidade da água de solução alternativa, para fins de análises físicas, químicas e microbiológicas, em função do tipo de manancial e do ponto de amostragem.

Parâmetro	Tipo de manancial	Saída do tratamento (para água canalizada)	Número de amostras retiradas no ponto de consumo[1] (para cada 500 hab.)	Freqüência de amostragem
Cor, turbidez, pH e coliformes totais[2]	Superficial	1	1	Semanal
	Subterrâneo	1	1	Mensal
CRL[2, 3]	Superficial ou subterrâneo	1	1	Diário

Notas: (1) Devem ser retiradas amostras em, no mínimo, 3 pontos de consumo de água. (2) Para veículos transportadores de água para consumo humano, deve ser realizada 1 (uma) análise de CRL em cada carga e 1 (uma) análise, na fonte de fornecimento, de cor, turbidez, pH e coliformes totais com freqüência mensal, ou outra amostragem determinada pela autoridade de saúde pública. (3) Cloro residual livre.

§ 1º A amostragem deve obedecer aos seguintes requisitos:

I. distribuição uniforme das coletas ao longo do período; e

II. representatividade dos pontos de coleta no sistema de distribuição (reservatórios e rede), combinando critérios de abrangência espacial e pontos estratégicos, entendidos como aqueles próximos a grande circulação de pessoas (terminais rodoviários, terminais ferroviários, etc.) ou edifícios que alberguem grupos populacionais de risco (hospitais, creches, asilos, etc.), aqueles localizados em trechos vulneráveis do sistema de distribuição (pontas de rede, pontos de queda de pressão, locais afetados por manobras, sujeitos à intermitência de abastecimento, reservatórios, etc.) e locais com sistemáticas notificações de agravos à saúde tendo como possíveis causas agentes de veiculação hídrica.

§ 2º No número mínimo de amostras coletadas na rede de distribuição, previsto na Tabela A.8, não se incluem as amostras extras (recoletas).

§ 3º Em todas as amostras coletadas para análises microbiológicas deve ser efetuada, no momento da coleta, medição de cloro residual livre ou de outro composto residual ativo, caso o agente desinfetante utilizado não seja o cloro.

§ 4º Para melhor avaliação da qualidade da água distribuída, recomenda-se que, em todas as amostras referidas no § 3º do artigo 19 deste Anexo, seja efetuada a determinação de turbidez.

§ 5º Sempre que o número de cianobactérias na água do manancial, no ponto de captação, exceder 20.000 células/ml (2 mm^3/L de biovolume), durante o monitoramento que trata o § 3º do artigo 20, será exigida a análise semanal de cianotoxinas na água na saída do tratamento e nas entradas (hidrômetros) das clínicas de hemodiálise e indústrias de injetáveis, sendo que esta análise pode ser dispensada quando não houver comprovação de toxicidade na água bruta por meio da realização semanal de bioensaios em camundongos.

Art. 20. Os responsáveis pelo controle da qualidade da água de sistemas e de soluções alternativas de abastecimento supridos por manancial superficial devem coletar amostras semestrais da água bruta, junto do ponto de captação, para análise de acordo com os parâmetros exigidos na legislação vigente de classificação e enquadramento de águas superficiais, avaliando a compatibilidade entre as características da água bruta e o tipo de tratamento existente.

§ 1º O monitoramento de cianobactérias na água do manancial, no ponto de captação, deve obedecer freqüência mensal, quando o número de cianobactérias não exceder 10.000 células/ml (ou 1 mm^3/L de biovolume), e semanal, quando o número de cianobactérias exceder esse valor.

§ 2º É vedado o uso de algicidas para o controle do crescimento de cianobactérias ou qualquer intervenção no manancial que provoque a lise das células desses microrganismos, quando a densidade das cianobactérias exceder 20.000 células/ml (ou 2 mm^3/L de biovolume), sob pena de comprometimento da avaliação de riscos à saúde associados às cianotoxinas.

Art. 21. A autoridade de saúde pública, no exercício das atividades de vigilância da qualidade da água, deve implementar um plano próprio de amostragem, consoante diretrizes específicas elaboradas no âmbito do Sistema Único de Saúde (SUS).

CAPÍTULO VI

Das Exigências Aplicáveis aos Sistemas e Soluções Alternativas de Abastecimento de Água

Art. 22. O sistema de abastecimento de água deve contar com responsável técnico, profissionalmente habilitado.

Art. 23 Toda água fornecida coletivamente deve ser submetida a processo de desinfecção, concebido e operado de forma a garantir o atendimento ao padrão microbiológico desta Norma.

Art. 24. Toda água para consumo humano suprida por manancial superficial e distribuída por meio de canalização deve incluir tratamento por filtração.

Art. 25. Em todos os momentos e em toda sua extensão, a rede de distribuição de água deve ser operada com pressão superior à atmosférica.

§ 1º Caso esta situação não seja observada, fica o responsável pela operação do serviço de abastecimento de água obrigado a notificar a autoridade de saúde pública e informar à população, identificando períodos e locais de ocorrência de pressão inferior à atmosférica.

§ 2º Excepcionalmente, caso o serviço de abastecimento de água necessite realizar programa de manobras na rede de distribuição, que possa submeter trechos a pressão inferior à atmosférica, o referido programa deve ser previamente comunicado à autoridade de saúde pública.

Art. 26. O responsável pelo fornecimento de água por meio de veículos deve:

I. garantir o uso exclusivo do veículo para este fim;

II. manter registro com dados atualizados sobre o fornecedor e, ou, sobre a fonte de água;

III. manter registro atualizado das análises de controle da qualidade da água.

§ 1º A água fornecida para consumo humano por meio de veículos deve conter um teor mínimo de cloro residual livre de 0,5 mg/L.

§ 2º O veículo utilizado para fornecimento de água deve conter, de forma visível, em sua carroceria, a inscrição: "ÁGUA POTÁVEL".

CAPÍTULO VII

Das Disposições Gerais e Transitórias

Art. 27. Sempre que forem identificadas situações de risco à saúde, o responsável pela operação do sistema ou solução alternativa de abastecimento de água e as autoridades de saúde pública devem estabelecer entendimentos para a elaboração de um plano de ação e tomada das medidas cabíveis, incluindo a eficaz comunicação à população, sem prejuízo das providências imediatas para a correção da anormalidade.

Art. 28. O responsável pela operação do sistema ou solução alternativa de abastecimento de água pode solicitar à autoridade de saúde pública a alteração na freqüência mínima de amostragem de determinados parâmetros estabelecidos nesta Norma.

Parágrafo único. Após avaliação criteriosa, fundamentada em inspeções sanitárias e, ou, em histórico mínimo de dois anos do controle e da vigilância da qualidade da água, a autoridade de saúde pública decidirá quanto ao deferimento da solicitação, mediante emissão de documento específico.

Art. 29. Em função de características não conformes com o padrão de potabilidade da água ou de outros fatores de risco, a autoridade de saúde pública competente, com fundamento em relatório técnico, determinará ao responsável pela operação do sistema ou solução alternativa de abastecimento de água que amplie o número mínimo de amostras, aumente a freqüência de amostragem ou realize análises laboratoriais de parâmetros adicionais ao estabelecido na presente Norma.

Art. 30. O descumprimento das determinações desta Norma é considerado infração de natureza sanitária e sujeita o responsável pela operação do sistema ou solução alternativa de abastecimento de água às sanções cabíveis, na forma da lei.

Fonte: www.saude.gov.br

Glossário

Abastecimento público de água – Água utilizada para todas as atividades humanas e disponibilizada por instituições pública ou privadas.

Advecção – Transporte por uma corrente em um sistema aquático. Fluxos advectivos geralmente são horizontais, mas podem ser verticais como a ressurgência.

Anaeróbico – Ocorre quando há ausência de oxigênio.

Anoxia – Ausência de oxigênio na água.

Aquacultura (também Aqüicultura) – Cultivo comercial de organismos aquáticos, plantas ou animais.

Aqüífero confinado – Um aqüífero no qual a água subterrânea está confinada sob pressão maior do que a pressão atmosférica. Sinônimo: aqüífero artesiano.

Biocomplexidade – O conjunto de processos biológicos e de interações entre os organismos vivos e com os fatores abióticos. Biodiversidade, segundo alguns autores, é o resultado da biocomplexidade.

Biodiversidade – Número e abundância relativa de diferentes espécies que representam a heterogeneidade do processo biológico nos ecossistemas e na biosfera. Biodiversidade pode ser genética e funcional ou estrutural (Margalef, 1994).

Biomanipulação – Mudanças na estrutura biológica dos ecossistemas aquáticos pela introdução ou remoção de organismos vivos.

Bioperturbação – Remoção de partículas do sedimento a partir de atividade biológica (produzida por peixes ou moluscos).

Carga interna – A carga de matérias orgânicas e inorgânicas adicionada às águas a partir do sedimento dos lagos e represas.

Carga orgânica – A carga de matéria orgânica descarregada em rios, lagos e represas a partir de fontes difusas ou pontuais.

Cascatas de reservatórios – Séries de reservatórios em cadeia contínua em determinados rios.

Chuva ácida – Chuva que contém ácidos produzidos por gases de enxofre e nitrogênio, dispersos na atmosfera a partir de emissões industriais poluentes.

Ciclos biogeoquímicos – Ciclo de elementos como carbono, fósforo, nitrogênio nos ecossistemas e na biosfera.

Ciclo hidrológico – Ciclo da água em uma bacia hidrográfica, nos continentes e no planeta constituindo-se no processo e no balanço de precipitação, evapotranspiração, fluxo e reserva nos aqüíferos.

Comitê de bacias – Comissão, assembléia ou "parlamento das águas" em *uma Bacia ou Unidade Hidrográfica,* com funções deliberativas e consultivas, dentro da nova política das águas. Os comitês são formados por representantes do poder público – federal, estadual e municipal –, dos usuários e da sociedade civil.

Deposição ácida – Poluição do ar produzida por NO_2 e SO_2, os quais combinados com vapor d'água na atmosfera formam ácidos nítricos e sulfúricos. Este termo significa precipitação ácida e queda de partículas depositadas a partir da atmosfera contendo sais de nitrogênio e enxofre.

Desenvolvimento sustentável – É o desenvolvimento com uso adequado e equilibrado dos recursos naturais de forma que estes possam ser utilizados pelas gerações futuras. É o uso dos recursos naturais com responsabilidade social e visão de futuro.

Dessalinização – Processo de remoção de sal da água do mar (ou de lagos salinos no interior dos continentes) por meios químicos ou físicos para produção de água doce.

Detritos – Produtos de decomposição de organismos ou material de origem inorgânica em suspensão na água.

Ecotecnologias – Tecnologias especiais de baixo custo que incorporam os mecanismos de funcionamento de ecossistemas na escolha de alternativas para o gerenciamento e a recuperação de ecossistemas aquáticos.

Ecótone – Zona de transição entre ecossistemas.

Efeito estufa – Os gases de efeito estufa absorvem radiação infravermelha que é emitida pela superfície da Terra, pela própria atmosfera e pelas nuvens. Os gases de efeito estufa absorvem calor no sistema superfície–atmosfera. Este efeito é denominado de "efeito estufa natural". É devido a este efeito natural que se manteve no planeta Terra uma temperatura média que permitiu a vida. O aumento da concentração de gases que produzem o efeito estufa aumenta a capacidade à radiação infravermelha, causando aumento da temperatura no sistema superfície–troposfera. Este é denominado "efeito estufa exacerbado".

El Niño (El Niño Southern Oscillation – ENSO) – El Niño é uma corrente de águas quentes que periodicamente flui ao longo da costa do Equador e Peru, provocando perdas na pesca regional de "anchoveta". Este evento oceânico é associado a flutuações na circulação e nos padrões de pressão intertropical da superfície dos Oceanos Índico e Pacífico. Essa oscilação é denominada de "oscilação do Hemisfério Sul". Esse fenômeno acoplado de oscilação atmosfera-oceano é conhecido como El Niño Southern Oscillation. Durante o fenômeno El Niño há aumento na intensidade das contracorrentes equatoriais, causando o fluxo de águas da área da Indonésia, que se posicionam acima das águas frias da corrente do Peru. Esse evento tem grande impacto nas temperaturas de superfície oceânicas e nos padrões de precipitação do Oceano Pacífico tropical. Tem efeitos na região do Pacífico e em muitas outras regiões do planeta, alterando padrões de precipitação e seca e interferindo no ciclo hidrológico. O evento oposto ao El Niño é denominado de La Niña (IPCC, 2001).

Espécies exóticas – Espécies que não são nativas de determinada área e que são introduzidas por ação humana ou acidentalmente.

Eutrofização – Processo pelo qual o suprimento de nitrogênio e fósforo de um sistema aquático, continental, estuário ou água costeira é aumentado a partir de fontes pontuais e não pontuais. A eutrofização geralmente é acompanhada de aumento de biomassa, hipolímnio anóxico e crescimento anormal de cianobactérias. Eutrofização *cultural* é resultante da ação humana. Eutrofização *natural* ocorre naturalmente.

Fontes difusas de poluição – Carga orgânica e inorgânica originada a partir de fontes dispersas na bacia hidrográfica.

Fontes pontuais de poluição – Carga orgânica e inorgânica que atinge pontualmente rios, lagos e represas. Geralmente é uma carga concentrada e se descarrega a partir de uma única intrusão superficial ou subterrânea (rios ou correntes).

Gases de efeito estufa – São gases que constituem a atmosfera, de origem natural e antropogênica que absorvem e emitem radiações em determinados comprimentos de onda dentro do espectro de radiação infra-vermelho emitido pela superfície da Terra, atmosfera e nuvens. Estes gases produzem o "efeito estufa natural". Vapor d'água (H_2O), gás carbônico

(CO_2), óxido nitroso (N_2O), metano (CH_4) e ozônio (O_3) são os principais gases de efeito estufa. Outros gases de origem antropogênica contêm cloro e bromo, hexafluoreto de enxofre (SF_6) hidrofluorcabonetos (HFSc) e perfluoro carbonetos (PFCs).

Gerenciamento adaptativo – Gerenciamento que adapta as ações para proteção e recuperação de ecossistemas a partir do conhecimento científico acumulado. Este gerenciamento reduz incertezas nas ações de proteção e recuperação.

Gerenciamento preditivo – Procura eliminar o grau de incerteza e desenvolver estimativas quantitativas para antecipar eventos e preparar respostas adequadas a impactos.

Hidrologia – Estudo da ocorrência, circulação, balanço quantitativo e distribuição das águas na superfície e nos aqüíferos. Quantificação do ciclo hidrológico.

Hipoxia – Perda de oxigênio dissolvido na água, com baixas concentrações derivadas de várias causas, especialmente aumento da matéria orgânica.

Indicadores – Características específicas de um sistema natural que pode dar condições para avaliar mudanças e efeitos de impactos. Pode ser uma espécie, um grupo de espécies, comunidades ou habitats ou condições tróficas.

Lagos eutróficos – Lagos com elevado grau de eutrofização.

Lagos hipereutróficos – Lagos com alto grau de eutrofização.

Lagos mesotróficos – Lagos com eutrofização em estágio intermediário.

Lagos oligotróficos – Lagos com baixa eutrofização e pouco alterados.

Limnologia – Ciência que estuda as águas interiores, rios, lagos, represas, tanques e áreas alagadas; o objetivo desta ciência é compreender o funcionamento integrado das águas continentais.

Macrófitas aquáticas – Plantas aquáticas superiores, comuns em muitos lagos, represas e rios. Exemplo: aguapé e alface-d'água (respectivamente *Eichhornia crassipes* e *Pistia stratiotes*).

Matas galerias – Florestas adjacentes a cursos d'água, geralmente constituídas por vegetação especializada que tolera inundações. Tem efeito ecológico muito importante na proteção dos rios e na recarga do aqüífero (florestas ripárias). Geralmente ecossistemas de diversidade mais elevada.

Monitoramento – Processo de determinação de variáveis físicas, químicas e biológicas em um ecossistema e que permite construir um banco de dados e um sistema de informação.

Recarga do aqüífero – O processo por intermédio do qual água é adicionada à zona de saturação do aqüífero direta ou indiretamente a partir de fluxos horizontais.

Rede alimentar – Estrutura de organização em rede das relações alimentares entre os vários organismos em um ecossistema.

Substâncias tóxicas – Substâncias venenosas utilizadas para eliminar pestes e outros organismos (plantas e animais).

Tempo de retenção ou tempo de residência – Relação entre o volume de determinado sistema aquático e a vazão.

Turbidez – É causada pelo aumento de material em suspensão dissolvido e particulado, dando à água aspecto barrento ou leitoso, com grande diminuição da transparência.

Uso comercial da água – Água utilizada para suprir edifícios comerciais, como hotéis, facilidades comerciais, restaurantes e escritórios.

Uso industrial da água – Água utilizada para produção industrial, como aço, produtos químicos, alimento, papel e derivados, mineração e refinação de petróleo.

Bibliografia

AB'SABER, A.N. (1967). Problemas geomorfológicos da Amazônia brasileira. Atas do Simpósio sobre a biota amazônica. *Geociências*, p.35-67.

AB'SABER, A.N. (1977). Os domínios morfoclimáticos da América do Sul: primeira aproximação. *Geomorfologia*, Inst. Geogr. Univ. S. Paulo, v.52, p.21.

AB'SABER, A.N. (1987). Zoneamento ecológico e econômico da Amazônia: questões de escala e método. In: SEMINAR ON TECHNOLOGY FOR HUMAN SETTLEMENTS IN THE HUMID TROPICS, 1987. *Anais*... CEPAL/IPEA, Economic Commission for Latin America and Caribbean Institute of Economic and Social Planning, p.1-25.

AB'SABER, A.N. (1988). O Pantanal Matogrossense e a teoria dos refúgios. *Ver. Bras. Geogr*, v.50, p.9-57.

ABE, D.S. et al. (2000). Contribution of free-living and attached bacteria to denitrification in the hypolimnion of a mesotrophic japanese lake. *Microbes and Environ.*, v.15, p.93-101.

AGOSTINHO, A.A. et al. (1999). Patterns of colonization in neotropical reservoirs and prognoses on aging. In: TUNDISI, J.G.; STRAŠKRABA, M. (Eds.). *Theoretical reservoir ecology and its applications*. São Carlos: International Institute of Ecology, Brazilian Academy of Sciences, Backhuys Publishers, p.227-265.

AGÊNCIA NACIONAL DAS ÁGUAS (2002). *A evolução da gestão dos recursos hídricos no Brasil*. 64p. (Edição comemorativa do dia mundial das águas).

AGÊNCIA NACIONAL DE ENERGIA ELÉTRICA (1997). *Atlas hidrológico do Brasil.*

AKAGI, H. et al. (1994). Methyl-mercury pollution in Tapajós river basin, Amazon. *Environ Sci.*, v.3, p.25-32.

AULA, I. et al. (1994). Levels of mercury in the Tucuruí reservoir and its surrounding area in Pará, Brazil. In: WATRAS, C.J.; HUCKABEE, J.W. (Eds.). *Mercury pollution*: integration and synthesis. Boca Raton: Lewis, p.21-40.

AUSUBEL, J.H. (1996). Can technology spare the earth? *American Scientist*, v.84, p.166-178.

AYENSU, E. et al. (1999). International ecosystem assessment. *Science*, v.286, p.685-686.

AZEVEDO, S.M.F.O. (2001). Cianobactérias tóxicas: causas e conseqüências para saúde pública. *Rev. Bras. Pesq. e Desenvolvimento*, v.3, n.2, p.81-94.

BANCO MUNDIAL (1993). *Gerenciamento de recursos hídricos*. MMA, SRHAL, 289p.

BARBOSA, F.A. (Ed.). (1994). Workshop: brazilian programme on conservation and management of inland waters. *Acta Limnologica Brasiliensia*, SBL, v.5, 222p.

BARICA, J. (1993). Ecosystem stability and sustainability: a lesson from algae. *Verh. Internat. Verein. Limnol.*, v.25, p.307-311.

BARTH, F.T. (1987). *Modelos para gerenciamento de recursos hídricos*. Nobel/ABRH, 525p.

BARTH, F.T. (1999). Aspectos institucionais do gerenciamento de recursos hídricos. In: REBOUÇAS, A.; BRAGA, B.; TUNDISI, J.G. *Águas doces no Brasil*: capital ecológico, uso e conservação. ABC, IEA/USP, Escrituras Editora e Distribuidora de livros, p.563-596.

BARTHEM, R.; GOULDING, M. (1997). *The catfish connection*: ecology, migration and conservation of amazon predators. Columbia Univ. Press, 144p.

BERNARDO, S. (1997). Impacto ambiental da irrigação no Brasil. In: MMA. *Recursos hídricos e desenvolvimento sustentável da agricultura*. Brasília, p.79-88.

BERNHARDT, H. (1967). Aeration of Wahnbah Reservoir without changing the temperature profile. *J. Amer. Water Works Assoc.*, v.59, p.943-964.

BIRO, P. (1997). Temporal variation in Lake Balaton and its fish populations. *Ecol. Freshwater Fish.*, v.6, p.196-216.

BISWAS, A.K. (1976). *Systems approach to water management*. New York: McGraw-Hill.

BISWAS, A.K. (1983). Major water problems facing the world. *Water Resources Development*, v.1, p.1-14.

BISWAS, A.K. (1990). Objectives and concepts of environmentally sound water management. In: THANT, N.C.; BISWAS, A.K. *Environmentally sound-water management*. New Delhi: Oxford University Press, p.30-58.

BISWAS, A.K. (1990). Monitoring and evaluation of irrigation projects. In: THANT, N.C.; BISWAS, A.K. *Environmentally sound-water management*. New Delhi: Oxford University Press, p.119-140.

BISWAS, A.K. (1991). Water resources in the 21st century. *Water Internatational*, v.16, p.142-144.

BISWAS, A.K. (1996). Agua para el mundo en desarollo en el siglo XXI: temas e implicaciones. *Ingeniería Hidráulica en México*, v.11, n.3, p.5-11.

BISWAS, A.K.; JELLALI, M.; STOUT, G. (Eds.) (1993). *Water for sustainable development in the 21st century*. New Delhi: Oxford University Press, 273p. (Water Management Series 1).

BISWAS, A.K.; UITTO, J.I. (2001). *Sustainable development of the Ganges-Brahmaputra Meghna Basins*. UNU University Press, 202p.

BLAIR, B.T.; HUFSHMIDT, M.M. (1984). A conceptual framework for water resources management in Asia. *Natural Resources Forum*, v.8, n.4, 70p.

BORGHETTI, J.R.; OSTRENSHY, A. (2002). Problemas e perspectivas para a pesca e para a agricultura continental no Brasil. In: REBOUÇAS, A.; BRAGA, B.; TUNDISI, J.G. *Águas doces no Brasil*: capital ecológico, uso e conservação. 2.ed. rev. São Paulo: ABC, IEA, Escrituras Editora e Distribuidora de Livros, p.451-471.

BOTSFORD, L.W.; CASTILLA, J.C.; PETERSON, C.H. (1997). The management of fisheries and marine ecosystems. *Science*, v.277, p.509-515.

BRAGA, B.; ROCHA, O.; TUNDISI, J.G. (1998). Dams and the environment: the Brazilian experience. *Water Resources Development*, v.14, p.127-140.

BRANSKI, J. et al. (1989). Environmental impact assessment for the Porteira hydroelectric project. In: EXPERT GROUP WORKSHOP ON RIVER/LAKE BASIN APPROACHES TO ENVIRONMENTALLY SOUND MANAGEMENT: Focus on policy responses to water resources management issues and problems, 2. *Anais*... UNEP, UNCRD, ILEC, 26p.

BREZONIK, P.L. (Chairman) (1996). *Freshwater ecosystems*: revitalizing education programs in Limnology. USA: National Research Council, Committee on Inland Aquatic Ecosystems, National Academy Press, 22p. (Executive summary).

BUTCHER, H. et al. (1994). *Hidrovia*: uma análise ambiental inicial da via fluvial Paraguai-Paraná. Humedales para las Américas, 73p.

BYCROFT, B.M. et al. (1982). Mercury contamination of the Lerderderg River, Victoria, Australia, from an abandoned gold field. *Environ Pollut.*, ser.A, v.28, p.135-147.

CABRAL, B. (1995). *O papel das hidrovias no desenvolvimento sustentável da região amazônica brasileira*. Brasília: Senado Federal (série Estudos).

CAMPOS, O.; CAMPOS, V. (1997). Custo do fornecimento da distribuição da água através de carro pipa: um estudo de caso. SIMPÓSIO BRASILEIRO DE RECURSOS HÍDRICOS, 12. *Anais*... v.1, p.61-67, Vitória.

CARLSON, R.E. (1977). A trophic state index for lakes. *Limnology and Oceanography*, v.22, n.2, p.361-369.

CETEM (1989). *Relatório anual do Projeto Poconé*. Rio de Janeiro: Centr. Tecnol. Mineral, 287p.

CHAPIN, F.S. et al. (1997). Biotic controls over the functioning of ecosystems. *Science*, v.277, n.5325, p.500-504.

CAPMAN, D.C. (Ed.) (1992). *Water quality assessments*: a guide to the use of biota, sediments, and water in environmental monitoring. UNESCO, WHO, UNEP, Chapman and Hall, 585p.

CHICHILNISKY, G.; HEAL, J. (1998). Economic returns from the biosphere. *Nature*, v.391, n.6668, 629p.

CHORUS, I.; BARTHRAM, J. (Eds.) (1999). *Toxic cyanobacteria in water*: a guide to their public health consequences, monitoring and management. London/New York: WHO, E. & F.N. Spon, 416p.

CIÊNCIA E AMBIENTE (2001). *Gestão das águas*. n.21. Universidade Federal de Santa Catarina, 176p.

CINTRA FILHO, A.O. (2001). Análise crítica da portaria 1469/MS. *Ver. Bras. Pesq. e Desenvovlimento*, v.3, n.2, p.69-76.

CODECHOCO (1991). *Estudio del impacto ambiental en zonas mineras de los municipios de Taolo, Condoto y Istmina I*: parte final. Bogotá: Corporación Nacional para el Desarrollo del Choco, 16p.

COHEN, A.N.; CARLTON, J.T. (1995). *Biological study*: nonindigenous aquatic species in a United States estuary: a case study of the biological invasions of the San Francisco Bay and Delta. Washington: US Fish and Wildlife Service.

COMMITTEE ON SUSTAINABLE WATER SUPPLIES FOR THE MIDDLE EAST (1999). *Water for the future*. Israel, Jordan: The West Bank and Gaza Strip, Washington: National Academy Press, 226p.

COMMITTEE ON INLAND AQUATIC ECOSYSTEMS FRESHWATER (1996). *Ecosystems*: revitalizing educational programs in Limnology. USA: National Academy Press, 364p.

CONFERÊNCIA INTERNACIONAL SOBRE DESENVOLVIMENTO DAS ÁGUAS E DO MEIO AMBIENTE (1992).

CONSÓRCIO INTERMUNICIPAL DAS BACIAS DOS RIOS PIRACICABA E CAPIVARI (1992). *Semana de debates sobre recursos hídricos e meio ambiente*. São Paulo: Edilem, 213p.

CONSTANZA, R. et al. (1997). The value of the world's ecosystem services and natural capital. *Nature*, v.387, p.253-260.

CONSTANZA, R.; GREER, J. (1998). The Chesapeske Bay and its watershed: a model for sustainable ecosystem management? In: RAPPORT, D. et al. (Eds.). *Ecosystem health*. Oxford: Blackwell Science Ltd. Cap.18, p.261-302.

COOKE, G.D. et al. (1986). *Lake and reservoir restoration*. Butterworth: Stonebam.

COOKE, G.D.; KENNEDY, R.H. (1988). Water quality management for reservoirs and tailwaters. Report 2. In: *Reservoir water quality management techniques*. Vicksburg, Mississippi: U. S. Army Engineer Waterways Experiment Station (Techinal Report E – 88 – X).

CRISTOFIDIS, D. (1999). *Recursos hídricos e irrigação no Brasil*. Brasília: UNB, Centro de Desenvolvimento Sustentável.

CTHidro, MCT, CGEE (2000). *Diretrizes estratégicas do Fundo de Recursos Hídricos de Desenvolvimento Científico e Tecnológico*.

COSTA, F.J.L. da (2002). Sistema de gerenciamento de recursos hídricos do Estado do Paraná: um modelo com base em associações de usuários. In: WORKSHOP PLANÁGUA, *Organismos de bacias hidrográficas*. SEMADS/GTZ, p.74-78.

De BERNARDI, R.; GIUSSANI, G. (Eds.) (2001). *Diretrizes para o gerenciamento de lagos*. Biomanipulação para o gerenciamento de lagos e reservatórios. v.7. Tradução de Dino Vannucci (IIE). ILEC, IIE, 221p.

De VILLIERS, M. (2000). *Water the fate of our most precious resource*. Boston, New York: Houghton Miflin Company, 352p.

DESBORDES, M.; DEUTSCH, J.C.; FREROT, A. (1990). El agua de lluvia en las ciudades. In: El Agua. *Mundo Científico Especial*, p.717-825.

DEPARTAMENTO DE ÁGUAS E ENERGIA ELÉTRICA (1996). *Elaboração de estudo para implantação da cobrança pelo uso dos recursos hídricos no Estado de São Paulo*. São Paulo: Consórcio CNEC/FIPE, 60p. (Relatório RP 10 – Plano geral de implementação).

DOOGE, J.G.I. et al. (1992). *An agenda of science for environment and development into the 21st Century*. Cambridge: ICSU, University Press, 331p.

DUMANOSKI, D. (1999). In: ILEC SUSTAINABLE MANAGEMENT MEETING, Copenhagen. *Keynote paper synthesis*, 8p.

FALKENMARK, M. (1999). Lakes in a global perspective: pearls on a river string. In: ILEC SUSTAINABLE MANAGEMENT MEETING, Copenhagen. *Keynote paper synthesis...* 6p.

FARID, L.H.; MACHADO, J.E.B.; SILVA, A.O. (1991). Emission control and mercury recovery from mining (garimpo) tailings: Poconé experience. In: INT. SYMP. ENVIRON. ON TROPICAL RAIN FLORESTS. *Proceedings...* Rio de Janeiro: Biosfera Ed., p.217-224.

FEARNSIDE, P.M. (1988). China's three Gorges Dam: "fatal" project or step toward modernization? *World Development*, v.16, n.5, p.615-630.

FEARNSIDE, P.M. (1994). The canadian feasibility study of the three Gorges Dam proposed for China's Yangzi River: a grave embarrassment to the impact assessment profession. *Impact Assessment*, v.12, n.1, p.21-54.

FEARNSIDE, P.M. (2000). Uncertainty in land-use change and forestry sector mitigation options for global warming: plantation silvicuture versus avoided deforestation. *Biomass and Bioenergy*, v.18, n.6, p.457-468.

FERNANDO, C.H.; HOLCIK, J. (1991). Fish in reservoirs. *Int. Revue Ges. Hydrobiol.*, v.76, p.149-167.

FLADER, S.L.; CALLICORT, B. (1949). The river of the mother of God and other essays by Aldo Leopold. Wisconsin: The University of Wisconsin Press, 384p.

FORSBERG, B.R. et al. (1994). High levels of mercury in fish and human hair from the Rio Negro basin (Brazilian Amazon): natural background or anthropogenic. In: *Environmental mercury pollution and is health effects in Amazon River Basin*. Rio de Janeiro: Natl. Inst. Minamata Disease, Inst. Biophysics of the Univ. Federal do Rio de Janeiro, p.33-39.

FRANCEYS, R.; PICKFORD, J.; REED, R. (1992). *A guide to the development of on site sanitation*. Geneva: World Health Organization.

FRANCKO, D.; WETZEL, R.G. (1983).*To quench our thirst*: the present and future status of freshwater resources of the United States. Ann Arbor: University of Michigan Press, 148p.

FRANK, L.A. (1990). *The big splash*. Secancus, N.J.; Carol Publishing.

FRANK, B.; Bohm, N. (2002). Gestão da bacia hidrográfica: a experiência da bacia do Rio Itajaí. In: *Organismos de bacias hidrográficas*. SEMADS/GTZ, p.94-100.

FREDERICK, K. (1993). *Balancing water demands with supplies*: the role of management in a world of increasing scarcity. Washington: The World Bank. (Paper n.189).

FUNDAÇÃO GETÚLIO VARGAS (1998). *Plano Nacional de Recursos Hídricos*. 9v.

GIBBONS, D. (1987). *The economic value of water*. Resources for the Future Inc., 101p.

GLANTZ, M.H. (1998). Creeping environmental problems in the Aral Sea Basin. In: KOBORI, I.; GLANTZ, M. (Eds.). *Central eurasian water crisis*: Caspian, Aral and Dead Seas water resources management and policy. UNU, Univ. Press, p.25-52.

GLEICK, P.H. (Ed.) (1993). *Water in crisis*: a guide to the world's fresh water resources. New York: Oxford University Press, 473p.

GOODLAND, R. (1997). Environmental sustainability in the hydro industry: desegregating the debate. In: DORSY, T. (Ed.). *Large Dams*: learning from the past, looking at the future. Gland, Switzerland: IUCN.

GOULDER, L.H.; KENNEDY, D. (1997). Valuing ecosystem services: philosophical bases and empirical methods. In: DAILY, G.C. (Ed.). *Nature's services*: societal dependence on natural ecosystems. Washington: Island Press.

GOVERNO DO ESTADO DE SÃO PAULO (1994). *Bacia do Rio Piracicaba*: estabelecimento de metas ambientais e reenquadramento dos corpos de água. São Paulo: SEMA, 81p.

GROVER, B.; HOWARTH, D. (1991). Evolving international collaborative arrangements for water supply and sanitation. *Water International*, v.16, p.146-152.

GUERRANT, R.L.; SOUZA, M.A. de; NATIONS, M.K. (1996). *At the edge of development*: health crisis in a transitional society. Carolina Academic Press, 449p.

GULATI, R.D. (1990). Structural and grazing responses of zooplankton community to biomanipulation of some Dutch water bodies. *Hydrobiologia*, v.200201, p.99-118.

HACHICH, E.M.; SATO, M.I.Z. (2001). Protozoários e vírus patogênicos em águas: riscos, regulamentações e métodos de detecção. *Ver. Brás. Pesq. e Desenvolvimento*, v.3, n.2, p.95-106.

HASHIMOTO, M. (Ed.) (1995). *Diretrizes para o gerenciamento de lagos*: Aspectos sócio-econômicos do gerenciamento de lagos e reservatórios. 1.ed. v.2. Tradução de A. Tosui & Elizabeth Arens. Editor da série em português: J. G. Tundisi. ILEC, UNEP, 234p.

HEATH, R. (1988). Ground water. In: SPEIDEL, D.H.; RUESDISILI, L.C.; AGNEW, A.F. *Perspectives on water*: uses and abuses. Oxford University Press, p.73-89.

HENDERSON-SELLERS, B. (1984). *Engineering limnology*. Pitman Advanced Publishing Program, 356p.

HESPANHOL, I. (1999). Água e saneamento básico: uma visão realista. In: REBOUÇAS, A.C.; BRAGA, B.; TUNDISI, J.G. *Águas doces no Brasil*: capital ecológico, uso e conservação. Academia Brasileira de Ciências, Inst. de Estudos Avançados/USP. Cap. 8, p.249-303.

HOUGHTON, J.T. et al. (1996). Climate change 1995: the science of climate change. In: INTERGOVERMENTAL PANEL ON CLIMATE CHANGE, 2. *Assessment Report*... Cambridge University Press, 572p. (Contribution of the working group I).

HUFSCHMIDT, M.M.; McCAULEY, D. (1986). *Strategies for integrated water resources management in a river/lake basin context*. Nagoya, Otsu: UNEP, UNCRD, ILEC, 69p.

HUTCHINSON, G.E. (1957, 1975). *A treatise on limnology*. I: Geography, physics, and chemistry. II: Introduction to lake biology and limnoplankton. III: Limnological botany. New York: Wiley.

INSTITUTO BRASILEIRO DE GEOGRAFIA E ESTATÍSTICA (1989/2000). Diretoria de Pesquisas, Departamento de População e Indicadores Sociais, Pesquisa Nacional de Saneamento Básico.

INSTITUTO BRASILEIRO DE GEOGRAFIA E ESTATÍSTICA (1999). *Síntese de indicadores sociais – 1998*. IBGE, 204p.

INSTITUTO BRASILEIRO DE GEOGRAFIA E ESTATÍSTICA (1999). *Anuário estatístico do Brasil, 1999*. Rio de Janeiro, v.59.

INSTITUTO BRASILEIRO DE GEOGRAFIA E ESTATÍSTICA (2000). *Pesquisa nacional de saneamento básico*. SEDU/PR.

INSTITUTO BRASILEIRO DE GEOGRAFIA E ESTATÍSTICA (2000). *Censo demográfico 2000*: resultados preliminares. Rio de Janeiro, 156p.

INTERNATIONAL ENVIRONMENTAL TECHNOLOGY CENTRE (1999). *Planning and management of lakes and reservoirs*: an integrated approach to eutrophication. UNEP, 287p. (Publication series, 11).

INTERNATIONAL ENVIRONMENTAL TECHNOLOGY CENTRE (2000). Environmentally sound management of lake Erhai and Xier River Basin. v.10. UNEP, CICETEC, China: Peking University, 257p. (Technical Publication Series).

INTERNATIONAL ENVIRONMENTAL TECHNOLOGY CENTRE (2001). *Planejamento e gerenciamento de lagos e reservatórios*: uma abordagem integrada ao problema da eutrofização. v. 11. Tradução de Dino Vannucci. Responsabilidade pela edição em português de: J. G. Tundisi.

PNUMA, ANA, IIE, PROÁGUA, UNESCO, BANCO MUNDIAL, 385p. (Série de Publicações Técnicas).

IMBERGER, J. (1994). Transport process in lakes: a review. In: MARGALEF, R. (Ed.). *Limnology now*: a paradigm of planetary problems. Amsterdam: Elsevier, p.99-197.

IPCC (2001a). *Climate change 2001*: impacts, adaptation and vulnerability. Cambridge University. Press, 1032p.

IPCC (2001b). *Climate change 2001*: synthesis report. 397p.

IPS (1998). Inter american strategy for public participation in Environment and Sustainable Development Decision making in the Americas Organization of American States, Washington, D. C., USA.

JOBIN, W. (1999). Dams and disease. E. & F.N. Spon, 580p.

JONES, W.I. (1995). *The World Bank and irrigation*.Washington: The World Bank.

JØRGENSEN, S.E. (1980). *Lake management*. New York: Pergamon Press.

JØRGENSEN, S.E. (1992). Parameters, ecological constraints, and energy. *Ecol. Modelling*, v.62, p.163-170.

JØRGENSEN, S.E.; MULLER, F. (2000). *Handbook of ecosystem, theories and management*. Boca Raton: CRC Press Ltda., 584p.

JØRGENSEN, S.E.; VOLLENWEIDER, R.A. (2000). *Diretrizes para o gerenciamento de lagos*: Princípios para o gerenciamento de lagos. v.1. Tradução de Dino Vannucci. Editor da série em português: J. G. Tundisi. São Carlos: ILEC, IIE, UNEP, 184p.

JUNK, W. (Ed.) (1997). *The Central Amazon floodplain*: ecology of a pulsing system: ecological studies. Berlin, Heilderberg: Springer Verlag, 526p.

KADA, Y. (1995). Entendendo a situação do meio ambiente lacustre de uma perspectiva sócio-cultural: um exemplo do Lago Biwa, Japão. In: *Diretrizes para o gerenciamento de lagos*: Aspectos sócio-econômicos do gerenciamento de lagos e reservatórios. v.2. ILEC, UNEP, p.7-25.

KATES, R.W.; TURNER II, B.L.; CLARK, W.C. (1990). The great transformation. In: TURNER, B.L. et al. (Eds.). *The earth as transformed by human action*. Cambridge: Cambridge University Press.

KELMAN, J. et al. (1999). Hidreletricidade. In: REBOUÇAS, A.; BRAGA, B.; TUNDISI, J.G. *Águas doces no Brasil*: capital ecológico, uso e conservação. Academia Brasileira de Ciências, Inst. de Estudos Avançados/USP, Escrituras Editora e Distribuidora de Livros, p.371-418.

KIRA, T. (1993). Major environmental problems in world lakes. *Mem. Ist. Ital. Idrobiol.*, v.52, p.1-7.

KLESSIG, L.L. (2001). Lakes and society: the contribution of lakes to sustainable societies. *Lakes and reservoirs, research and management*, v.6, p.95-101.

KOBORI, I.; GLANTS, M. (Ed.) (1998). Central Eurasian water crisis. Caspian, Aral and Dead Seas. *Water Resources Management and Policy*, UNU University Press, 203p.

KORTMANN, R.W. et al. (1988). Utility of layer aeration for reservoir and lake management. *Lake and Reservoir Management*, v.4, p.35-50.

KRATZER, C.R.; BREZONIK, P.L. (1981). A Carlson-type trophic state index for nitrogen in Florida lakes. *Water Resources Bulletin*, v.17, n.4, p.713-715.

LACERDA, L.D. et al. (1994). Mercury distribution in fish from the Itacaiúnas-Parauapebas River system, Carajá region, Amazon. *An. Acad. Brasil. Ciên.*, v.66, p.373-379.

LACERDA, L.D.; SALOMONS, W. (1998). *Mercury from gold and silver mining*: a chemical time bomb? Springer Verlag, 146p. (Environmental Science Series).

LAHOZ, F.C.C.; MORETTI, L.C. (2002). A relação entre consórcio e comitês nas bacias dos rios Piracicaba, Capivari e Jundiaí: participação e integração. In: WORKSHOP PLANÁGUA, ORGANISMOS DE BACIAS HIDROGRÁFICAS. SEMADS/GTZ.

LANNA, A. (1999). Hidroeconomia. In: REBOUÇAS, A.; BRAGA, B.; TUNDISI, J.G. *Águas doces no Brasil*: capital ecológico, uso e conservação. Escrituras Editora Distribuidora de Livros Ltda., Academia Brasileira de Ciências, Inst. Estudos Avançados/USP, p.533-563.

LANNA, A.E. (2000). Sistemas de gestão de recursos hídricos: análise de alguns arranjos institucionais. In: *Ciência e ambiente*: gestão das águas 21. Universidade Federal de Santa Maria, p.21-56.

LANNA, A.E. (2002). Hidroeconomia. In: REBOUÇAS, A.; BRAGA, B.; TUNDISI, J.G. *Águas doces no Brasil*: capital ecológico, uso e conservação. Escrituras Editora Distribuidora de Livros Ltda., Academia Brasileira de Ciências, Inst. Estudos Avançados/USP, p.531-562.

LEDO, C. (2002). *Urbanisation and poverty in the cities of the national economic corridor in Bolivia*: case study: Cochabamba. Delft: Delft University Press, 140p.

LEOPOLD, A. (1940). *Origin and ideals of wilderness areas*: the living wilderness. v.5, 7p.

LIKENS, G.E. (1984). Beyond the shoreline: a watershed-ecosystem approach. *Verh. Internat. Verh. Limnolg.*, v.22, p.1-22.

LIKENS, G.E. (Ed.) (1985). *An ecosystem approach to aquatic ecology*: Mirror Lake and its environment. New York: Springer-Verlag, 516p.

LIKENS, G.E. (Ed.) (1989). *Long-term studies in ecology*: approaches and alternatives. New York: Springer-Verlag, 214p.

LIKENS, G.E. (1992). *The ecosystem approach*: its use and abuse. Oldenhorf/Luhe: Ecology Institute, 166p.

LIKENS, G.E.; BORMANN, F.H.; JOHNSON, N.M. (1972). Acid rain. *Environment*, v.14, n.2, p.33-40.

LIMA, A.C.R. (1990). Riscos e conseqüências do uso do mercúrio: a situação do Rio de Janeiro. In: HACON, S. (Eds.). *Riscos e conseqüências do uso do mercúrio*. Rio de Janeiro: FINEP/MS/CNPq/IBAMA, p.268-272.

LINDBERG, S.; STOKER, P.M.; GOLDBERG, E. (1987). Group report: mercury. In: HUTCHINSON, T.C.; MEEMA, K.M. (Ed.). *Lead, mercury, cadmium and arsenic in the environment.* Chichester: John Wiley and Sons. Cap.2, p.17-33.

LISHERON, M. (1991). Fertilizer overdoses harm fields, water. *The Milwaukee Journal*, v.6, p.B11, September.

LOMBORG, B. (2002). *O ambientalista cético*: revelando a real situação do mundo. Editora Campus, 541p.

L'VOVICH, M.I. (1979). *World water resources and their future*. Tradução de Raymond L. Nace Washington: American Geophysical Union, World population data sheet.

L'VOVICH, M.I.; WHITE, G.F. (1990). Use and transformation of terrestrial water systems. In: TURNER, B.L. et al. (Eds.). *The earth as transformed by human action*: global and regional changes in the biosphere over the past 300 years. New York: Cambridge University Press. Cap.14, p.235-252.

MAGEED, Y.A.; WHITE, G.F. (1995). Critical analysis of existing institutional arrangements. *Water Resources Development*, v.11, n.2, p.103-111.

MALM, O. (1991). *Contaminação ambiental e humana por mercúrio na região garimpeira do Rio Madeira, Amazônia*. Tese (Doutorado) – Instituto de Biofísica, Universidade Federal do Rio de Janeiro, Rio de Janeiro.

MALM, O. et al. (1990). Mercury pollution due to gold mining in the Madeira River Basin, Brazil. *Ambio*, v.19, p.11-15.

MARGALEF, R. (1983). *Limnologia*. Barcelona: Ediciones Omega S.A., 1010p.

MARGALEF, R. (1997). Our biosphere. In: KINNE, O. (Ed.). *Excellence in ecology*. Oldendorf, Luke: Ecology Institute, 176p.

MARTINELLI, L.A. et al. (1988). Mercury contamination in the Amazon: a gold rush consequence. *Ambio*, v.17, p.252-254.

MATSUI, S.; BARRETT, B.F.D.; BARERGEE, J. (2002). *Diretrizes para o gerenciamento de lagos*: Gerenciamento de substâncias tóxicas em lagos e reservatórios, v.4. Tradução de Dino Vannucci. ILEC, IIE, 199p.

MATSUMURA-TUNDISI, T. et al. (2001). *Cartilha da água*: água e sua importância. IIE, Biota-Fapesp, EPTV, 40p.

MATVIENKO, B.; TUNDISI, J.G. (1996). Biogenic gases and decay of organic matter. In: INT. WORKSHOP ON GREENHOUSE GAS EMISSIONS FROM HYDROELECTRIC RESERVOIRS, Rio de Janeiro. *Anais*... Rio de Janeiro: Eletrobrás, p.1-6.

McALLISTER, D.E.; HAMILTON, A.L.; HARVEY, B. (1997). *Global freshwater biodiversity*: striving for the integrity of freshwater ecosystems. Ottawa: Ocean Voice International.

McCAFFREY, S.C. (1993). Water, politics and international law. In: GLEICK, P.H. (Ed.). *Water in crisis*: a guide to the world's fresh water resources. New York, Oxford University Press.

MEYBECK, M.; CHAPMAN, D.; HELMER, R. (1989). *Global freshwater quality*: a first assessment. WHO, UNEP, 306p. (Blackwell Reference).

MERRET, S. (1997). *Introduction to the economic of water resources*: an international perspective. UCL Press Limited, 211p.

MICKLIN, P.P.; WILLIAMS,W.D. (Eds.) (1996). *The Aral Sea Basin*. Berlin: Heidelberg Springer-Verlag. (NATO ASI Series, 12).

MILLER, D.W. (1981). Basic elements of ground water contamination, In: CHERRY HILL, N.J. *Seminar on the fundamentals of ground water quality protection*. Geraghty and Miller. Inc., American Ecology Services.

MINISTÉRIO DO PLANEJAMENTO, ORÇAMENTO E GESTÃO (2000). *Pesquisa nacional de saneamento básico*. IBGE, Caixa Econômica Federal, Funasa, 431p.

MINOTTI, R.T. (1995). *Avaliação do uso de coeficientes de exportação para o cálculo de entrada de N e P totais na bacia do Médio-Tietê e suas conseqüências no Reservatório de Barra Bonita (Estado de São Paulo)*. São Carlos: Escola de Engenharia de São Carlos (CRHEA-EESC-USP), 64p. (Relatório Técnico Científico/CNPq).

MITSCH, W.J. (1996). *Managing the world's wetlands*: preserving and enhancing their ecological functions. Verhandlungen: SIL, v.26, part I, p.139-148.

MONTICELLI, J.J. (2002). A fundação da associação de usuário das águas do médio Paraíba do Sul. In: WORKSHOP PROJETO PLANÁGUA. *Organismos de bacias hidrográficas*. SEMADS GTZ, p.55-69.

MONTICELLI, J.J.; BARROS, F.G. (1991). Atuação do consórcio intermunicipal das bacias dos Rios Piracicaba e Capivari. In: SIMPÓSIO BRASILEIRO DE RECURSOS HÍDRICOS, 9., Rio de Janeiro. *Anais*... São Paulo: Associação Brasileira de Recursos Hídricos.

MONTICELLI, J.J.; MARTINS, J.P.S. (1993). *A luta pela água nas bacias dos Rios Piracicaba e Capivari*. São Paulo: EME, 126p.

MONTICELLI, J.J.; STREVA, S.; TEMBER, W. (2002). A fundação da associação de usuários das águas do Médio Paraíba do Sul. In: *Organismos de bacias hidrográficas*. SEMADS/GTZ, p.55-69.

MUNASIGHE, M.; SHEARES, W. (1995). *Defining and measuring sustainability*: the biogeophysical foundations. Washington: UNU, World Bank, 440p.

MUNDO CIENTÍFICO (1990). *Edição especial*: el agua, n.104, p.716-825. (La Recherche, versão em castelhano).

NAÇÕES UNIDAS (2003). *Água para todos*: água para a vida. Edições Unesco, 33p. (Informe das Nações Unidas sobre o desenvolvimento dos recursos hídricos no mundo).

NAIMAN, J.R. et al. (1995). *The freshwater imperative*: a research agenda. Washington, Island Press, 165p.

NAKAMURA, M.; NAKAJIMA, T. (Eds.) (2002). *Lake Biwa and its watersheds*: a review of. Lake Biwa Research. Institute, 146p. (LBRI research notes).

NATIONAL RESEARCH COUNCIL (1998). *Issues in potable reuse*: the viability of augmenting drinking water supplies with reclaimed water. Washington: National Academy Press. (Committee to Evaluate the Viability of Augmenting Potable Water Supplies with Reclaimed Water).

NATIONAL RESEARCH COUNCIL (1999). *Our common journey*: a transition toward sustainability. Washington, National Academy Press, 363p.

NEWSWEEK (1999). *Down in the dead zone*. 25 Oct. Society & The Arts, p.58-59.

NICO, L.G.; TAPHORN, D.C. (1994). Mercury in fish from gold-mining regions in upper Cuyuni River system, Venezuela. *Fresenius Environ. Bull.*, v.3, p.287-292.

NOVAES, W. (2002). A água que vem do alto. *O Estado de São Paulo*, São Paulo, p.A2.

NOVAES, W. (2002). A água e as boas intenções. *O Estado de São Paulo*, São Paulo, p.A2.

NOVAES, W. (2003). Que se fará com a água? *O Estado de São Paulo*, São Paulo, 14 mar., p.A2.

OFFICE OF TECNOLOGY ASSESSMENT (1983). *Water related technologies for sustainable agriculture in U. S. semi-arid lands*. Washington, D. C. US Government Printing Office.

OLIVERA, E.B. (2002). *Especies exóticas de Mollusca en la cuenca del Río de la Plata con énfasis en* Limnoloperna fortunei *(Dunker, 1857) como especie invasora*. 2p. (Manuscrito).

OLSZEWSKI, P. (1967). Die Ableitung des hypolimnischen Wassers aus einem See. Mitt. Blatt Fed. Europ. Gewässerschutz, v. 14, p. 97-89.

OVERBECK, J. (1989). Ecosystem concepts. In: JØRGENSEN, S.E.; VOLLENWEIER, R.A. (Eds.). *Guidelines of lake management*: principles of lake management. v.2. Otsu: ILEC-UNEP, p.9-26.

PEREIRA, D.S.P.; KELMAN, J. (2002). O sistema de gestão de recursos hídricos. In: WORKSHOP PLANASA. *Organismos de bacias hidrográficas*. Senads, GTZ, p.79-83.

PETERSON, S.A. (1982). Lake restoration by sediment removal. *Water Res. Bull.*, v.18, p.423-435.

PETRERE, M. (1992). *Pesca na Amazonia*. Belém: Secretaria de Estado, Ciência, Tecnologia e Meio Ambiente. SIMDA Amazônia, Prodepa, p.72-78.

PFEIFFER, W.C. et al. (1989). Mercury contamination in goldminning areas of Rio de Janeiro State, Brazil. In: INT. CONF. HEAVY METALS IN THE ENVIRONMENT, 1., Geneve. *Proceedings*... p.222-225.

PIMENTEL, D.; EDWARDS, C.A. (1982). Pesticides and ecosystems. *Bioscience*, v.32, n.7, 595p.

PIRES, M.A.F. et al. (2001). Qualidade da água para consumo humano: uma oportunidade de avaliação da concepção e aplicabilidade da nova legislação – Portaria 1469/MS/00. *Rev. Bras. Pesquisa e Desenvolvimento*, v.3, n.2, p.127-138.

PIELOU, E.C. (1998). *Freshwater*. Chicago: The University of Chicago Press, 275p.

PORTO, M. (1998). The brazilian water law: a new level of participation and decision making. *Water Resources Development*, v.14, n.2, p.175-182.

POSTEL, S. (1997). *Last oásis*: facing water scarcity. W.W. Norton & Company, 239p. (The World Watch Environmental Alert series).

PPGCEA (2002). *Recursos hidroenergéticos*: usos, impactos e planejamento integrado. v.1. CRHEA, SHS, EESC, USP, 346p. (Série Ciências da Engenharia Ambiental).

PYE, I.V.; KELLY, J. (1988). Ground water contamination in the United States. In: SPEIDEL, D.H.; RUEDISILI, L.C.; AGNEW, A.F. *Perspectives on water, uses and abuses*. Oxford Universit Press, n.4, p.205-213.

RAST, W.; HOLLAND, M.; OLOF, R.S. (1989). *Eutrophication*: management framework for the policy maker. Unesco, 83p. (MAB Digest).

RAVEN, P.H.; BERG, L.R.; JOHNSON, G.B. (1998). *Environment*. Saunders College Publishing, 579p.

REBOUÇAS, A.C. (1976). *Recursos hídricos subterrâneos da bacia do Paraná: análise de previabilidade*. 138p. Tese (Livre Docência) – Instituto de Geociências, Universidade de São Paulo, São Paulo.

REBOUÇAS, A.C. (1988). Groundwater in Brazil. *Episodes*, v.2, n.3, p.209-214.

REBOUÇAS, A.C. (1994). Water crisis: facts and myths. *An. Acad. Bras. Ciências*, v.6, n.1, p.136-147.

REBOUÇAS, A. (2002). Aspectos relevantes do problema de água: In: REBOUÇAS, A.; BRAGA, B.; TUNDISI. J.G. *Águas doces no Brasil*: capital ecológico, uso e conservação. 2.ed. Escrituras Editora e Distribuidora de Livros Ltda., p.687-701.

REBOUÇAS, A.C.; BRAGA, B.; TUNDISI, J.G. (Eds.) (1999). *Águas doces no Brasil*: capital ecológico, uso e conservação. Academia Brasileira de Ciências, Inst. de Estudos Avançados/USP, Escrituras Editora e Distribuidora de Livros Ltda., 807p.

REBOUÇAS, A.C.; BRAGA, B.; TUNDISI, J.G. (Eds.) (2002). *Águas doces no Brasil*: capital ecológico, uso e conservação. 2.ed. rev. ampl. Escrituras, Editora e Distribuidora de Livros Ltda., 702p.

REVENGA, C. et al. (1998). *Watersheds of the world ecological value and vulnerability*. WRI and WWI, 164p.

REVENGA, C. et al. (2000). *Pilot analysis of global ecosystems*: freshwater systems. WRI, 83p.

REYNOLDS, C.S. (1997). Vegetation processes in the pelagic: a model for ecosystem theory: In: KINNE, O. (Ed.). *Excellence in ecology*. v.10. Oldenhorf, Luke: Ecology Institute, 371p.

RIDLEY, J.E.; COOLEY, P.; STEEL, J.A. (1966). Control of thermal stratification in Thames Valley reservoirs. *Proc. Soc. Wat. Treat. Exam.*, v.15, p.225-244.

RIGLER, F.H.; PETERS, R.H. (1995). *Science and limnology*. Oldenhorf, Luhe: Institute of Ecology, 210p.

RIPL, W. (1976). Biochemical oxidation of polluted lake sediment with nitrate: a new lake restoration method. *Ambio*, v.5, p.132-135.

RIPL, W. (1980). Natural and induced sediment rehabilitations in hypertrophic lakes. In: BARICA, J.; MUHER, L. (Eds.). *Hypertrophic ecosystems*. Junk The Hague.

ROBERTS, R.D.; ROBERTS, T.M. (Eds.) (1984). *Planning and ecology*. Chapman and Hall.

ROCHA, O.; MATSUMURA-TUNDISI, T.; TUNDISI, J.G. (2002). Hot spots for zooplankton diversity in São Paulo: origin and maintenance. *Verh. Internat. Verein. Limnol.*, v.28, p.872-876.

RODRIGUES, L.C.S.S. (2002). Comitê da bacia hidrográfica, oportunidade democrática de planejamento. In: *Organismos de bacias hidrográficas*. Planágua, SEMADS, GTZ, p.70-73.

RODRIGUES, B.A.; LENZI, E.; LUCHESE, E.B.; RAUBER, T. (1992). Níveis de concentração de mercúrio em águas do Rio Paraná/Baía, Região de Porto Rico. *Acta Limnol. Bras.*, v.4, p.255-260.

RODRIGUES, R.R.; LEITÃO FILHO, H.F. (2001). *Matas ciliares*: conservação e recuperação. Edusp, Fapesp, 320p.

ROLICH, G.A. (1969). Eutrophication: causes, consequences and correctives. In: ROLICH, G.A. (Ed.). *Proceedings of a Symposium*. Washington: National Academy of Sciences, 661p.

ROSA, L.P.; SCHAEFFER, R. (1995). Global warming potentials: the case of emissions from dams. *Energy Policy*, v.23, p.149-58.

ROSA, L.P.; SCHAEFFER, R.; SANTOS, M.A. dos. (1996). Are hydroelectric dams in the Brazilian Amazon significant sources of "greenhouse" gases? *Environmental Conservation*, v.23, p.2-6.

ROSA, P.L.; SANTOS, M.A. (Eds.) (1999). *Dams and climate change*. Coppe, IYIG, 86p.

ROSENGRANT, M.W. (1996). *Water resources in the 21st century*: increasing scarcity, declining quality, and implications for action. UNU, IAS, 52p. (Working paper n.3).

ROSENGRANT, M.W.; BINSWANGER, H.P. (1994). Markets in tradable wter rights: potential for efficiency gains in developing country water resources allocation. *World Development*, v.22, n.11, p.1613-1625.

ROSENGRANT, M.W.; SHETTY, S. (1994). Production and income benefits from improved irrigation efficiency: what is the potential? *Irrigation and Drainage Systems*, v.8, p.251-270.

ROSENGRANT, M.W.; GAZMURI, S.; YADAV, S. (1995). Water policy for efficient agricultural diversification: market based approaches. *Food Policy*, v.20, n.3.

SAKAMOTO, M.; NAKANO, A.; KINJO, Y.; HIGASHI, H.; FUTATSUKA, M. (1991). Present mercury levels in red blood cells of nearby inhabitants about 30 years after the outbreak of Minamata disease. *Ecotoxicology and Environmental Safety*, v.22, p.58-66.

SALAS, H.; MARTINO, P. (1991). A simplified trophic state model for warm water tropical lakes. *Wat. Res.Vol.*, v.25, n.3, p.341-350.

SALATI, E. (1996). Diagnóstico ambiental sintético e qualidade da água do Rio Corumbataí como um subsídio para o planejamento regional integrado da bacia hidrográfica do Rio Corumbataí. 200p. Tese (Doutorado) – Escola de Engenharia de São Carlos, Universidade de São Paulo, São Carlos.

SALATI, E.; KLABIN, I. (1997). Algumas observações sobre a avaliação dos impactos ambientais e hidrológicos do Projeto da Hidrovia Paraguai-Paraná. In: *O projeto de navegação da hidrovia Paraná-Paraguai*: Relatório de uma análise independente. USA: National Headquarters, p.107-121.

SALATI, E.; MATTOS DE LEMOS, H.; SALATI, E. (1999). Água e desenvolvimento sustentável. In: REBOUÇAS, A.; BRAGA, B.; TUNDISI, J.G. *Águas doces no Brasil*: capital ecológico, uso e conservação. Academia Brasileira de Ciências, Inst. de Estudos Avançados/USP, Escrituras Editora e Distribuidora de livros, p.39-63.

SAWYER, D. (Org.) (1999). *Disponibilidade de água e fruticultura irrigada no Nordeste*. Inst. Sociedade Pop. Natureza, 301p.

SCHIAVETTI, A.; CAMARGO, A.F.M. (2002). *Conceitos de bacias hidrográficas*. Editora da UESC, 289p.

SCHILLER, E.J.; DROSTE, R.L. (Eds.) (1992). *Water supply and sanitation in developing countries*. Ann Arbor, Michigan: Ann Arbor Science.

SCHINDLER, D.W. (1990a). Natural an anthropogenically imposed limitation to biotic richness in fresh waters. In: WOODWELL, G.M. (Ed.). *The Earth in transition*: patterns and processes of biotic impoverishment. Cambridge: Cambridge University Press.

SCHINDLER, D.W. (1990b). Experimental perturbations of whole lakes as tests of ecosystem theory. *Oikos*, v.57, p.25-41.

SCOPE COMMITTEE (1986). *Wetlands*: conservation and management. Report, 120p.

SECKLER, D. (1990). *Private sector irrigation in Africa*: irrigation in Sub-Saharan Africa: the development of public and private systems. Washington: The World. (Technical Paper n.123).

SECRETARIA DE ESTADO DO MEIO AMBIENTE E DESENVOLVIMENTO SUSTENTÁVEL, SECRETARIA DE ESTADO DE SANEAMENTO E RECURSOS HÍDRICOS (2002). *Organismos de bacias hidrográficas*. Workshop. Projeto Planágua, SEMADS/GTZ, 269p.

SECRETARIA DE RECURSOS HÍDRICOS, ESTADO DO CEARÁ (2000). *Anuário do monitoramento quantitativo dos principais açudes do Estado do Ceará*. Governo do Estado do Ceará, COGERH, 226p.

SERRICHIO, C. (2002). Seis anos do comitê para integração da bacia hidrográfica do Rio Paraíba do Sul. CEIVAP. In: *Organismos de bacias hidrográficas*. Projeto Planágua, SEMADS, GTZ, p.84-93.

SHAPIRO, J.; LAMARRA, V.; LYNCH, M. (1975). *Biomanipulation an ecosystem approach to lake restoration*. Minnesota: Limnological Research Centre, Univ. Minnesota, 32p. (Contribution 143).

SHAPIRO, J. et al. (1982). *Experiments and experiences in biomanipulation*: studies of biological ways to reduce algal abundance and eliminate blue-greens. Minnesota: Limnological Research Centre, Univ. Minnesota, 251p. (Interim Report n.19).

SHIKLOMANOV, I. (1993). World fresh water resources. In: GLEICK, P.H.L. (Ed.). *Water in crisis*: a guide to the world's fresh water resources. Pacific Institute for studies in Development, Environment and Security, Stockholm Environmental Institute, p.13-23.

SHIKLOMANOV, I. (1998). *World water resources*: a new appraisal and assessment for the 21st century. IHP, Unesco, 32p.

SIMON, P. (1998). *Tapped out*: the coming world crisis in water and what we can do about it. New York: Welcome Rain, 197p.

SILVA, K.S.T.; MENDONÇAS, X.C. (2002). O Conselho Nacional de Recursos Hídricos: CNRH. In: *Organismos de bacias hidrográficas*. Projeto Planágua, SEMADS, GTZ, p.30-36.

SOCIEDADE CIVIL MAMIRAUÁ (1996). *Plano de gerenciamento da reserva sustentável de Mamirauá*. CNPq, IPAAM, 94p.

SOMLYODY, L.; YATES, D.; VARIS, O. (2001). Challenges to freshwater management. *Ecohydrology & Hydrobiology*, v.1, n.1, 2, p.65-95.

SOOPPER, W.E. (1979). Surface application of sewage effluent. In: BEATTY, M.T. et al. (Eds.). *Planning the uses and management of land*. Madison: American Society of Agronomy, p.633-663.

SPEECE, R.E. (1994). Lateral thinking solves stratification problems. *Water Quality Intern.*, v.3, p.12-15.

SPEIDEL, D.H.; RUEDISILI, L.C.; AGNEW, A.F. (Eds.) (1988). *Perspectives on water*: uses and abuses. New York: Oxford University Press, 388p.

STARLING, F.I. (1999). Manipulação de cadeias tróficas (ou biomanipulação) em regiões tropicais. In: REBOUÇAS, A.; BRAGA, B.; TUNDISI, J.G. *Águas doces no Brasil*: capital ecológico, usos e conservação. Academia Brasileira de Ciências, Inst. de Estudos Avançados/USP, Escrituras Editora e Distribuidora de Livros Ltda., 220p.

STEFAN, H.G.; BENDER, M.D.; SHAPIRO, J.; WRIGHT, D.I. (1987). Hydrodynamic design of metalimnetic lake aerator. *J. Environ. Eng. Div.*, ASCE, v.113, p.1249-1264.

STRAŠKRABA, M. (1986). Ecotechnological measures against eutrophication. *Limnologica*, Berlin, v.17, p.239-249.

STRAŠKRABA, M. (1994). Ecotechnological models as a new means for environmental management. *Ecol. Modelling.*, v.74, p.1-38.

STRAŠKRABA, M. (1996). Lake and reservoir management. *Verh. Int. Verein. Limnol.*, v.26, p.193-209.

STRAŠKRABA, M.; TUNDISI, J.G.; DUNCAN, A. (Eds.) (1993). *Comparative reservoir limnology and water quality management*. Dordrecht: Kluwer Academics Publisher Group, 292p.

STRAŠKRABA, M.; DOSTALKOVÁ, I.; HEJZLAR, J.; VYHNÁLEK, V. (1995). The effect of reservoirs on phosphorous concentration. *Intern. Revue. Ges. Hydrobiol.*, v.80, p.403-413.

STRAŠKRABA, M.; TUNDISI, J.G. (1999). *Reservoir water quality management*. ILEC, 129p. (Guideline series n.9).

STRAŠKRABA, M.; TUNDISI, J.G. (2000). *Diretrizes para o gerenciamento de lagos*: Gerenciamento da qualidade da água de represas. v.9. Tradução de Dino Vannucci. CNPq, ILEC, IIE, 280p.

SYMONS, J.M. et al. (1967). Management and measurement of DO in impoundments. Proc. ASCE, *J. Saint. Engng. Div.*, v.93, p.181-209.

TELLES, D.A. (1993). O setor de irrigação como usuário de recursos hídricos. In: SEMINÁRIO SOBRE RECURSOS HÍDRICOS. Unicamp, 16p. (Mimeografado).

TELLES, P.D.A. (2002). Água na agricultura e pecuária. In: REBOUÇAS, A.; BRAGA, B.; TUNDISI, J.G. *Águas doces no Brasil*: capital ecológico, uso e conservação. 2.ed. Escritura Editora e Distribuidora de Livros Ltda, p.305-336.

THANH, N.C.; BISWAS, A.K. (1990). *Environmentally sound water management*. New Delhi: Oxford University Press, 276p.

THE JOINT ACADEMIES COMMITTEE ON THE MEXICO CITY WATER SUPPLY (1995). *Mexico city's water supply: improving the outlook for sustainability*. Washington: National Academy Press, 107p.

TORRES, E.B. (1992). Environmental and health survelliance of mercury use in small scale gold processing industries in the Philippines. In: INT SYMP EPIDEMIOL STUD ENVIRON POLLUT AND HEALTH EFFECTS OF METHYLMERCURY, Kumamoto. *Proceedings*... Natl. Inst. for Minamata Disease, p.56-65.

TSUKATANI, T. (1998). The Aral Sea and socio economic development. In: KOBORI, I.; GLANTZ, M. H. (Eds.). *Central Eurasian water crisis*. Caspiani Aral and Dead Seas. UNU, 203p.

TUCCI, C.E.M. (1993). Controle de enchentes: In: TUCCI, C. (Org.). *Hidrologia*: ciência e aplicação. ABRH, Editora UFRGS, 952p.

TUCCI, C.E.M. (1998). *Modelos hidrológicos*. Editora UFRGS, ABRH, 669p.

TUCCI, C.E.M. (1999). Água no meio urbano. In: REBOUÇAS, A.; BRAGA, B.; TUNDISI, J.G. *Uso e conservação*. 1.ed. Academia Brasileira de Ciências, Inst. de Estudos Avançados/USP, p.475-508.

TUCCI, C.E.M. (2000). *Hidrologia*: ciência e aplicação. 2.ed. Editora da UFRGS, ABRH, 943p.

TUCCI, C.E.M. (2001). *Apreciação do plano nacional de recursos hídricos e visão prospectiva dos programas e ações*. Brasília: Agência Nacional de Águas, 53p. (Documento de apoio às ações de planejamento).

TUCCI, C.E.M.; PORTO, R.L.L.; BARROS, M.T. de (1995). *Drenagem urbana*. ABRH, Editora UFRGS, 428p.

TUCCI, C.E.M.; CLARKE, R.R. (1998). Environmental issues in the La Plata basin. *Water Resources Development*, v.14, n.2, p.157-173.

TUCCI, C.E.M.; MOTTA, D.M.M.L. da (Org.) (2001). *Avaliação e controle da drenagem urbana*. v.2. ABRH, FINEP, CNPq, 548p.

TUNDISI, J.G. (1978). *O ecossistema como unidade ecológica*. Ibid, p.3-13.

TUNDISI, J.G. (1986a). Ambiente, represas e barragens. *Ciência Hoje*, v.5, p.49-54.

TUNDISI, J.G. (1986b). Local community involvement in environmental planning and management: focus on river basin management: the Lobo, Broa reservoir case study. In: EXPERT GROUP WORKSHOP ON ENVIRONMENTALLY PLANNING AND MANAGEMENT, FOR LOCAL AND REGIONAL DEVELOPMENT: Focus on Training Aspects Derived from Studies of Inland Water Management, UNEP, UNCRD, ILEC, 29p.

TUNDISI, J.G. (1989). *Environmental impact of the Porto Primavera Dam in the wetlands of the Feio River*. Report the Public Ministry, S. Paulo State, Environmental Section, p.1-18.

TUNDISI, J.G. (1990a). Ecology and development: perspectives for a better society. *Physiol. Ecol. Japan*, v.27, special number, p.93-130.

TUNDISI, J.G. (1990b). Key factors of reservoir functioning and geographic aspects of reservoirs limnology. Chairman's overview. *Arch. Hydrobiol./Beith Ergeih. Limnol.*, v.33, p.645-646.

TUNDISI, J.G. (1990c). Perspectives for ecological modeling of tropical and subtropical reservoirs in South America. Ecol. Modell. v.52, p.7-20.

TUNDISI, J.G. (1992). *Estudos comparados das Represas de Barra Bonita e Jurumirim e os impactos das bacias hidrográficas*. 220p. (Relatório Científico à FAPESP. Projeto Temático 0922/91-5).

TUNDISI, J.G. (1992). *Estudo comparado dos mecanismos de funcionamento das Represas de Barra Bonita (Médio Tietê) e Jurumirim (Paranapanema) e dos impactos das bacias hidrográficas*. Fapesp, Projeto Temático 0612/91-5.

TUNDISI, J.G. (1993a). The environmental impact assessment of lakes and reservoirs. In: SALÁNSKI, J.; ITSVÁNOVICS, V. (Eds.). *Limnological bases of lake management*: proceedings of the ILEC/UNEP int. training course. Tihany, Hungray: p.38-50.

TUNDISI, J.G. (1993b). Man-made lakes: theoretical basis for reservoir management. *Verh. Internat. Verein. Limnol.*, v.25, p.1153-1156.

TUNDISI, J.G. (1994a). Regional approaches to river basin management in La Plata: an overview. In: *Environmental and social dimensions of reservoirs development and management in the La Plata River basin*. Nagoya: UNCRD, p.1-6.

TUNDISI, J.G. (1994b). Tropical South América: present and perspectives. In: MARGALEF, R. (Ed.). *Limnology now a paradigm of planetary problems*. Amsterdam: Elsevier Science, p.353-424.

TUNDISI, J.G. (1999a). *Limnologia no século XXI*: perspectivas e desafios. São Carlos: Instituto Internacional de Ecologia, 24p.

TUNDISI, J.G. (2000). Limnologia e gerenciamento de recursos hídricos: avanços conceituais e metodológicos. *Ciência e Ambiente: Gestão das Águas 21*. Universidade Federal de Santa Maria, p.10-21.

TUNDISI, J.G. (2000). *International training center (ITC) in limnology and water resources management in S.Carlos, S.Paulo State, Brazil*, 30p. (Proposta apresentada à Academia Brasileira de Ciências, Sociedade Internacional de Limnologia e Inter Academy Panel.)

TUNDISI, J.G. (2001). Gerenciamento da qualidade da água: interações entre pesquisa, desenvolvimento tecnológico e políticas públicas. *Rev. Bras. Pesq. e Desenvolvimento*, v.3, n.2, p.57-68.

TUNDISI, J.G. et al. (1988). A utilização do conceito de bacia hidrográfica como unidade para atualização de professores de ciências e geografia: o modelo Lobo (Broa), Brotas/Itirapina. In: TUNDISI, J.G. (Ed.). *Limnologia para manejo de represas*. EESC/USP/CRHEA, ACCESP, v.1, p.311-355. (Série Monografias em Limnologia).

TUNDISI, J.G.; MATSUMURA-TUNDISI, T. (1990). Limnology and eutrophication of Barra Bonita Reservoir, S. Paulo, Southern Brazil. *Arch. Hydrobiol. Beih. Ergeb. Limnol.*, v.33, p.661-676.

TUNDISI, J.G.; STRAŠKRABA, M. (1994). Ecological basis for the application of ecotechnologies to watershed reservoir management. Workshop Brazilian Programme on Conservation and Management of Inland Waters. *Acta Limnologica Brasileira*, Sociedade Brasileira de Limnologia, v.5, p.49-72.

TUNDISI, J.G.; STRAŠKRABA, M. (1995). Strategies for building partnerships in the context of river basin management: the role of ecotechnology and ecological engineering. *Lakes & Reservoirs: Research and Management*, v.1, p.31-38.

TUNDISI, J.G.; MATSUMURA-TUNDISI, T. (1995). The Lobo-Broa: ecosystem research. In: TUNDISI, J.G.; BICUDO, C.E.M.; MATSUMURA-TUNDISI, T. (Eds.). *Limnology in Brazil*. Brazilian Academy of Sciences, Brazilian Limnological Society, p.219-243.

TUNDISI, J.G.; BICUDO, C.E.; MATSUMURA-TUNDISI, T. (Eds.) (1995). *Limnology in Brazil*. Brazilian Academy of Sciences, Brazilian Limnological Society, 376p.

TUNDISI, J.G.; SAIJO, Y. (Eds.) (1997). Limnological studies on the Rio Doce Valley Lakes, Brazil. Brazilian Academy of Sciences, EESC/USP, CRHEA, 513p.

TUNDISI, J.G.; MATHEUS, C.E.; CAMPOS, E.G.C.; MORAES, A.J. de (1997). Use of the hydrographic basin and water quality in the training of school teachers and teaching of environmental science in Brazil. In: JØRGENSEN, S.E.; KAWASHIMA, M.; KIRA, T. *A focus on Lakes/Rivers in Environmental Education*. ILEC, 167p.

TUNDISI, J.G. et al. (1998). Reservoir management in South América. *Wat. Res. Developm.*, v.14, p.141-155.

TUNDISI, J.G. et al. (1998). Aquatic biodiversity as a consequence of diversity of habitats and functioning mechanisms. *Acad. Bras. Ci.*, v.70, n.4, p.767-773.

TUNDISI, J.G.; STRAŠKRABA, M. (1999). *Theoretical reservoir ecology and its applications*. Brazilian Academy of Sciences, International Institute of Ecology, Backhuys Publishers (Leiden), 585p.

TUNDISI, J.G.; MATSUMURA-TUNDISI, T.; ROCHA, O. (1999). Theoretical basis for reservoir management. In: TUNDISI, J.G.; STRAŠKRABA, M. (Eds.). *Theoretical reservoir ecology and its applications*. Brazilian Academy of Sciences, International Institute of Ecology, Backhuys Publishers, p.505-528.

TUNDISI, J.G.; BRAGA, B.; REBOUÇAS, A. (2000). Water for sustainable development: the brazilian perspective. In: MIRANDA, C.E.R. (Ed.). *Transition to sustainability*. Brazilian Academy of Sciences, p.237-246.

TUNDISI, J.G. et al. (2000). *Limnologia e gerenciamento integrado de represas na América do Sul*: avanços recentes e novas perspectivas: represas, desenvolvimento e meio ambiente. BID, IWRA, p.17-30.

TUNDISI, J.G. (2001). *Usos múltiplos conflitantes da água*: integração entre pesquisa e gerenciamento. IEA/USP, São Paulo.

TUNDISI, J.G.; SCHIEL, D. (2002). A bacia hidrográfica como laboratório experimental para o ensino de Ciências, Geografia e Educação Ambiental. In: SCHIEL, D.; MASCARENHAS, S. (Eds.). *O estudo das bacias hidrográficas*: uma estratégia para a educação ambiental. IEA, CDCC, Ford Foundation, p.12-17.

TUNDISI, J.G.; MATSUMURA-TUNDISI, T.; REIS, V.L. (2002). Sustainable water resources in South America: the Amazon and La Plata basins. In: JANSKY, L.; NAKAYAMA, M.; UITTO, J. *Lakes and reservoirs as international water systems, towards world lake vision*. UNU University Press, p.28-44.

TUNDISI, J.G.; YAMAMOTO, Y.; KRONKA DIAS, J.A. (Eds.) (2000). *São Carlos no 3º milênio*: perspectivas para o desenvolvimento sustentável. SMCTDE, 297p.

TUNDISI, J.G.; MATSUMURA-TUNDISI, T.; RODRÍGUEZ, S.L. (2003). Gerenciamento e recuperação das bacias hidrográficas dos rios Itaqueri e do Lobo e da Represa Carlos Botelho (Lobo-Broa). IIE, IIEGA, PROAQUA, ELEKTRO, 78p.

TUNDISI, J.G. et al. (2003). *Plano de gerenciamento e otimização de usos múltiplos da bacia hidrográfica e do reservatório da UHE Luiz Eduardo Magalhães*. IIE/IIEGA, Finep. (1º relatório).

TURNER, B.L. et al. (1990b). *The Earth as transformed by human action*: global and regional changes in the biosphere over the past 300 years. Cambridge: Cambridge University Press.

UITTO, J.I.; SCHNEIDER, J. (Eds.) (1997). Freshwater resources in arid lands. In: UNU GLOBAL ENVIRONMENTAL FORUM, 5. 94p.

UNITED NATIONS CONFERENCE ON THE ENVIRONMENT AND DEVELOPMENT (1992). *Agenda 21*: programme of action for sustainable development. Rio de Janeiro, Brazil.

UNEP (1999). Global environment outlook, 2000. Earthscan Publications Ltda., 398p.

UNEP (2000). World resources people and ecosystems: the fraying web of life. 2000-2001. Washington: UNDP, UNEP, World Bank, WRI, 389p.

UNEP–IETC (2001). *Lagos e reservatórios*: qualidade da água: o impacto da eutrofização. ILEC, IIE, 28p. Tradução de J. G. Tundisi e T. Matsumura Tundisi.

UNESCO (1978). *World water balance and water resources of the earth studies and reports in hydrology*. Unesco Press, 663p.

UNESCO/PHI (1998). *World water resources*: a new appraisal and assessment for the 21st century. Paris: Unesco, 37p.

UNESCO (2003). Compartilhar a água e definir o interesse comum. In: *Água para todos*: água para a vida. Edições Unesco, p.25-26. (Informe das Nações Unidas sobre o desenvolvimento dos recursos hídricos no mundo).

UNITED NATIONS (1958). *Integrated river basin development*. New York: Department of Economic and Social Affairs.

U.S. COMPTROLLER GENERAL (1979). *Desalting water probably will not solve the nation's water problems, but can help*. Washington: U.S. General Accounting Office.

U.S. OFFICE OF TECHNOLOGY ASSESSMENT (1983). *Water-related technologies for sustainable agriculture in U.S. arid/semiarid lands*. Washington: U.S. Government Printing Office.

KHAN et al. (1984). Development of supplies and sanitation in Saudi Arabia. *African Technical Review*, Jun.

VAN DYNE, G.N. (Ed.) (1971). *The ecosystem concept in natural resources management*. London: Academic Press, 383p.

VERGARA, F.E.F. (1996). *Avaliação econômica de ambientes naturais*: o caso das áreas alagadas: uma proposta para a Represa do Lobo, Broa, Itirapina, SP. 143p. Dissertação (Mestrado) – Escola de Engenharia de São Carlos, Universidade de São Paulo, São Carlos.

VITOUSEK, P.M.; MOONEY, H.A.; LUBCHENCO, J.; MELILLO, J.M. (1997). Human domination of earth's ecosystems. *Science*, v.277, p.494-499.

VOLLENWEIDER, R.A. (1968). *Scientific fundamentals of the eutrophication of lakes and flowing waters with particular reference to nitrogen and phosphorus as factors in eutrophication*. Paris: OECD, 159p.

VOLLENWEIDER, R.A. (1987). Scientific concepts and methodologies pertinent to lake research and lake restoration. *Swiss. J. Hydrol.*, v.49, n.2, p.129-147.

VOLLENWEIDER, R.A.; KEREKES, J.J. (1981). Background and summary results of the OEDC Cooperative Program on Eutrophication. In: INT. SYMP. ON INLAND WATERS AND LAKE RESTORATION PORTLAND. *Restoration of lakes and inland waters*. Washington: Maine, EPA, 36p.

WATSON, R. et al. (1998). *Protecting our planet securing our future*: linkages among global environmental issues and human needs. UNEP, NASA, World Bank, 95p.

WETZEL, R.G. (1983). *Limnology*. Philadelphia, London: Sec. Ed., Sanders Co.

WETZEL, R.G. (1992). Clean water: a fading resource. *Hydrobiologia*, v.243/244, p.21-30.

WHITAKER, V.A. (1993). *A área alagada da represa do Lobo (Itirapina, SP)*: os processos ecológicos associados ao potencial de desnitrificação dos sedimentos. 137p. Tese (Doutorado em Ciências da Engenharia Ambiental) – Escola de Engenharia de São Carlos, Universidade de São Paulo, São Paulo.

WHITAKER, V.A.; MATVIENKO, B.; TUNDISI, J.G. (1994). Physiological responses of the denitrification process in two wetland environments to distinct nitrogens inflows. *An Acad. Bras. Ci.*, 19p.

WINPEMMY, J. (Ed.) (2003). Financing water for all. In: WORLD PANEL ON FINANCING WATER INFRASTRUCTURE. WORLD WATER FORUM, 3. *Report*... Global Water Partnership, World Water Council, 52p.

WORLD BANK (1992). *Natural resource management in Nepal*: 25 years of experience.

WORLD BANK (1993a). *Water resources management*: a world bank policy paper. Washington, 140p.

WORLD BANK (1993b). A strategy for managing water in the Middle East and North Africa. Washington: The World Bank.

WORLD COMMISSION ON DAMS (2000). *Dams and development*: a new framework for decision making. Earthscam, London and Sterling, 404p.

WORLD DEVELOPMENT REPORT (1993). Washington: The World Bank, p.329.

WORLD RESOURCES INSTITUTE. *World Resources, 1990-1991*. WRI, UNEP, UNDP, Oxford University Press, 383p.

WORLD RESOURCES INSTITUTE (1998). A *Guide to the global environment*: environmental change and human health. WRI, UNEP, UNDP; World Bank, Oxford University Press, 369p.

WORLD RESOURCES INSTITUTE (2000). *World Resources 2000-2001*: people and ecosystems: the fraying web of life. Oxford: Elsevier Science, 389p.

ZAKOVÁ, Z. (1996). Construced wetlands in the Czech Republic: survey of the research and practical use. *Water Sci. Tech.*, v.33, p.303-308.

Adendo à 2ª Edição

José Galizia Tundisi

Nos últimos dois anos, após a publicação da primeira edição deste volume, uma série de desenvolvimentos, sistemas de gestão e novas percepções sobre o problema da água ocorreram:

1. Aumento da percepção sobre a escassez de água e suas conseqüências – Água foi um tema extremamente debatido nos últimos dois anos no mundo todo e também no Brasil. Aumentaram as preocupações com a escassez e seus efeitos, e muitos especialistas continuaram a chamar a atenção para o desequilíbrio suprimento/demanda especialmente em áreas industrializadas e de densa concentração populacional. Além disso, prosseguiram os excessos de drenagem em áreas urbanizadas, provocando enchentes e acidentes. Regiões urbanas em todo o mundo e também no Brasil têm passado por problemas cada vez mais sérios de abastecimento e também de descargas rápidas durante períodos de intensa precipitação. Tem surgido grande número de projetos e atividades para resolver esse problema, especialmente a recuperação da capacidade de funcionamento das várzeas de rios como sistemas tampão. Há muitos investimentos relacionados a esse tema mundialmente.

2. Aumento da atividade de pesquisa e da percepção geral sobre a qualidade das águas – Há uma preocupação cada vez mais generalizada da população mundial sobre os efeitos da deterioração da qualidade da água na saúde humana e na qualidade de vida em geral. Em muitos países, as organizações não governamentais têm se mobilizado de forma efetiva para garantir melhor qualidade das águas servidas às populações e para fazer cumprir a legislação. No Brasil, a entrada em vigor da Portaria 1469 de 2000 (atualmente Portaria 518 do Ministério da Saúde) deverá promover grande avanço na gestão das águas de mananciais e especialmente na qualidade da água. O Ministério Público, de modo geral, tem sido efetivo ao encetar ações contra poluidores. No Brasil tem ocorrido iniciativas importantes para o tratamento de esgotos de municípios (o governo do Estado de São Paulo está disponibilizando recursos para as prefeituras de cidades com até 20 mil habitantes tratarem seus esgotos). As ações de saneamento básico, entretanto, ainda necessitam de muito empenho e investimento para promover uma eficiente resolução do problema de saúde da população e de qualidade de vida. Quanto à pesquisa tem ocorrido significativo incremento nos trabalhos sobre eutrofização das águas superficiais, sobre os efeitos da eutrofização na deterioração dos sistemas hídricos e sobre o ciclo e o desenvolvimento de cianofíceas em lagos, represas e rios eutrofizados.

Os estudos sobre as fontes não pontuais de nutrientes e de elementos e substâncias químicas que são introduzidas em lagos, represas e rios têm sido desenvolvidos com mais intensidade. O conhecimento mundial sobre o funcionamento dos sistemas aquáticos continentais tem aumentado de forma significativa nos últimos dois anos e novas sínteses e publicações têm apresentado processos complexos e relevantes como contribuição ao conhecimento e à gestão. Além disso, tem aumentado a pesquisa e a avaliação dos futuros impactos das mudanças globais nos ecossistemas aquáticos continentais e na disponibilidade de água. As últimas avaliações têm proporcionado informações científicas de alto nível que mostram tendências preocupantes: aumento da acidez e da salinização de águas continentais e alterações dos ciclos hidrológicos com desequilíbrios e conseqüências para a qualidade da água em muitas regiões. Em relação às mudanças globais, dois processos têm sido considerados atualmente como resultados das mudanças provocadas pelo homem: alterações no clima, com mudanças na taxa de evaporação, na quantidade e na qualidade da água, e nos usos do solo, com aumentos dos desmatamentos, da agricultura intensiva e dos efeitos na qualidade da água. Os dois processos são convergentes e de difícil resolução, em decorrência das implicações econômicas e políticas em todos esses processos.

3. Avanços na gestão de recursos hídricos – Têm sido verificados avanços na gestão, principalmente com a implementação dos comitês de bacias hidrográficas em muitos países, o que possibilita novos processos institucionais de gestão dos recursos hídricos. No Brasil, em nível federal e estadual, tem sido implementado de forma sistemática essa gestão, que, embora não totalmente satisfatória, já se mostra como uma forma eficiente de administração. Tem aumentado a demanda por licenças e outorgas de água, o que contribui para uma avaliação quantitativa e mais eficiente. A Agência Nacional das Águas desenvolveu importantes projetos na área de gestão de recursos hídricos, no monitoramento e no treinamento de gerentes e técnicos, além de ter atuado como agência reguladora e na solução de problemas interestaduais. Em muitos Estados, ainda não foram implementadas as leis referentes à cobrança pelo uso da água. Há um tópico que demanda ações mais efetivas, que é a introdução da avaliação quanti e qualitativa dos recursos hídricos nos planejamentos territorial e ambiental e macroeconômico. Em alguns países e regiões do planeta, isso já ocorre, mas no Brasil há poucos avanços efetivos e ações nessa direção. No caso do nosso país, o Fundo de Recursos Hídricos tem proporcionado recursos para a pesquisa e o desenvolvimento nessa área e seu funcionamento pleno em 2004 e 2005 deve acelerar a pesquisa e a gestão.

Mundialmente, a implementação de conceitos de Limnologia Preditiva (Hakanson & Peters, 1995) e de ecohidrologia (Zalewski, 2004) tem produzido novos conceitos de gestão, aperfeiçoando a integração entre teoria e prática na administração de recursos hídricos e seus inúmeros processos e problemas.

Bibliografia

HAKANSON, L.; PETERS, R. H. *Predictive Limnology*. Amsterdan: SBP Academic Publishing, 1995. 457 p.

ZALEWSKI, M. Ecohydrology. Integrative science for sustainable water, environment and society. *Ecohydrology & Hydrobiology*. V. 2, n. 14, p. 3-10, 2002

Made in United States
North Haven, CT
03 November 2026

21725022R00153

ÁGUA
no século XXI
Enfrentando a
ESCASSEZ

Este livro apresenta os problemas de recursos hídricos mesclando a tradicional descrição do conhecimento básico com a realidade prática em que a interdisciplinaridade dos diferentes enfoques é essencial.

O autor apresenta e discute processos críticos que envolvem a ação do homem sobre o ciclo hidrológico terrestre e a necessidade de uma gestão integrada e adaptativa de bacias hidrográficas.

A riqueza de informações disponibilizada pelo autor em nível nacional e internacional permite avaliar os diferentes cenários para os diferentes sistemas hídricos, visando a seu adequado uso e conservação. Neste livro discutem-se os aspectos econômicos dos usos múltiplos e do ciclo das águas, as relações entre saúde humana e a qualidade das águas e a necessária organização institucional e gerencial para fazer frente às demandas, às crises de abastecimento e aos conflitos nacionais e internacionais.

O texto permite uma visão conjunta e atualizada dos recursos hídricos, constituindo, sem dúvida, excelente contribuição para o conhecimento atual sobre o assunto.

José Galizia Tundisi é limnólogo e desenvolve pesquisas sobre mecanismos de funcionamento de lagos, rios, reservatórios e estuários no Brasil, especialmente em regiões tropicais e subtropicais. Seus principais interesses de pesquisa são a produtividade primária do fitoplâncton, ciclos biogeoquímicos e interações bacias hidrográficas/ represas. Atuou como consultor em 38 países nas áreas de limnologia, gerenciamento de recursos hídricos, recuperação de lagos e reservatórios e planejamento e otimização de usos múltiplos de represas. Publicou 300 trabalhos científicos e 15 livros nas áreas de limnologia, gerenciamento de recursos hídricos e ecologia de ecossistemas aquáticos neotropicais. Foi presidente do CNPq por quatro anos (1995-1999). É membro titular da Academia Brasileira de Ciências desde 1981 e da World Academy of Arts and Sciences desde 2002. É presidente do Instituto Internacional de Ecologia (IIE) de São Carlos, SP, instituto de pesquisa e empresa consultora que desenvolve pesquisas em limnologia e consultoria em projetos estratégicos de avaliação estudos, recuperação e gerenciamento de recursos hídricos e bacias hidrográficas.

ISBN 978-858655251
9 788586 55251

RiMa